面向新工科普通高等教育系列教材

Python 机器学习

郭羽含　陈　虹　肖成龙　主　编

邱云飞　孙　宁　肖振久　副主编

江　烨　王珊珊　李建东　参　编

机 械 工 业 出 版 社

本书从实用的角度出发，整合 Python 语言基础、数据分析与可视化、机器学习常用算法等知识。内容从最基本的 Python 编程基础入手，由浅入深、循序渐进地讲授 NumPy 库和 Matplotlib 库，以及复杂的机器学习基本理论和算法，并突出知识的实用性和可操作性。

本书力求以浅显的语言讲解复杂的知识，以直观的案例辅助读者理解，并以图表形式展示代码和运行结果，配合习题巩固读者对知识点的掌握。

本书适合作为高等院校计算机类、软件工程类和大数据相关专业本科生 Python 机器学习相关课程的教材，也可作为数据科学相关领域工程技术人员的参考书，还可供不具备 Python 语言基础的机器学习爱好者从零开始学习。

本书配有授课电子课件，需要的教师可登录 www.cmpedu.com 免费注册，审核通过后下载，或联系编辑索取（微信：15910938545，电话：010-88379739）。

图书在版编目（CIP）数据

Python 机器学习/郭羽含，陈虹，肖成龙主编 . —北京：机械工业出版社，2021. 3（2024. 8 重印）
面向新工科普通高等教育系列教材
ISBN 978-7-111-67699-7

Ⅰ. ①P… Ⅱ. ①郭… ②陈… ③肖… Ⅲ. ①软件工具-程序设计-高等学校-教材 ②机器学习-高等学校-教材 Ⅳ. ①TP311. 561 ②TP181

中国版本图书馆 CIP 数据核字（2021）第 040421 号

机械工业出版社（北京市百万庄大街 22 号 邮政编码 100037）
策划编辑：郝建伟 责任编辑：郝建伟 李培培
责任校对：张艳霞 责任印制：邓 博
北京盛通数码印刷有限公司印刷

2024 年 8 月第 1 版·第 9 次印刷
184mm×260mm·16. 5 印张·409 千字
标准书号：ISBN 978-7-111-67699-7
定价：59. 90 元

电话服务　　　　　　　　　网络服务
客服电话：010-88361066　　机 工 官 网：www.cmpbook.com
　　　　　010-88379833　　机 工 官 博：weibo.com/cmp1952
　　　　　010-68326294　　金 书 网：www.golden-book.com
封底无防伪标均为盗版　　机工教育服务网：www.cmpedu.com

前　言

人工智能已成为新一轮科技革命和产业变革的重要驱动力，党的二十大报告指出，推动战略性新兴产业融合集群发展，构建新一代信息技术、人工智能、生物技术、新能源、新材料、高端装备、绿色环保等一批新的增长引擎。随着"十四五"规划的实施，我国全面推动"人工智能+"产业的发展，通过政策引领不断加大人工智能领域技术技能人才的培养，以应对企业、事业单位人才需求的急速增加。

机器学习是人工智能的重要分支，涉及计算机科学、概率论、统计学和近似理论等多方面的知识，其核心目的是研究一种学习机制，使计算机具有有效利用信息并随着经验累积自动提升效能，从数据中获取隐藏的、有效的和可理解的知识的能力。近十几年来，机器学习发展迅速，其涵盖的算法不仅在基于知识的系统中得到应用，而且在自然语言处理、非单调推理、机器视觉、模式识别等许多领域也得到了广泛应用。

Python 语言是目前机器学习领域使用最为广泛的语言之一。Python 在网络爬虫、数据分析、机器学习、Web 开发、金融、运维及测试等领域有着广泛的应用。在机器学习领域，大量的工具库和框架都是以 Python 作为主要语言开发出来的，如谷歌的 TensorFlow 大部分代码为 Python。Python 中的这些工具库和框架大大降低了数据分析、处理、可视化和机器学习的难度，使人们可以用很少的代码实现非常复杂的算法和功能。

因此，要想学好机器学习，能够熟练使用 Python 语言尤为重要。基于这种考虑，本书的前半部分对 Python 语言基础知识以及机器学习中常用的 NumPy 库和 Matplotlib 库进行了讲解，后半部分则对机器学习的基本理论和方法进行了介绍，非常适合无 Python 基础的读者使用。作为机器学习的入门级教材，考虑到授课学时的限制，本书在 Python 语言基础方面主要介绍了机器学习中可能涉及的内容，在机器学习算法方面并未从理论角度详细阐述其数学原理，而是试图以尽可能少的数学知识解释算法的核心思想，再以 scikit-learn 库讲解算法的实际应用方法，并配合丰富的示例，以边讲边练的形式使读者可以快速掌握算法的使用。即便如此，由于机器学习算法数量庞大、分支众多，受篇幅限制仍有很多算法未能覆盖。因此，书中每章都提供了相应的习题，读者在巩固所学内容的基础上，可以自行对相应的算法知识进行扩展。此外，后半部分机器学习各章知识相互关联，又具有一定的独立性，读者可以根据需要选择学习。

全书共 13 章，第 1~5 章讲述 Python 语言的基础知识，第 6、7 章介绍使用 NumPy 库和 Matplotlib 库进行数据处理和可视化的方法，第 8~13 章讲解机器学习的基础知识、主要算法及对模型的验证和评估方法。本书可以作为高等院校计算机科学与技术、大数据相关专业 Python 机器学习相关课程的教材，也可作为从事数据科学相关的工程技术人员的参考书。

本书由郭羽含、陈虹、肖成龙担任主编，邱云飞、孙宁、肖振久担任副主编。参与编写的还有江烨、王珊珊、李建东。

本书在编写过程中得到了辽宁工程技术大学的大力支持与帮助。在本书出版之际，谨向上述单位表示衷心的感谢。同时感谢冯玥、周沫、侯宇婷、赵菊芳、刘永武、房娜和刘秋月等研究生为本书的编写、校对提供的帮助。

由于编者的水平和经验有限，书中错漏之处在所难免，敬请各位读者不吝指正，编者将不胜感谢。

编者

目　录

第 1 章　Python 概述

Python 是一种跨平台、开源、免费的解释型及面向对象的计算机程序设计语言。它专注于解决问题的方法、社区环境的自由开放及丰富的第三方库，如各种 Web 框架、爬虫框架、数据分析框架和机器学习框架等，因此，Python 广泛应用于网络爬虫、数据分析、AI、机器学习、Web 开发、金融、运维及测试等领域，从未有一种语言可以同时在如此多的领域扎根。本章主要介绍 Python 的产生和发展、Python 的特点和应用领域、Python 环境的搭建、Python 程序的编写规范，以及 Python 程序的编写和调试方法。

1.1　Python 简介

Python 是一种开源的、解释型、面向对象的编程语言。Python 易于学习，更适合初学者，广泛用于计算机程序设计语言教学、系统管理任务的处理，以及科学计算等方面，可以高效开发各种应用程序。本节主要介绍 Python 语言的发展历史、语言特点和应用领域等。

1.1.1　Python 的产生与发展

1. Python 的产生

Python 语言起源于 1989 年年末。1989 年圣诞节期间，荷兰国家数学与计算机科学研究所（CWI）的研究员吉多·范罗苏姆（Guido van Rossum）为完成其研究小组的 Amoeba 分布式操作系统执行管理任务，需要一种高级脚本编程语言。为创建新语言，Guido 从高级教学语言 ABC（All Basic Code）中汲取了大量语法，并从系统编程语言 Modula-3（一种为小型团体所设计的相当优美且强大的语言）借鉴了错误处理机制，从而开发了命名为 Python 的新脚本解释语言。之所以将新的语言命名为 Python，据说是因为 Guido 是 BBC 电视剧《蒙提·派森的飞行马戏团（Monty Python's Flying Circus)》的粉丝。

ABC 语言是由 Guido 参与设计的一种教学语言，他认为 ABC 语言是专门为非专业程序员设计的非常优美且强大的语言。但是 ABC 语言并没有成功，Guido 认为其失败的原因是该语言不是开源性语言。于是，Guido 决心在 Python 中避免这一缺陷，并获得了非常好的效果。Python 继承了 ABC 语言的特点，并且照顾了 UNIX Shell 和 C 语言用户的习惯，成为众多 UNIX 和 Linux 开发者所青睐的开发语言。

2. Python 的发展

Python 语言产生后，于 1991 年年初以开源方式公开发行第一个版本 Python 1.0，因为功能强大和开源，Python 发展很快，用户越来越多，形成了一个庞大的语言社区。

2000 年 10 月 Python 2.0 发布，增加了许多新的语言特性。同时，整个开发过程更加透明，社区对开发进度的影响逐渐扩大。

2008 年 12 月 Python 3.0 发布，该版本在语法上有较大变化，除了基本输入/输出方式有所不同，很多内置函数和标准库对象的用法也有很大区别，适用于 Python 2.x 和 Python 3.x 的扩展库之间更是差别巨大，导致用早期 Python 版本设计的程序无法在 Python 3.x 上运行。考虑向 Python 3.x 的迁移，作为过渡版本发行了 Python 2.6 和 Python 2.7，采用 Python 2.x 语法，同时将 Python 3.0 一些新特性移植到 Python 2.6 和 Python 2.7 版本中。Python 3.x 的设计理念更加合理、高效和人性化，代码开发和运行效率更高。

目前，Python 官方网站同时维护着 Python 2.x 和 Python 3.x 两个不同系列的版本，常用版本分别是 Python 2.7、Python 3.6 和 Python 3.7，Python 版本更新速度非常快。另外，Python 官方于 2019 年 9 月宣布，2020 年 1 月 1 日起停止对 Python 2.x 的维护和更新。所以，使用 Python 2.x 系列的用户应尽快转换成 Python 3.x 并且选择较高的版本。

随着 Python 的普及与发展，近年来 Python 3.x 下的第三方函数模块日渐增多。本书选择 Windows 操作系统下的 Python 3.x 版本作为程序实现环境（下载安装时的最高版本是 Python 3.7.4）。

1.1.2 Python 的特点

Python 语法具有清晰、简洁的特点，可以使初学者摆脱语法细节的约束，而专注于解决问题的方法、分析程序本身的逻辑和算法。Python 的特点如下。

- 简单易学。Python 语法结构简单，遵循优雅、明确、简单的设计理念，易学、易读和易维护。
- 解释型语言。Python 解释器将源代码转换成 Python 的字节码，由 Python 虚拟机逐条执行字节码指令，即可完成程序的执行，用户不必再担心如何编译、链接是否正确等，使得 Python 更加简单、方便。
- 面向对象。Python 既支持面向过程的编程又支持面向对象的编程，支持灵活的程序设计方式。
- 免费和开源。Python 是 FLOSS（自由/开放源码软件）之一。简单地说，用户可以自由地发布这个软件的副本，阅读和更改其源代码，并可将它的一部分用于新的自由软件中。
- 跨平台和可移植性。由于 Python 的开源特性，经过改动，Python 已经被移植到 Windows、Linux、macOS 和 Android 等不同的平台上工作。
- 丰富的标准库。除了官方提供的非常完善的标准库，Python 还具有丰富的第三方库，这些库有助于处理各种工作，包括输入/输出、文件系统、数据库、网络编程、图形处理和文本处理等，供开发者直接调用，省去了编写大量代码的过程。
- 可扩展性和可嵌入性。如果用户需要让自己的一段关键代码运行得更快，或者是编写一些不愿开放的算法，则可以将此部分程序用 C/C++编写，然后在 Python 程序中调用它们。同样，用户可以把 Python 嵌入到 C/C++程序中，为程序提供脚本功能。

📖 Python 语言简单、开源、库丰富、可移植和可扩展，应用领域广泛。

1.1.3 Python 的应用领域

Python 语言除了自身具备的优点，还具有大量优秀的第三方函数模块，对学科交叉应用非常有帮助。目前，基于 Python 语言的相关技术正在飞速发展，用户数量急剧扩大，在软件开发领域有着广泛的应用。

1）操作系统管理与维护。Python 提供应用程序编程接口（Application Programming Interface，API），可以方便地对操作系统进行管理和维护。使用 Python 编写的系统管理脚本在可读性、代码重用度、扩展性等方面都优于普通的 Shell 脚本。

2）科学计算与数据可视化。Python 提供了很多用于科学计算、数据可视化和机器学习的库，如 NumPy、SciPy、SymPy、Matplotlib、Traits、OpenCV 和 scikit-learn 等，可用于科学计算、数据分析、机器学习、二维图表、三维数据可视化、图像处理及界面设计等领域。

Python 提供的与机器学习关系较为密切的主要库如下。

- NumPy 库：提供 Python 科学计算基础库，主要用于矩阵处理与运算。
- Matplotlib 库：Python 中常用的绘图模块，可以快速地将计算结果以不同类型的图形展示出来。
- scikit-learn 库：开源的基于 Python 语言的机器学习工具包，提供了大量用于数据挖掘和分析的模块，包含了从数据预处理到训练模型、交叉验证，以及算法与可视化等一系列接口，可以极大地节省编写代码的时间，减少代码量。

3）图形用户界面（GUI）开发。Python 支持 GUI 开发，可以使用 Tkinter、wxPython 和 PyQt 库开发各种跨平台的桌面软件。

4）文本处理。Python 提供的 re 模块能支持正则表达式，还提供 SGML 和 XML 分析模块，可以利用 Python 开发 XML 程序。

5）网络编程及 Web 开发。Python 提供的 Socket 模块对 Socket 接口进行了二次封装，支持 Socket 接口的访问，以支持网络编程。Python 还提供了 urllib、cookielib、httplib 和 scrap 等大量模块用于对网页内容进行读取和处理，并结合多线程编程及其他有关模块可以快速实现 Web 应用开发。Python 还支持 Web 网站开发，搭建 Web 框架，目前比较流行的开发框架有 Web2Py 和 Django 等。

6）数据库编程。Python 提供了支持所有主流关系数据库管理系统的接口 DB-API（数据库应用程序编程接口）规范的模块，用于与 SQLite、MySQL、SQL Server 和 Oracle 等数据库通信。另外，Python 自带一个 Gadfly 模块，提供了完整的 SQL 环境。

7）游戏开发。Python 在网络游戏开发中得到了广泛应用。Python 提供的 Pygame 模块可以在 Python 程序中创建功能丰富的游戏和多媒体程序。

1.2 Python 开发环境搭建

Python 是跨平台的，可以运行在 Windows、macOS 和 Linux/UNIX 等操作系统上。学习 Python 编程之前，首先需要搭建 Python 开发环境。下面以 Windows 环境为例搭建 Python 开发平台。

1.2.1 Python 安装与配置

1. Python 的下载与安装

Python 是解释型语言，搭建 Python 开发环境就是安装 Python 解释器。可从 Python 官网下载 Python 安装包。例如，选择 Windows 环境的安装包，网址为"https://www.python.org/downloads/windows/"，运行界面如图 1-1a 所示，下载最新版 Python 3.7.4 安装包，如图 1-1b 所示，可根据需要选择下载 32 bit/64 bit 安装包。

Python 3.7.4 安装包下载完成后即可开始安装，以 64 bit 系统为例，安装过程如下。

a)   b)

图 1-1 Python 安装包下载

a) 选择安装包 b) 下载最新版本的安装包

1) 开始安装 Python。双击安装包文件，安装向导界面如图 1-2 所示，选中 "Add Python 3.7 to PATH" 复选框，以配置 Python 运行路径。

2) 定制安装。单击图 1-2 中的 "Customize installation" 选项，选择特性界面如图 1-3 所示，此时不需做任何修改，直接单击 "Next" 按钮。

图 1-2 安装 Python

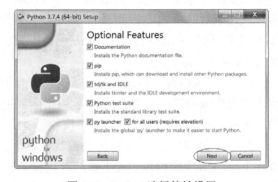

图 1-3 Python 选择特性设置

3) 设置高级选项。根据需要设置 "Advanced Options"，如设置 Python 安装路径等，如图 1-4 所示，单击 "Install" 按钮开始安装，安装进度如图 1-5 所示。

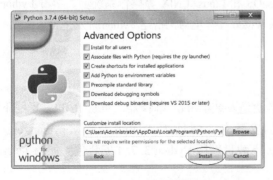

图 1-4 Python 高级选项设置

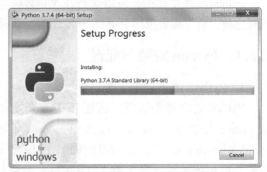

图 1-5 Python 安装进度

4）安装完成。安装成功界面如图 1-6 所示，单击 "Close" 按钮结束安装。Python 程序组如图 1-7 所示。

📖 安装 Python 时注意勾选 "Add Python 3.7 to PATH" 复选框。

图 1-6　Python 安装成功

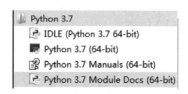

图 1-7　Python 3.7 程序组

2. 系统环境变量的设置

在 Python 的默认安装路径下包含 Python 的启动文件 python.exe、Python 库文件和其他文件。为了能在 Windows 命令提示符窗口自动寻找运行安装路径下的文件，需要在安装完成后将 Python 安装文件夹添加到环境变量 PATH 中。

Windows 中添加环境变量有以下两种方法。

1）安装时直接添加。安装 Python 系统时选中图 1-2 中 "Add Python 3.7 to PATH" 复选框，则系统自动将安装路径添加到环境变量 PATH 中。

2）安装后手动添加。如果安装时未选中图 1-2 中 "Add Python 3.7 to PATH" 复选框，则可在安装完成后手动添加。其方法如下（操作过程如图 1-8 所示）。

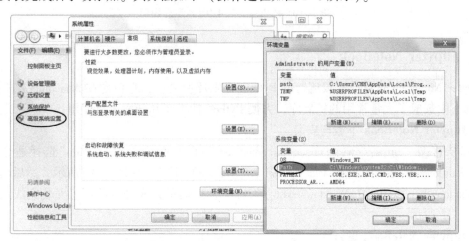

图 1-8　手动添加 Python 环境变量

- 在 Windows 桌面右击 "计算机" 图标，在弹出的快捷菜单中选择 "属性" 命令，然后在打开的对话框中选择 "高级系统设置" 选项。
- 在打开的 "系统属性" 对话框中选择 "高级" 选项卡，单击 "环境变量" 按钮，打开 "环境变量" 对话框。

- 在"系统变量"区域选择"Path"选项，单击"编辑"按钮，将 Python 安装路径"C:\python\"（假设 C:\python 是 Python 的安装目录）添加到 PATH 中，最后单击"确定"按钮逐级返回。

3. Python 运行

Python 安装完成后，可以选择图 1-7 中的"Python 3.7（64-bit）"启动 Python 解释器，也可以选择"IDLE（Python 3.7 64-bit）"启动 Python 集成开发环境 IDLE。Python 解释器启动后，可以直接在其提示符（>>>）后输入语句。例如，在提示符>>>后输入一个输出语句 print("Hello Python!")，下一行直接解释运行输出"Hello Python!"，无需编译，如图 1-9 所示。与直接运行 Python 解释器相似，IDLE 同样输出"Hello Python!"，如图 1-10 所示。

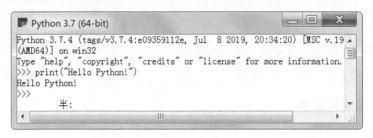

图 1-9　Python 3.7.4 解释器运行窗口

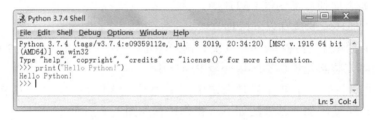

图 1-10　Python 3.7.4 IDLE 运行窗口

1.2.2　Jupyter NoteBook

Jupyter NoteBook 是目前比较流行的 Python 开发环境之一，它包含在 Anaconda3 安装包中，Anaconda3 中集成了大量常用的扩展库，方便 Python 初学者和开发人员使用。

1. Jupyter NoteBook 下载与安装

可以从官网"https://www.anaconda.com/distribution/#download-section"选择适合自己系统（如 Windows 系统）的版本（如 Python 3.7 version）下载，如图 1-11 所示，然后运行安装文件"Anaconda3-2019.07-Windows-x86_64.exe"，按提示完成安装即可，安装完成后的程序组如图 1-12 所示。

2. Jupyter NoteBook 运行

单击图 1-12 中的"Jupyter NoteBook（Anaconda3）"项启动 Jupyter NoteBook。启动 Jupyter NoteBook 会打开一个网页，在该网页右上角单击菜单"New"，选择"Python 3"，如图 1-13 所示，即打开一个新窗口，可以在该窗口中编写和运行 Python 代码，如图 1-14 所示，另外，还可以选择"File→Download as"命令将当前代码及运行结果保存为不同形式的文件，方便以后学习和演示，如图 1-15 所示。

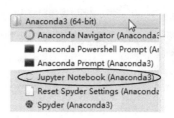

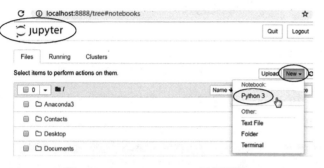

图 1-11　Anaconda 下载界面　　　　　　图 1-12　Anaconda 程序组

图 1-13　Jupyter NoteBook 运行界面

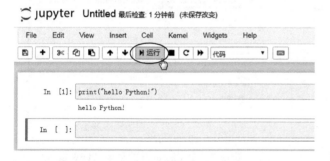

图 1-14　Jupyter NoteBook 运行 Python 程序　　　图 1-15　Jupyter NoteBook 代码和
运行结果保存为不同形式

1.2.3　PyCharm

PyCharm 是由 JetBrains 提供的 Python IDE。PyCharm 除了具备一般 Python IDE 的功能，如调试、语法高亮显示、项目管理、代码跳转、智能提示、代码自动完成、单元测试和版本控制等，还提供了一些可用于 Django 框架开发的高级功能，同时支持 Google App Engine 等。

1. PyCharm 下载与安装

PyCharm 官方下载网址为 "http://www.jetbrains.com/pycharm/download/"，提供 Professional（专业版）和 Community（社区版，免费开源版本）两个版本供用户选择安装。下面以 Windows 环境下安装 PyCharm Community 版为例进行说明。

1）安装初始界面。运行下载的 PyCharm 安装包文件 "pycharm-community-2019.2.2.exe"，进入欢迎界面，如图 1-16 所示，单击 "Next" 按钮。

2）设置安装路径。选择安装位置，如图 1-17 所示。设置后单击 "Next" 按钮。

3）设置安装选项。可指定建立快捷方式及是否与 ".py" 文件关联，如图 1-18 所示，设

7

置后单击"Next"按钮。

图1-16 PyCharm安装初始界面

图1-17 PyCharm安装路径设置

4）设置开始菜单文件夹。如图1-19所示,设置后单击"Next"按钮,安装进度如图1-20所示,完成后单击"Next"按钮。

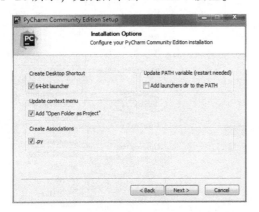

图1-18 PyCharm安装选项设置

图1-19 PyCharm开始菜单文件夹设置

5）PyCharm安装完成。如图1-21所示,单击"Finish"按钮完成安装。

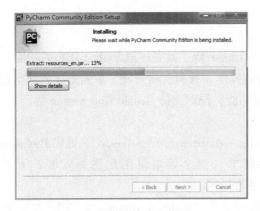

图1-20 PyCharm安装进度

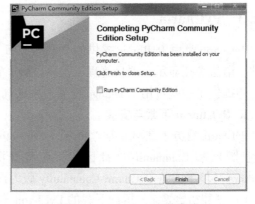

图1-21 PyCharm安装完成

2. 运行PyCharm

选择"开始→所有程序→JetBrains→JetBrains PyCharm Community Edition 2019.2.2"启动

PyCharm，其运行窗口如图 1-22 所示。可以进行新建 Python 源程序文件、输入源程序并调试运行等一系列操作。

图 1-22 PyCharm 运行窗口

注意，PyCharm 初始运行界面为黑色背景，若需要将背景颜色改为其他颜色（如白色），可以单击"File→Setting..."选项，弹出"Settings"对话框，选择"Editor→Color Scheme→Console Colors"选项，将"Scheme"设置为"Default"选项，背景即变为白色，如图 1-23 所示。

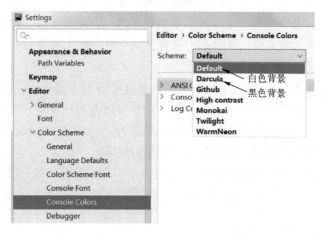

图 1-23 设置 PyCharm 运行窗口的背景颜色

1.3 Python 程序基本编写方法

Python 安装成功后，就可以用 Python 语言编写程序了。Python 支持两种运行方式：交互式（命令行方式）和脚本式（源程序文件方式）。下面以 Python 的自带系统为例学习 Python 程序的基本编写和执行方法。

1.3.1 Python 程序编写与执行

1. 交互式（命令行方式）

进入 Python 交互式的方法有以下两种。

1）从命令行窗口启动 Python。选择 Windows 开始菜单，在"搜索程序和文件"框中输入 cmd〈Enter〉（〈Enter〉表示按〈Enter〉键，下同），启动命令行窗口，在命令行窗口中输入 Python〈Enter〉，进入 Python 交互式解释器，如图 1-9 所示。此时用户可以在提示符>>>下输入 Python 命令或调用函数，以命令行方式交互式地使用 Python 解释器。

2）从 Python 程序组启动 Python。选择 Windows 开始菜单下的 Python 程序组，如图 1-7 所示，单击其中的"Python 3.7（64-bit）"或"IDLE（Python 3.7 64-bit）"菜单项均可启动 Python 交互式解释器，如图 1-10 所示。

【例 1-1】 交互式使用 Python，在屏幕上输出"Hello Python！"。

启动 Python 交互模式，在提示符>>>下直接输入 Python 命令即可，如下所示：

```
>>>print("Hello Python!")
Hello Python!
```

详细说明如下。

- 在提示符>>>下输入 print（"Hello Python!"），紧接着在下一行会输出字符串"Hello Python!"（注意：输出时并没有双引号）。
- print 是指将括号里的字符串"Hello Python!"输出到屏幕上，而不是在打印机上输出。两个双引号中的内容表示一个完整的字符串，双引号本身不在屏幕上输出。
- 与 C/C++、Java 等程序设计语言必须以分号结束一行语句不同，Python 语言中表示一行语句结束的分号一般省略，只有在一行添加多条语句时才使用。

2. 脚本式（源程序文件方式）

在交互方式下输入 Python 代码虽然方便，但是这些语句不能保存，无法重复执行或留作将来使用。因此，Python 提供源程序文件方式，用户可以使用记事本、集成开发工具（IDLE、PyCharm 等）编写源代码，并将源程序保存成扩展名为".py"的 Python 脚本，然后在 Python 的命令行方式下执行该脚本文件，同样可以得到运行结果。

例如，在 Windows 的命令提示符窗口（启动 cmd）直接运行，如下所示：

```
python filename.py
```

其中，filename 是源程序文件名。

【例 1-2】 编写程序并保存为脚本文件，文件名为"example1_2.py"。程序实现功能：在屏幕上分两行输出"Hello Python！"和"欢迎使用 Python！"。

1）用记事本等文本编辑器（注意不能使用 MS Word 等字处理软件）编写程序源代码。文件以"example1_2.py"命名保存在"d:\python37"文件夹下，如图 1-24 所示。

启动命令提示符窗口运行该源程序文件，输入如下命令：

```
python d:\python37\example1_2.py
```

运行过程如图 1-25 所示。

图 1-24 用记事本编写源程序示例

图 1-25 Python 源程序运行示例

详细说明如下。

- 文件中第 1 行 "#example1_2.py" 是注释行,第 3 行和第 4 行中 "#" 后面的文字也是注释。
- 文件中第 2 行 "#encoding:UTF-8"(写成 coding=UTF-8 或 coding:UTF-8 均可)是设置字符编码为 UTF-8 编码格式。文本文件通常默认是 ASCII 码格式,如果文件中含有中文字符将会出现乱码现象,程序运行将会报错,因此,国际上采用 Unicode 编码将世界各国的语言编码(如我国的 GB2312)都统一到这套编码中,解决了多语言混合文本中的乱码问题。UTF-8 是一种 Unicode 可变长度字符编码方式,用 1~6 个字节编码 Unicode 字符,1 个汉字占 3 个字节。
- 第 3 行和第 4 行是两条输出语句。

2)使用 IDLE 编写代码。启动 Python 自带的集成开发环境 IDLE,选择菜单中的 "File→New File" 选项,打开文件编辑窗口,可以在该窗口中编写源程序代码,如图 1-26 所示。文件保存后按〈F5〉键或选择菜单中的 "Run→Run Module" 选项运行程序,运行结果如图 1-27 所示。

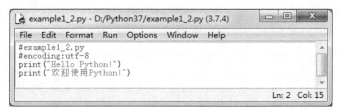

图 1-26 Python IDLE 编写源程序示例

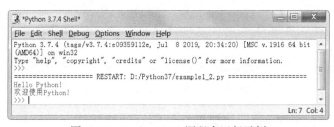

图 1-27 Python IDLE 源程序运行示例

【例1-3】 编写程序，程序实现功能：求两个数之和。

参考程序如下：

```
a = 3                        # 给变量 a 赋值 3
b = 5                        # 给变量 b 赋值 5
sum = a + b                  # 求 a,b 之和,保存在 sum 中
print('a=',a, 'b=',b, 'sum=',sum)   # 输出 a,b 及 sum 的值
```

程序运行结果如下：

```
a= 3 b= 5 sum= 8
```

3. Python 帮助

在 Python 中可以使用 help()方法获取帮助信息。在 IDLE 的环境下获得 Python 帮助信息分为以下 3 种情况。

1）获取内置函数和类型的帮助信息。为获得某个内置函数的帮助信息，可以在提示符 >>>后面直接输入 help(对象名)。例如，想获得内置函数 sum 的帮助信息，在提示符后面输入 help(sum)，即可获得内置函数 sum 的帮助信息，如图 1-28 所示。

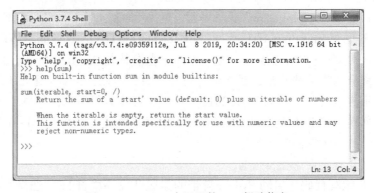

图 1-28　Python 内置函数 sum 帮助信息

2）获取模块中的成员函数信息。为获得某个模块中成员函数的帮助信息，需先导入该模块，然后输入 help(模块名.对象名)。例如，想获得 math 模块中的 fabs 成员函数的帮助信息，需先导入 math 模块，然后输入 help(math.fabs)，即可获得该函数的帮助信息，如图 1-29 所示。

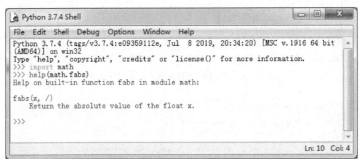

图 1-29　math 模块中 fabs 函数的帮助信息

3）获取整个模块的帮助信息。为获得整个模块的帮助信息，需先导入该模块，然后输入

help(模块名)。例如，想获得 math 模块中所有的帮助信息，需先导入 math 模块，然后输入 help(math)，即可获取整个模块的帮助信息，如图 1-30 所示。

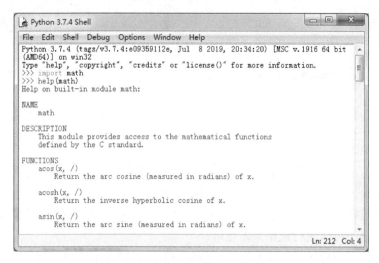

图 1-30　整个 math 模块的帮助信息

另外，Python 提供了非常完善的 Python 帮助文档，文档在 Python 安装目录的 doc 文件夹下，文件名为"python374. chm"，双击即可打开，如图 1-31 所示。

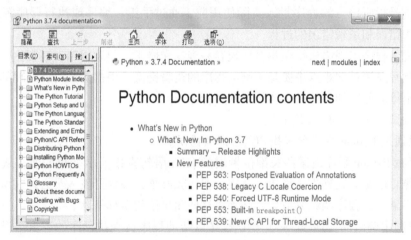

图 1-31　Python 的帮助文档

1.3.2　Python 错误与调试

在程序开发过程中，出错在所难免，调试是一个不可缺少的重要环节。"三分编程七分调试"，说明程序调试工作量甚至比编程还要大很多。

1. Python 错误

Python 的错误通常分为语法错误和逻辑错误两类。

1）语法错误。语法错误是指不符合 Python 程序的语法规则，比如语句格式错和函数引用格式错等。Python 解释器在程序执行过程中会检测出程序存在的语法错误，并指出出错的一行，在最先找到的错误位置做出标记。

例如，输出语句 print 中的双引号错写成中文双引号，解释器在运行中指出语法错误，即定义了无效的字符。如图 1-32 所示。

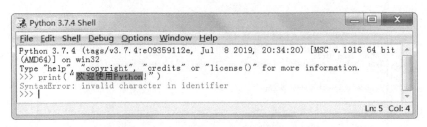

图 1-32　Python 运行出错示例

2）逻辑错误。逻辑错误是指用户编写的程序已经没有语法错误，可以运行，但运行却得不到所期望的结果（或正确的结果）或运行期间发生错误。

例如，编程目标是求两个数的和，语句应该是 sum＝a+b，但可能误写成 sum＝a-b，这是一种逻辑错误，程序可以运行但结果不正确。

另一种逻辑错误是程序语法没有错误，但运行期间可能发生错误。例如，若程序中有一条语句 c＝a/b，Python 语法正确，但如果运行中 b 的取值为 0 时，将发生错误。这类程序运行期间检测到的错误通常称为异常（异常处理部分详见 5.3 节）。

2. Python 调试

程序调试是指所编写的程序投入实际使用前，通过手工、编译或执行程序等方法进行测试，修正语法错误和逻辑错误的过程。

一般来说，程序出现语法错误相对比较容易查找和修正，但逻辑错误通常比较隐蔽，不容易发现，因此程序调试的难点主要是检测出程序的逻辑错误。根据测试时所发现的错误，逐步判断，找出出错的原因和具体的出错位置并进行修正。

Python 调试方法主要有以下几种。

1）可以通过 Python 解释器查找和定位语法错误。

2）可以在 Python 程序的某些关键位置增加 print 语句直接显示变量的值，从而确定程序执行到此处是否出错。这种方法简单、直接，但比较麻烦，因为开发人员必须在所有可疑的地方都插入输出语句，程序调试完成后，必须将这些输出语句全部清除。

3）可以利用调试器（Debugger）调试程序以帮助程序员查找程序的逻辑错误。调试器的功能主要包括暂停程序执行、检查和修改变量、调用方法等，但调试器并不更改程序代码。程序员可以利用调试器分析被调试程序的数据，并监视程序的执行流程。IDLE 和 PyCharm 等集成开发环境均提供了调试器来帮助开发人员查找逻辑错误。

IDLE 调试器的基本流程如下。

- 启动 Python IDLE，在 Python 3.7.4 Shell 窗口中选择"Debug→Debugger"菜单项，启动 IDLE 调试器 Debug Control 窗口，同时在 Python 3.7.4 Shell 窗口中将产生"[DEBUG ON]"标记，下一行是提示符>>>，如图 1-33 所示。
- 在 Python 3.7.4 Shell 窗口中选择"File→New File"或"File→Open"菜单项，启动 Python 脚本文件编辑窗口，并输入【例 1-3】程序，如图 1-34 所示。
- 在图 1-34 所示窗口中选择"Run→Run Module"或按〈F5〉键执行代码，可以在 Debug Control 窗口查看变量值和运行结果等，如图 1-35 所示。

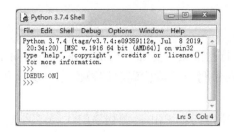

图 1-33　启动调试器的 Python 3.7.4 Shell 窗口

图 1-34　Python 源文件编辑窗口

● 如果要退出调试器，可以再次选择"Debug→Debugger"，IDLE 将关闭调试器，并在 Python 3.7.4 Shell 窗口中产生"［DEBUG OFF］"标记。

图 1-35　Debug Control 调试窗口

Debug Control 调试工具可以完成各种调试跟踪功能，其主要功能如表 1-1 所示。

表 1-1　Debug Control 调试工具的主要功能

功 能 名 称	功能使用说明	执 行 说 明
Go	直接运行代码到指定的断点处	在源文件编程窗口中的指定代码行处，右击设置 Set Breakpoint，可以用 Clear Breakpoint 取消
Step	一次让程序执行一行代码，如果当前行是一个函数调用，则 Debugger 会跳进这个函数中	在 Debug Control 窗口上直接单击 Step 按钮
Over	让程序一次执行一行代码，如果当前行是一个函数调用，则 Debugger 不会跳进这个函数，而是直接得到其运行结果，并移动到下一行	在 Debug Control 窗口上直接单击 Over 按钮
Out	当 Debugger 已进入某一个函数调用时，可以直接跳出这个函数；当未进入函数调用时（即在主程序中），则与 Go 作用相同	在 Debug Control 窗口上直接单击 Out 按钮
Quit	退出调试过程	在 Debug Control 窗口上直接单击 Quit 按钮
Stack	堆栈调用层次	在 Debug Control 窗口上直接单击 Stack 复选框
Locals	查看局部变量	在 Debug Control 窗口上直接单击 Locals 复选框
Source	跟进源代码	在 Debug Control 窗口上直接单击 Source 复选框
Globals	查看全局变量	在 Debug Control 窗口上直接单击 Globals 复选框

1.3.3 Python 编码规范

Python 非常重视代码的可读性，对代码的布局和排版有更加严格的要求。下面简要介绍 Python 对代码编写的一些要求和规范，建议用户在编写第一段代码时即遵循这些要求和规范，养成良好的编程习惯。

1）代码缩进。代码缩进是 Python 语法中的强制要求。Python 源程序的代码之间的逻辑关系依赖于代码块的缩进。对于类定义、函数定义、选择结构、循环结构及异常处理结构，行尾的冒号及下一行的缩进表示一个代码块的开始，缩进结束则表示一个代码块的结束。同一个级别的代码块的缩进量必须相同。

【例 1-4】编写程序，实现选择输出两个变量值之中的大数。

参考程序如下：

```
a,b=1,3          # 选择输出 a 和 b 之中的大数
if a>b:
    print(a)
else:
    print(b)
print('OK')
```

程序运行结果如下：

```
3
OK
```

在 IDLE 开发环境中，基本缩进单位默认为 4 个空格，也可以自定义基本缩进量，选择 "Options→Configure IDLE" 选项，在弹出的 Settings 对话框的 "Fonts/Tabs" 选项卡中设置基本缩进量，如图 1-36 所示。

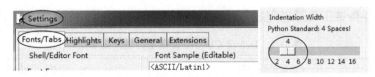

图 1-36　IDLE 环境中设置基本缩进量

2）适当的注释。注释是为增强代码可读性而添加的描述文字，对程序的执行没有任何影响。注释主要分为以下两类。

● 单行注释：程序中的单行注释采用 "#" 开头，可以从任意位置开始，既可以在语句行末尾，也可以独立成行。

● 多行注释：可以使用多个 "#" 开头进行多行注释，也可采用一对三引号将多行注释字符串括起来。

3）清晰的模块导入。导入模块时每个 import 语句导入一个模块，尽量避免一次导入多个模块。

4）代码过长折行处理。如果一行语句过长，可以考虑拆分成多个短一些的语句，以保证代码具有较好的可读性。也可以在行尾使用续行符 "\" 来表示下面紧接的一行仍属于当前语句，但一般建议使用圆括号来包含多行内容。

5）必要的空格和空行。最好在每个类、函数定义和一段完整的功能代码之后增加一个空行，在运算符两侧各增加一个空格，以及在逗号后面增加一个空格等，以增强程序的可读性。

6）常量名中所有字母大写，由下画线连接各个单词，类名中首字母大写。

1.4 本章小结

本章主要介绍了 Python 的产生及发展历史、Python 的不同版本及不同版本之间的兼容性，以及 Python 的特点。学习了 Python 环境的搭建，Jupyter NoteBook、PyCharm 等的安装和运行，Python 解释器和自带的集成开发环境 IDLE 的用法等，如何获得 Python 的帮助信息，Python 程序的编写规范，以及 Python 程序的编写及调试方法等。

1.5 习题

1. 单项选择题

1）Python 属于一种_____类型的编程语言。

A. 机器语言   B. 解释   C. 编译   D. 汇编语言

2）Python 语言通过_____来体现语句之间的逻辑关系。

A. {}   B. ( )   C. 缩进   D. 自动编号

3）下列选项中不属于 Python 语言特点的是_____。

A. 语法简洁   B. 依赖平台   C. 支持中文   D. 库丰富

4）采用 IDLE 进行交互式编程，其中 ">>>" 符号是_____。

A. 运算操作符   B. 程序控制符   C. 命令提示符   D. 文件输入符

5）Python 语句 print('Hello World!') 的输出结果是_____。

A. ('Hello World!')   B. 'Hello World!'

C. Hello World!   D. Hello World

6）Python 程序文件的扩展名是_____。

A. python   B. pyt   C. pt   D. py

7）Python 自带的集成开发工具是_____。

A. PyCham   B. PyDev   C. IDLE   D. Jupyter NoteBook

8）下面可以作为 Python 程序注释标记的符号是_____。

A. /* */   B. //   C. "   D. #

2. 应用题

1）简述 Python 的特点和应用领域。

2）简述 Python 程序的编码规范。

3）编写程序，运行输出如下信息："What's your name?"。

4）编写程序，实现计算表达式 3×4 的值，并输出。

第 2 章　Python 语言基础

Python 语法简练，其所编写的程序可读性强、容易理解。Python 内置丰富的数据类型，这些数据类型可以有效减少代码的长度。Python 提供了灵活的程序结构，能更容易地解决具有复杂逻辑结构的问题。本章主要介绍 Python 的基本数据类型，Python 的数据运算符及表达式，以及 Python 的顺序、分支和循环三种程序结构等。

2.1　变量和简单数据类型

数据具有不同的类型，计算机可以处理各种类型的数据，如数值、字符、图形、音频、视频和网页等，不同类型的数据支持不同的运算操作。计算机处理的数据通常存放于内存单元中，机器语言和汇编语言通过内存单元地址访问内存单元，而高级语言则通过内存单元命名访问内存单元，命名的内存单元一般称为变量。本节主要介绍 Python 语言中的标识符、常量和变量、基本数据类型、运算符和表达式等基础知识。

2.1.1　标识符和变量

1. 标识符

标识符在不同的应用环境下有不同的含义，一般用于标识某个实体。在计算机编程语言中，标识符是命名变量和函数等名字的有效字符集合。在 Python 语言中，包、模块、类、函数和变量等的名称必须为合法有效的标识符。

（1）合法的标识符

在 Python 中，标识符包括英文字母、数字及下画线，但要符合以下规则。

- 标识符必须以字母或下画线开始，不能以数字开始。
- 标识符区分英文字母的大小写。
- 标识符中不能出现分隔符、标点符号或运算符。
- 标识符不能使用关键字。
- 最好不要使用内置模块名、类型名、函数名、已经导入的模块名及其成员名作为标识符。

例如，a_int、c_float 和 _strname 为正确的标识符；而 100int、yes = no 和 or 为错误的标识符。

Python 3 对包、模块、类、函数和变量等命名所遵循的一般规则主要如下。

- 包名和模块名全部采用小写字母，应简单或有意义，可以使用下画线以增加可读性，如 math、sys。
- 函数名全部采用小写字母，可以使用下画线以增加可读性，如 my_function( )、swap( )。
- 类名每个单词首字母为大写，其余均为小写，如 MyClass、Student。
- 变量名全部为小写字母，应简单或有意义，可以使用下画线以增加可读性，如 n、age、number。
- 常量名全部为大写字母，应简单或有意义，可以使用下画线以增加可读性，如

MIN、MAX。

（2）关键字

关键字是预定义的保留标识符。关键字有特殊的固定语法含义，不能在程序中被用户定义为普通标识符，否则将会产生编译错误。Python 3 的关键字如表 2-1 所示。

表 2-1　Python 3 关键字

False	None	True	and	as	assert	async
await	break	class	continue	def	del	elif
else	except	finally	for	from	global	if
import	in	is	lambda	nonlocal	not	or
pass	raise	return	try	while	with	yield

（3）下画线标识符

通常以下画线起始的标识符具有特殊意义。

- 以单下画线起始（_xxx）的标识符代表不能直接访问的类属性，需要通过类提供的接口进行访问，不能用"from xxx import *"导入。
- 以双下画线起始（__xxx）的标识符代表类的私有成员。
- 以双下画线起始和结尾（__xxx__）的标识符代表 Python 中特殊方法专用的标识，如__init__代表类的构造函数。

2. 常量和变量

Python 3 的对象可分为不可变对象（immutable）和可变对象（mutable）。不可变对象一旦创建，其值在运行中不能修改，可变对象的值在运行中可以修改。Python 程序中表示数据的量可以分为两种：常量（不可变对象）和变量（可变对象）。

（1）常量

常量是指在程序执行过程中，其值不能发生改变的量，如 3、-6、35.8 和" xyz" 等。但Python 语言不支持常量，即没有语法规则限制改变一个常量的值，Python 语言只是使用约定，声明在程序运行中不会改变的量即为常量，通常使用全部大写字母（也可使用下画线增加可读性）表示常量名。例如，定义 PI 为常量的语句：>>>PI = 3.14。

（2）变量

变量是指在程序执行过程中，其值可以发生改变的量。变量用变量名标识，如 x、a1 和 n等为合法的变量名。

在 Python 中，不需要事先声明变量名及其类型，直接赋值使用即可根据变量的值自动创建各种类型的变量。例如，语句"n = 5"，Python 根据整数对象 5 自动创建了整型变量 n，n 指向整型对象 5，即 n 赋值为 5。

Python 中的变量可指向某一个对象的引用，多个变量可以指向同一个对象。例如，语句"x = y = 3"表示变量 x 和 y 指向整型对象 3。

当给变量重新赋值时，并不改变原始对象的值，只是创建一个新对象，并由该变量指向新对象。例如，语句"n = 10"表示新建一个整型对象 10，并由变量 n 指向新的整型对象 10，即变量值变为 10。

2.1.2 基本数据类型

Python 语言中提供了几种数据类型，包括数字（Number）、字符串（String）、列表（List）、元组（Tuple）、集合（Set）、字典（Dictionary）和序列（Sequence）等，下面分别进行介绍。

1. 数字类型

数字属于 Python 不可变对象，即修改变量值时并不是真的修改变量的值，而是先把值存放到内存单元中，然后修改变量使其指向新的内存单元地址。Python 中有 4 种数字类型，分别是 int（整型）、float（浮点型）、bool（布尔型）和 complex（复数型）。

（1）整型

整型数字就是没有小数部分的数值，包括正整数、0 和负整数，且无大小限制。整数可以使用不同的进制来表示。

- 十进制整数。没有前缀，其数码为 0~9，如 12、9810 和-167。
- 八进制整数。以 0o 作为前缀，其数码为 0~7，八进制整数通常为无符号数，如 0o13、0o100 和 0o2007，其对应的十进制数分别为 11、64 和 1031。
- 十六进制整数。以 0X 或 0x 作为前缀，其数码为 0~9，A~F 或 a~f（代表 10~15），如 0XB4、0xF0 和 0x34D，其对应的十进制数分别为 180、240 和 845。

（2）浮点型

浮点型数字就是包含小数点的实数，如 123.04、0.6789、-9.0909、56.3-e2、3.141e+18 和-133.4e78 等。

（3）布尔型

布尔型是用来表示逻辑"是"和"非"的一种类型，只有两个值，True 和 False。关于布尔值，Python 中规定任何对象都可以用来判断其真假而用于条件、循环语句或逻辑运算中。对象判断中 None、False、0 值（0、0.0、0j）、空的序列值（''、[ ]、( )），和空的映射值{ }都为 False；其他对象的值都为 True。

（4）复数型

复数由两部分组成：实部和虚部。复数的基本形式为 a+bj、a+bJ 或 complex(a,b)。其中，a 是实部，b 是虚部。如 3.33j、-23-1.12j、-812.j、.156j、（9.19+3e-27j）、-3.12+0J 和 1.9+e-1j 等。

2. 字符串类型

字符串是 Python 中最常用的数据类型，可以使用单引号、双引号或三引号来创建字符串。如'Hello World'、"Python"、'''Yes123'''等。

3. 其他类型

1）序列：序列是 Python 中一种最基本的数据结构，序列中每个元素都有一个与位置相关的序号，称为索引。通过索引可以访问序列元素，从而进行各种处理。

2）列表：列表是一种序列类型。用一对方括号"[ ]"将元素括起来，以逗号进行分隔。列表中元素的类型可以不相同，如[3,5,7.9]、['gkh', 'yuv',4]和[True,5,7, 'cde']等。

3）元组：元组也是一种序列类型。用一对圆括号"( )"将元素括起来，以逗号隔开，元素类型可相同也可不同，如(2,4,6)、（False, 'abc',2)和('gkh', 'yuv',3.7)等。

4）集合：集合是无序但不重复元素的序列。用一对花括号"{ }"将元素括起来，以逗号隔开，如{'Tom','Jim','Jack','Luse'}。

5）字典：字典是 Python 中唯一内建的映射类型，是一个无序的"键：值"对集合，可用来实现通过数据查找关联数据的功能。字典用大括号"{}"来表示，键和值之间用冒号隔开，如{'Jack':1134,'Tom':2310,'Luse':6617}。

列表、元组、集合和字典的使用详见第 3 章。

2.1.3 运算符和表达式

在计算机程序中，运算符是表示实现某种运算的符号。表达式是由运算符（操作符）和运算数（操作数）组成的式子，即操作数、运算符和圆括号按照一定规则连接起来组成表达式。运算符是表示对操作数进行何种运算的符号，如+、-、*、/等运算。操作数包含常量、变量和函数等。表达式通过运算产生运算结果，返回结果对象，运算结果对象的类型由操作数和运算符共同决定。下面分别介绍运算符、表达式及其相关知识。

1. 运算符

Python 语言支持以下类型的运算符：算术运算符、关系（比较）运算符、赋值运算符、逻辑运算符、位运算符、成员运算符和身份运算符。

（1）算术运算符

算术运算符实现数学运算，其运算对象通常是数值型数据。Python 中的算术运算符如表 2-2 所示，假设变量 x 为 10，变量 y 为 3。

表 2-2　算术运算符

运　算　符	示　　例	功　能　描　述	运　行　结　果
+ （加）	x+y	x 与 y 相加	13
- （减）	x-y	x 与 y 相减	7
* （乘）	x * y	x 与 y 相乘	30
/ （除）	x/y	x 除以 y	3.3333333333333335
// （整除）	x//y	x 整除 y，返回 x/y 的整数部分	3
% （模）	x%y	x 整除 y 的余数，即 x-(x//y) * y 的值	1
- （负号）	-x	x 的相反数	-10
+ （正号）	+x	x 保持符号不变	10
** （乘方）	x ** y	x 的 y 次幂	1000

（2）关系运算符

关系运算符用于对两个值进行比较，即对两个操作数对象的大小关系进行判断，运算结果为 True（真）或 False（假）。Python 中的关系运算符如表 2-3 所示，假设变量 x 为 10，变量 y 为 20。

表 2-3　比较运算符

运　算　符	示　　例	功　能　描　述	运　行　结　果
== （等于）	x==y	比较两个对象是否相等	False
!= （不等于）	x!=y	比较两个对象是否不相等	True
> （大于）	x>y	返回 x 是否大于 y	False
< （小于）	x<y	返回 x 是否小于 y	True
>= （大于或等于）	x>=y	返回 x 是否大于或等于 y	False
<= （小于或等于）	x<=y	返回 x 是否小于或等于 y	True

（3）赋值运算符

赋值运算要求左操作数对象必须是值可以修改的变量。Python 中的赋值运算符如表 2-4 所示。

表 2-4　赋值运算符

运　算　符	示　　例	功　能　描　述
=	y＝x	将 x 的值赋给变量 y
＋＝	y＋＝x	等价于 y＝y＋x
－＝	y－＝x	等价于 y＝y－x
＊＝	y＊＝x	等价于 y＝y＊x
/＝	y/＝x	等价于 y＝y/x
//＝	y//＝x	等价于 y＝y//x
％＝	y％＝x	等价于 y＝y％x
＊＊＝	y＊＊＝x	等价于 y＝y＊＊x

（4）逻辑运算符

逻辑运算符可以将多个关系运算连接起来，形成更复杂的条件判断。逻辑运算的运算结果为 True（真）或 False（假）。Python 中的逻辑运算符如表 2-5 所示。如变量值为数值型，则 0 被认为是 False，其余值均被认为是 True。

表 2-5　逻辑运算符

运　算　符	示　　例	功　能　描　述
and（逻辑与）	x and y	如果 x 和 y 都为 True，则返回 True；否则，返回 False
or（逻辑或）	x or y	如果 x 和 y 都为 False，则返回 False；否则，返回 True
not（逻辑非）	not x	如果 x 为 True，则返回 False；如果 x 为 False，则返回 True

（5）位运算符

位运算符只适用于整数，运算规则是将整数转换为二进制形式（注意采用补码表示），按最低位对齐，缺少的高位补 0，然后对二进制数进行逐位运算，最后将得到的二进制数据再转换为十进制数。Python 中的位运算符如表 2-6 所示。假设变量 x 为 0000 0001，变量 y 为 0011 1101。

表 2-6　位运算符

运　算　符	示　例	功　能　描　述	十进制结果	二进制结果
&（按位与）	y&x	如果 y 和 x 对应位都为 1，则结果中该位为 1；否则，该位为 0	1	0000 0001
|（按位或）	y|x	如果 y 和 x 对应位都为 0，则结果中该位为 0；否则，该位为 1	61	0011 1101
^（按位异或）	y^x	如果 y 和 x 对应位不同，则结果中该位为 1；否则，该位为 0	60	0011 1100
<<（左移位）	y<<x	将 y 左移 x 位（右侧空出的低位补 0）	122	0111 1010
>>（右移位）	y>>x	将 y 右移 x 位（左侧空出的高位补符号位）	30	0001 1110
~（按位取反）	~x	如果 x 的某位为 1，则结果中该位为 0；否则，该位为 1	-2	1111 1110

注意：按位取反时最高位（通常为符号位）也一起变反，因此，正数按位取反后变成了

负数（符号位 0 变为 1），而负数按位取反后变成了正数（符号位 1 变为 0）。因此，按位取反的运算规则是：~0=1，~1=0，对于一个整数 x 来说，~x=-(x+1)。

例如，以 8 位二进制位为例计算 ~5。其计算过程如下。

- 变换为二进制数：$(5)_{10}=(00000101)_2$。
- 按位取反：$~5=~(00000101)_2=(11111010)_2$，最高位为 1，因此它是一个负数的二进制补码形式。
- 转换为十进数：$(11111010)_2$ 其对应的原码是 $(00000110)_2$（转换原则：除符号位外其余各位变反，然后整体加 1，得到该整数的原码），其对应的十进制整数为 -6。

（6）成员运算符

成员运算符用于判断一个可迭代对象（序列、集合或字典）中是否包含某个元素（成员）。Python 中的成员运算符如表 2-7 所示。

表 2-7　成员运算符

运　算　符	示　　例	功　能　描　述
in	x in y	如果 x 是可迭代对象 y 的一个元素，则返回 True；否则，返回 False
not in	x not in y	如果 x 不是可迭代对象 y 的一个元素，则返回 True；否则，返回 False

（7）身份运算符

身份运算符用于比较两个对象的存储单元是否相同。Python 中的身份运算符如表 2-8 所示。

表 2-8　身份运算符

运　算　符	示　　例	功　能　描　述
is	x is y	如果 x 和 y 对应同样的存储单元，则返回 True；否则，返回 False
is not	x is not y	如果 x 和 y 不对应同样的存储单元，则返回 True；否则，返回 False

2. 表达式

表达式是将不同类型的数据（常量、变量或函数）用运算符按照一定的规则连接起来的式子。因此，表达式由值、变量和运算符等组成。

在一个表达式中，Python 会根据运算符的优先级和结合性进行运算。对于具有不同优先级的运算符，会先完成高优先级的运算，再完成低优先级的运算；对于具有相同优先级的运算符，其运算顺序由结合性来决定。结合性包括左结合和右结合两种，左结合是按照从左向右的顺序完成计算，如 1+2+5 被计算成（1+2)+5；而右结合是按照从右向左的顺序完成计算，如赋值运算符，即 x=y=z 被处理为 x=(y=z)。

前面所介绍的各运算符的优先级如表 2-9 所示。优先级值越小，表示优先级越高。

表 2-9　运算符优先级

优　先　级	运　算　符	描　　述
1	**	乘方
2	~、+、-	按位取反、正号、负号
3	*、/、//、%	乘、除、整除、模
4	+、-	加、减

优 先 级	运 算 符	描 述
5	>>、<<	右位移、左位移
6	&	按位与
7	^	按位异或
8	|	按位或
9	>、<、>=、<=、==、!=、is、is not、in、not in	比较运算符、身份运算符、成员运算符
10	=、+=、-=、*=、/=、//=、%=、**=	赋值运算符
11	not	逻辑非
12	and	逻辑与
13	or	逻辑或

📖 如果不确定运算符的优先级和结合性，或希望不按优先级和结合性规定的顺序完成计算，可以使用圆括号改变计算顺序。

2.2 顺序结构

程序一般包含三种基本结构：顺序结构、分支结构和循环结构。顺序结构是程序设计中一种最简单的基本结构，它只需按照问题的处理顺序，依次写出相应的语句，按照语句出现的位置先后次序执行。顺序结构示意图如图 2-1 所示，依次顺序执行语句块 1、语句块 2、…、语句块 n 等不同的程序块。其中各语句块分别代表某些操作。

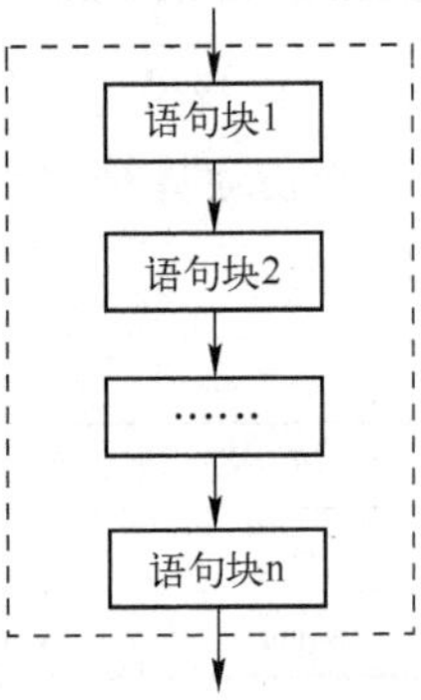

图 2-1 顺序结构
示意图

2.2.1 赋值语句

赋值语句是任何程序设计语言中最基本的语句。赋值语句的作用就是将值赋给变量，或者说将值传送到变量所对应的存储单元中。

1. 赋值语句的一般格式

Python 中的赋值与一般程序设计语言的赋值含义不太一样，并不是将数据赋值给变量，而是变量指向某个数据值对象。一个变量通过赋值可以指向不同类型的对象。在 Python 中，通常将 "=" 称为赋值号。

赋值语句的一般格式为：

```
变量 = 表达式
```

赋值号左边必须是变量，右边是表达式。赋值的意义是先计算右边表达式的值，然后使该变量指向该数据对象。

例如：

```
>>> a = 2          # 变量 a 赋值为 2,即变量 a 指向数据对象 2
>>> b = 5          # 变量 b 赋值为 5,即变量 b 指向数据对象 5
>>> a = b          # 变量 a 赋值为 b 的值(5),即变量 a 也同时指向数据对象 5
```

Python 是一种动态语言，不需要预先定义变量类型，变量类型在赋值时会被初始化。例如：

```
>>> a=3              # 变量 a 赋值为整数 3,同时指明变量 a 为整型变量
>>> a='HELLO'        # 变量 a 赋值为字符串'HELLO',同时指明变量 a 为字符型变量
```

Python 中的赋值不是直接将值赋给变量，而是将数据对象的地址赋值给变量，并且赋值语句不存在返回值，"b=(a=6)+1" 是错误的写法，应该写成：

```
>>> a=6
>>> b=a+1
```

2. 链式赋值语句

链式赋值语句的一般表达形式为：

```
变量 1 = 变量 2 =…= 变量 n = 表达式
```

等价于：

```
变量 n=表达式
…
变量 1=变量 2
```

例如：

```
>>> a=b=c=d=8        # 链式赋值
>>> a,b,c,d          # 显示 a、b、c、d 的值
(8,8,8,8)            # a、b、c、d 的值均为 8
```

3. 同步赋值语句

同步赋值语句的一般表达形式为：

```
变量 1,变量 2,…,变量 n = 表达式 1,表达式 2,…,表达式 n
```

其中，赋值号左边变量的个数与右边表达式的个数要一致。先计算右边表达式的值，然后将各表达式的值按位置赋值给左边的变量。

例如：

```
>>> a,b=2,3          # 变量 a 和 b 分别指向数据 2 和 3
>>> a,b              # 显示 a 和 b 的值
(2,3)
>>> a,a=2,3          # 变量 a 先指向数据 2,其后变量 a 又指向了数据 3
>>> a                # 显示 a 的值
3
>>> a,b=1,a          # 计算右边表达式值为 1 和 3,变量 a 指向数据 1,变量 b 指向变量 3
>>> a,b              # 显示 a 和 b 的值
(1,3)
```

4. 赋值表达式

Python 3.8 在赋值中引入了一个新的概念——赋值表达式，采用符号 "：="（称为海象运算符）进行赋值。赋值表达式可以在统一表达式中赋值并返回值，可以简化和优化程序代码。例如：

```
>>>print(a:=2) # 对变量 a 赋值 2,同时输出 2。功能等价于 a=2, print(a) 两条语句
2
```

2.2.2 标准输入和输出

程序可以通过键盘读取数据,也可以通过文件读取数据;程序的结果可以输出在屏幕上,也可以保存在文件中。而标准的输入是指通过键盘读取数据,标准的输出是指将结果显示在屏幕上。

1. 标准输入

Python 的标准输入函数是 input( )函数,用于读取用户在键盘上输入的数据,并返回一个字符串。其调用格式为:

```
input([字符串])
```

其中,括号中的"字符串"是可选项,等待用户输入数据时原样显示在屏幕上,一般用于提示用户输入数据,否则屏幕不显示任何提示信息,只等待用户输入数据。

例如:

```
>>> a=input('请输入数据:')
请输入数据:31                  # 屏幕提示:"请输入数据:",并等待用户输入数据 31
>>> a
'31'                          # 用户输入的数据自动默认为字符串
```

input( )函数会自动将输入的数据视为字符串,如果想要输入数字类型的数据,则需使用类型转换函数将字符串转换为数字。

例如:

```
>>> b=int(input( ))           # 将输入的用户数据转换为整型
66
>>> b
66
```

2. 标准输出

Python 语言的输出方式有两种,一种是直接使用表达式输出该表达式的值,另一种是使用表达式语句输出。

1)直接使用表达式输出表达式的值。

例如:

```
>>> a,b=1,2
>>> a+36                      # 输出表达式 a+36 的值
37
>>> b+1                       # 输出表达式 b+1 的值
3
```

a 和 b 分别赋值为 1 和 2,直接输出表达式"a+36"的结果为 37,表达式"b+1"的结果为 3。

2)使用表达式语句输出。

使用表达式语句输出常用的输出方法是用 print( )函数,其调用格式为:

```
print([输出项1,输出项2,…,输出项n][,sep=分隔符][,end=结束符])
```

其中，输出项之间以逗号分隔，没有输出项时输出一个空行。sep 表示输出时每个输出项之间的分隔符（默认是空格），end 表示结束符（默认以回车换行符结束）。print()函数从左到右计算每一个输出项的值，依次显示在同一行。

```
>>> print(1,2)
1 2
>>> print(1,2,sep='、')
1、2
>>> print(1,2,sep='、',end=';')
1、2;
```

在第三次调用 print()函数时不换行，以";"作为结束符。

例如：

```
print(1,2,end=';')
print(2)
```

运行结果如下：

```
1 2;2
```

又如：

```
print(1,2)
print(1)
```

运行结果如下：

```
1 2
1
```

2.2.3　顺序结构程序举例

Python 程序不需要变量定义，可以直接描述程序的功能。程序的功能一般包括以下 3 个方面。

- 输入原始数据。
- 根据问题要求对原始数据进行相应处理。
- 输出处理结果。

其中，第二步对数据的处理是关键。对顺序结构程序而言，程序的执行是根据语句出现的顺序依次执行的。

【例 2-1】编写程序，实现从键盘输入三角形的三条边的边长（假定这三条边可以构成三角形），输出三角形的面积。

分析：这是一个利用公式求值的问题，可以分为以下 3 步。

1）输入三角形的三条边长 a、b、c。

2）利用公式求面积：$area = \sqrt{h \times (h-a) \times (h-b) \times (h-c)}$，其中 a、b、c 为三边长，h 为 $\dfrac{a+b+c}{2}$。

27

3）输出三角形的面积 area。

参考程序如下：

```
import math
a = float( input('请输入边长 a：'))          # 输入三角形边长，并转换为实数
b = float( input('请输入边长 b：'))
c = float( input('请输入边长 c：'))
h = (a+b+c) / 2
area = math. sqrt(h * (h-a) * (h-b) * (h-c))
print( str. format('三角形三边长分别为：a={0},b={1},c={2}',a,b,c))
print( str. format('三角形的面积 = {0}',area))
```

程序运行结果如下：

```
请输入三角形的边长 a：3
请输入三角形的边长 b：4
请输入三角形的边长 c：5
三角形的三边长分别为：a=3.0,b=4.0,c=5.0
三角形的面积 = 6.0
```

【例 2-2】 编写程序，实现从键盘输入一个 3 位数 n，输出其逆序数 m。例如，输入 n = 127，则 m = 721。

分析：程序分为 3 步。

1）从键盘输入一个 3 位整数 n。

2）对 n 求解逆序数为 m。

3）输出逆序数 m。

本题关键在第二步，将 3 位整数 n 的个位、十位和百位分别取出存放于变量 a、b 和 c 中，则逆序数 m = a * 100+b * 10+c。采用求余和整除的方法将整数 n 的个位、十位和百位的数字取出。

参考程序如下：

```
n = int( input('n='))
a = n%10;
b = n//10%10;
c = n//100;
m = a * 100+b * 10+c
print('{0:3}的逆序数是{1:3}'. format(n,m))
```

程序运行结果如下：

```
n=127
127 的逆序数是 721
```

2.3　分支结构

分支结构又称选择结构，它根据给定条件的真假，决定程序的执行路线。根据程序执行的路线或分支的不同，分支结构又分为单分支、双分支和多分支 3 种类型。例如，输入学生的成绩，需要统计及格学生的人数、统计及格和不及格学生的人数、统计不同分数段学生的人数，这里就涉及单分支、双分支和多分支的分支结构。

2.3.1 分支语句

1. 单分支 if 语句

if 语句由 4 部分组成：关键字 if、条件表达式、冒号和表达式结果为真（非零、非空）时要执行的语句体。if 语句的语法格式如下：

```
if 条件表达式：
    语句块
```

单分支 if 语句的流程图如图 2-2 所示。

单分支 if 语句先判断条件表达式的值是真还是假。如果条件表达式的值为真（非零、非空），则执行语句体中的操作；如果条件表达式的值为假（零、空），则不执行语句体中的操作。语句体既可以包含多条语句，也可以只由一条语句组成。

2. 双分支 if-else 语句

双分支 if-else 语句的语法格式如下：

```
if 条件表达式：
    语句块 1
else：
    语句块 2
```

双分支 if-else 语句的流程图如图 2-3 所示。

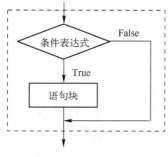 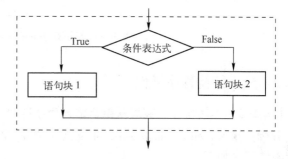

图 2-2　单分支 if 语句流程图　　　　图 2-3　双分支 if-else 语句流程图

双分支 if-else 语句先判断条件表达式值的真假。如果条件表达式的值为真，则执行语句体 1 中的操作；如果条件表达式的值为假，则执行语句体 2 中的操作。语句块 1 和语句块 2 既可以包含多条语句，也可以只由一条语句组成。

3. 多分支 if-elif-else 语句

多分支 if-elif-else 语句的语法格式如下：

```
if 条件表达式 1：
    语句块 1
elif    条件表达式 2：
    语句块 2
…
elif    条件表达式 n：
    语句块 n
else：
    语句块 n+1
```

多分支 if-elif-else 语句的流程图如图 2-4 所示。

多分支 if-elif-else 语句先判断条件表达式 1 的结果为真，则执行语句块 1 中的操作；如果条件表达式 1 的结果为假，则继续判断条件表达式 2；如果条件表达式 2 的结果为真，则执行语句块 2 的操作；如果条件表达式 2 的结果为假，则继续判断表达式 3；……从上到下依次判断条件表达式，找到第一个为真的条件表达式，就执行该条件表达式下的语句块，不再判断剩余的条件表达式。如果所有条件表达式均为假，则执行 else 后面的语句块 n+1；如果没有 else 分支，则不执行任何操作。任何一个分支后面的语句块执行后，都直接结束该分支语句。

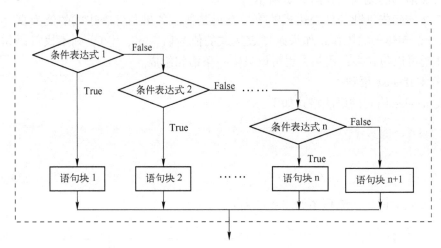

图 2-4　多分支 if-elif-else 语句流程图

2.3.2　分支结构程序举例

【例 2-3】 编写程序，实现从键盘输入两个整数 a 和 b，按从大到小的顺序输出。

分析：输入 a 和 b，如果 a<b，则交换 a 和 b，否则不交换，最后输出 a 和 b。

参考程序如下：

```
a,b=eval(input('请输入 a,b: '))
if a<b:
    a,b=b,a              # a 和 b 交换
print('{0},{1}'.format(a,b))
```

程序运行结果如下：

```
请输入 a,b:123,456
456,123
```

【例 2-4】 编写程序，实现从键盘输入年份 year，判断该年份是否为闰年，若是闰年，则输出 "year 年是闰年"，否则输出 "year 年不是闰年"，其中，year 用输入的年份代替。判断闰年的方法：如果年份 year 能被 400 整除，或者能被 4 整除但不能被 100 整除，则该年份为闰年。

分析：根据闰年判断条件，若满足 year % 400 == 0 或者 year % 4 == 0 and year % 100 != 0 则为闰年，否则不是闰年。

参考程序如下：

```
import math
year = input('请输入年份：')
year = int(year)
if year % 400 = = 0 or ( year % 4 = =0 and year % 100 ! = 0 )：
    print ( year, '年是闰年')
else：
    print ( year, '年不是闰年')
```

运行 3 次程序，分别输入年份 2000、2013 和 2020，程序运行结果如下。

程序第一次运行结果：

```
请输入年份：2000
2000 年是闰年
```

程序第二次运行结果：

```
请输入年份：2013
2013 年不是闰年
```

程序第三次运行结果：

```
请输入年份：2020
2020 年是闰年
```

【例 2-5】编写程序，从键盘输入学生成绩 score，按输入成绩输出其对应的等级：score ≥ 90 为优，80 ≤ score < 90 为良，70 ≤ score < 80 为中等，60 ≤ score < 70 为及格，score < 60 为不及格。

参考程序如下：

```
score = int( input('请输入成绩'))              # int( )转换字符串为整型
if score > =90：
    print('优')
elif score > =80：
    print('良')
elif score > =70：
    print('中')
elif score > =60：
    print('及格')
else：
    print('不及格')
```

运行 3 次程序，分别输入成绩 90、79 和 67，程序运行结果如下。

程序第一次运行结果：

```
请输入成绩 90
优
```

程序第二次运行结果：

```
请输入成绩 79
中
```

程序第三次运行结果：

2.4 循环结构

循环结构用来重复执行一条或多条语句，使用循环语句结构可以减少程序的重复书写工作。Python 提供了 for 循环和 while 循环。

2.4.1 可迭代对象

可迭代对象（iterable）是指执行一次可返回一个元素的对象，它适用于循环。Python 中包含的可迭代对象主要有：序列对象（sequence），例如，字符串（str）、列表（list）、元组（tuple），字典（dict），文件对象（file），迭代器对象（iterator），生成器函数（generator）等。

迭代器是一个对象，表示可迭代的数据集合，包括方法__iter__()和__next__()，可以实现迭代功能。生成器是一个函数，使用 yield 语句，每次产生一个值，也可以用于循环迭代。

Python 3.7 中的内置对象 range 是一个迭代器对象，在迭代时产生指定范围的数字序列。range 的格式如下：

```
range(start, stop[, step])
```

range 对象返回的数字序列范围是[start, stop)，从 start 开始，到 stop 结束（不包含 stop），默认每次迭代步长值为 1，如果指定了可选的步长值 step，则序列按步长 step 值增长。例如：

```
for i in range(1,10): print(i, end=' ')    # range(1,10)产生数字序列 1~9,输出 1 2 3 4 5 6 7 8 9
for i in range(1,10,3): print(i, end=' ')  # range(1,10,3)产生数字序列 1,4,7,输出 1 4 7
```

运行结果如下：

```
1 2 3 4 5 6 7 8 9
1 4 7
```

2.4.2 循环语句

1. while 循环语句

while 语句用于循环执行某段程序，即在某条件成立（为真）下，循环执行某段程序，以重复处理相同的任务。

while 循环语句的语法格式如下：

```
while 判断条件:
    循环体
```

或：

```
while (判断条件):
    循环体
```

while 语句的流程图如图 2-5 所示。while 语句中的判断条件可以是任何表达式，任何非零或非空的值均为真（True），在循环语句序列中至少应包含改变循环判断条件的语句，以使循环执行趋于结束, 避免无限循环 ("死循环")。

while 循环语句的执行过程如下。

1) 执行到 while 语句, 计算其后跟着的判断条件。

2) 如果判断条件结果为 True, 则进入循环体执行, 当执行到循环体语句序列结束点时返回 1) 继续执行。

3) 如果判断条件结果为 False, 则结束 while 循环的执行, 转到 while 语句的后继语句执行。

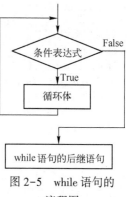

图 2-5 while 语句的
流程图

【例 2-6】 编写程序, 利用 **while** 循环求 **1~100** 的和、**1~100** 中所有奇数的和, 以及 **1~100** 中所有的偶数和, 并输出。

参考程序如下:

```
sum_all = 0                      # 存放 1~100 的和
sum_odd = 0                      # 存放 1~100 的奇数和
sum_even = 0                     # 存放 1~100 的偶数和
i = 1
while i <= 100:
    sum_all = sum_all+i          # 计算所有数的和
    if (i%2 == 0):
        sum_even += i            # 计算 1~100 的偶数和
    else:
        sum_odd += i             # 计算 1~100 的奇数和
    i = i+1
print('1~100 的和=%d  奇数和=%d  偶数和=%d'%(sum_all,sum_odd,sum_even))
```

程序运行结果如下:

```
1~100 的和=5050  奇数和=2500  偶数和=2550
```

2. for 循环语句

for 语句用于遍历可迭代对象集合中的元素, 并对集合中的每个元素执行一次相关的操作。当集合中的所有元素完成迭代后, for 循环将程序控制传递给 for 循环之后的下一条语句。

for 循环语句的语法格式如下:

```
for 变量 in 序列或可迭代对象
    循环体
```

for 循环语句的流程图如图 2-6 所示。

for 循环语句的执行过程如下。

1) 执行到 for 语句, 判断循环索引值是否在序列中。

2) 如果该值在序列中, 则取出该值, 进入循环体执行, 循环体执行结束时返回 1) 继续执行。

3) 如果该值不在序列中, 则结束 for 循环的执行, 转到 for 循环后面的语句执行。

【例 2-7】 编写程序, 利用 **for** 循环求 **1~100** 的和、**1~100** 中所有奇数的和, 以及 **1~100** 中所有偶数的和, 并输出。

参考程序如下:

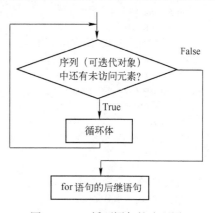

图 2-6 for 循环语句的流程图

```
sum_all = 0
sum_odd = 0
sum_even = 0
for i in range(1,101):
    sum_all = sum_all+i
    if(i%2==0):
        sum_even+=i
    else:
        sum_odd+=i
print('1~100 所有数之和=%d ',sum_all)
print('1~100 的奇数之和=%d ',sum_odd)
print('1~100 的偶数之和=%d ',sum_even)
```

程序运行结果如下：

```
1~100 所有数之和=%d    5050
1~100 的奇数之和=%d    2500
1~100 的偶数之和=%d    2550
```

2.4.3 循环控制语句

循环控制语句可以改变语句执行的顺序。Python 支持 break 和 continue 循环控制语句。

1. break 语句

break 语句的格式如下：

```
break
```

break 语句可以用在 while 和 for 循环中，用于提前结束 break 语句所在的循环，即退出所在循环的执行。例如，在执行循环的过程中，如果某个条件得到了满足，则可以通过 break 语句立即终止所在循环的执行。当多个 for 或 while 循环彼此嵌套时，break 语句只结束所在层次的循环，例如，如果 break 在两层循环嵌套的内层循环中，则只终止内层循环，进入外层循环的下一条语句继续执行。

【例 2-8】 编写程序，利用 break 语句实现从键盘输入若干整数，输入 0 结束，统计其中正数和负数的个数，并输出。

参考程序如下：

```
count_pos = 0
count_neg = 0
print('请输入整数(输入 0 结束):')
while True:
    n = int(input())
    if n==0:
        break
    if n>0:
        count_pos+=1
    else:
        count_neg+=1
print('正数的个数:',count_pos)
print('负数的个数:',count_neg)
```

程序运行结果如下：

```
请输入整数(输入0结束):
1
-4
34
67
-8
-49
90
0
正数的个数:4
负数的个数:3
```

2. continue 语句

continue 语句的格式如下:

```
continue
```

continue 语句与 break 语句类似,也用于 while 和 for 循环中。在循环执行体执行的过程中,如果遇到 continue 语句,则程序结束本次循环,即程序会跳出本次循环的循环体,回到循环开始的地方重新判断是否进入下一次循环。

【例 2-9】编写程序,利用 continue 语句实现输出 1~100 之间所有不能被 3 整除的数,每行输出 10 个。

参考程序如下:

```
n=0
print('1~100 之间不能被 3 整除的数为:')
for i in range(1,101):
    if i%3 = = 0: continue              # 不能被 3 整除的数跳过
    print(str. format("|0:<5|",i),end=' ')   # 输出时每个数占 5 个位置,左对齐
    n=n+1
    if(n%10 = = 0): print()            # 输出 10 个数后换行
```

程序运行结果如下:

```
1~100 之间不能被 3 整除的数为:
1    2    4    5    7    8    10   11   13   14
16   17   19   20   22   23   25   26   28   29
31   32   34   35   37   38   40   41   43   44
46   47   49   50   52   53   55   56   58   59
61   62   64   65   67   68   70   71   73   74
76   77   79   80   82   83   85   86   88   89
91   92   94   95   97   98   100
```

2.4.4 循环结构程序举例

【例 2-10】编写程序,查出[100,1000]以内的全部素数,并输出。

分析:查找全部素数的过程可分为以下两个步骤。

1)判断一个数是否为素数。

2)将判断一个数是否为素数的程序段,对指定范围内的每一个数都执行一遍,即可求出某个范围内的全部素数。即首先依据题目的部分条件确定答案的大致范围,然后对此范围内所

有可能出现的情况一一验证，直到全部验证完毕。若某个情况经验证符合题目的全部条件，则为本题答案；若全部情况经验证均不符合题目的全部条件，则本题无解。

参考程序如下：

```
import math
n = 0
for m in range(101,1000,2):
    i,j = 2,int(math.sqrt(m))
    while i <= j:
        if not(m%i):
            break
        else:
            i = i + 1
    else:
        print(m,end = ' ')
        n += 1
        if n%10 == 0: print('\n')
```

程序运行结果如下：

101	103	107	109	113	127	131	137	139	149
151	157	163	167	173	179	181	191	193	197
199	211	223	227	229	233	239	241	251	257
263	269	271	277	281	283	293	307	311	313
317	331	337	347	349	353	359	367	373	379
383	389	397	401	409	419	421	431	433	439
443	449	457	461	463	467	479	487	491	499
503	509	521	523	541	547	557	563	569	571
577	587	593	599	601	607	613	617	619	631
641	643	647	653	659	661	673	677	683	691
701	709	719	727	733	739	743	751	757	761
769	773	787	797	809	811	821	823	827	829
839	853	857	859	863	877	881	883	887	907
911	919	929	937	941	947	953	967	971	977
983	991	997							

【例 2-11】 编写程序，实现百钱买百鸡的问题。已知公鸡每只 5 元，母鸡每只 3 元，小鸡一元 3 只。要求用 100 元钱正好买 100 只鸡，问公鸡、母鸡、小鸡各多少只？

分析：此问题也可以用穷举法求解。公鸡、母鸡、小鸡数分别为 x、y、z，则根据题意能列出方程组：$\begin{cases} x+y+z = 100 \\ 5x+3y+z/3 = 100 \end{cases}$

使用多重循环组合出各种可能的 x、y、z 值，然后进行测试。

参考程序如下：

```
for x in range(1,21):
    for y in range(1,34):
        z = 100-x-y;
        if(5*x+3*y+z//3 == 100 and z%3 == 0):
            print('公鸡 = %d,母鸡 = %d,小鸡 = %d'%(x,y,z))
```

程序运行结果如下：

公鸡 = 4,母鸡 = 18,小鸡 = 78

公鸡=8,母鸡=11,小鸡=81
公鸡=12,母鸡=4,小鸡=84

【例2-12】 编写程序,输出九九乘法表。

参考程序如下:

```
for i in range(1,10):
    for j in range(1,i+1):
        print(i,'*',j,'=',i*j,'\t',end=' ')
    print('')
```

程序运行结果如下:

```
1*1=1
2*1=2   2*2=4
3*1=3   3*2=6   3*3=9
4*1=4   4*2=8   4*3=12   4*4=16
5*1=5   5*2=10  5*3=15   5*4=20   5*5=25
6*1=6   6*2=12  6*3=18   6*4=24   6*5=30   6*6=36
7*1=7   7*2=14  7*3=21   7*4=28   7*5=35   7*6=42   7*7=49
8*1=8   8*2=16  8*3=24   8*4=32   8*5=40   8*6=48   8*7=56   8*8=64
9*1=9   9*2=18  9*3=27   9*4=36   9*5=45   9*6=54  9*7=63   9*8=72   9*9=81
```

2.5 案例——人机对话猜数字

人机对话猜数字游戏,该游戏主要实现以下功能。

1) 由程序随机取数。

2) 用户输入数字猜数。

3) 程序根据输入判断大小,给出相应提示。

4) 用户不断尝试,直到猜中或者猜错的次数大于预设值的次数。

5) 如果猜中,玩家获胜;如果猜错,则重来,最多只能猜7次。

分析:该题主要是将随机数产生、if条件语句和循环语句等综合应用。

参考程序如下:

```
import random
secret = random.randint(1,100)
time=6                          #猜数字的次数
guess=0                         #输入的数字
minNum=0                        #最小随机数
maxNum=100                      #最大随机数
print('******欢迎来到猜数字游戏,请开始******')
print('数字区间是',minNum,'-',maxNum)
while guess!=secret and time>=0:
    guess=int(input('请输入你猜的数字:'))
    print('你输入的数字是:',guess)
    if guess==secret:
        print('猜对了!真厉害')
    else:                       #若未猜对时,需提示用户数据所在的区间
        print('很遗憾,你猜错了,你还有',time,'次机会')
```

```
        if guess<secret:
            minNum = guess
            print('你猜的数字小于正确答案')
            print('现在的数字区间是:',minNum , '-',maxNum)
        else:
            maxNum = guess
            print('你猜的数字大于正确答案')
            print('现在的数字区间是:',minNum , '-',maxNum)
        time-=1
print('游戏结束')
```

程序运行结果如下:

```
****** 欢迎来到猜数字游戏,请开始 ******
数字区间是 0 - 100
请输入你猜的数字:50
你输入的数字是: 50
很遗憾,你猜错了,你还有 6 次机会
你猜的数字大于正确答案
现在的数字区间是: 0 - 50
请输入你猜的数字:25
你输入的数字是: 25
很遗憾,你猜错了,你还有 5 次机会
你猜的数字大于正确答案
现在的数字区间是: 0 - 25
请输入你猜的数字:13
你输入的数字是: 13
很遗憾,你猜错了,你还有 4 次机会
你猜的数字小于正确答案
现在的数字区间是: 13 - 25
请输入你猜的数字:19
你输入的数字是: 19
猜对了! 真厉害
游戏结束
```

2.6 本章小结

本章主要介绍了 Python 的基本语法和基本概念,包括 Python 的变量、基本数据类型、表达式和标识符等基础知识点。学习了顺序结构、分支结构和循环结构 3 种基本结构,通过选择执行特定语句或多次执行一组语句,可以改变程序流程。给出的人机对话猜数字的案例可以更好地理解编程思想。

2.7 习题

1. 单项选择题

1) 下面属于合法变量名的是_____。

A. y_XY   B. 235D   C. and   D. x-u

2) 在 Python 表达式中可以使用_____控制运算的优先顺序。

A. 圆括号( )　　　　B. 方括号[ ]　　　　C. 花括号{ }　　　　D. 尖括号<>

3）下列运算符中优先级最低的是_____，优先级最高的是_____。

A. //　　　　　　B. and　　　　　　C. +　　　　　　D. !=

4）在 Python 中，以下赋值语句正确的是_____。

A. x+y = 10　　　B. x = 2y　　　　C. x = y = 3　　　D. 3y = x+1

5）已知 x,y = 10,[10,20,30]，则 x is y 和 x in y 的结果分别是_____。

A. True 和 True　　B. False 和 False　　C. True 和 False　　D. False 和 True

6）以下程序的输出结果是_____。

```
x = 2;y = -1;z = 2;
if(x < y):
    if(y < 0):
        z = 0
else: z += 1;
print('%d'%z);
```

A. 3　　　　　　　B. 2　　　　　　　C. 1　　　　　　　D. 0

7）执行下面的程序后，a 的值为_____。

```
b = 1
for a in range(1,101):
    if(b >= 20):break
    if(b % 3 ==1):
        b += 3;continue
    b -= 5;
```

A. 7　　　　　　　B. 8　　　　　　　C. 9　　　　　　　D. 10

8）下面 Python 循环体的执行次数与其他不同的是_____。

A. i = 0　　　　　　　　　　　　B. i = 10
　　while(i<=10):　　　　　　　　while(i >0):
　　　　print(i)　　　　　　　　　　print(i)
　　　　i = i+1　　　　　　　　　　i = i-1

C. for i in range(10):　　　　D. for i in range(10,0,-1):
　　　　print(i)　　　　　　　　　　print(i)

9）下列表达式的值为 True 的是_____。

A. 2 != 5 or 0　　B. 3 > 2 > 2　　C. 5 + 4j > 2 - 3j　　D. 1 and 5 == 0

10）下列说法中正确的是_____。

A. break 用在 for 语句中，而 continue 用在 while 语句中

B. break 用在 while 语句中，而 continue 用在 for 语句中

C. continue 结束语句所在循环，而 break 结束本次循环

D. break 结束语句所在循环，而 continue 结束本次循环

2. 编程题

1）编写程序，输入 3 个学生的成绩，计算平均分数并输出。

2）编写程序，判断用户输入的字符是数字、字母还是其他字符。

3）编写程序，计算 1~100 所有含 8 的数之和。

4）编写程序，求 1+2!+3!+…+20!的和。

第3章　基础数据结构

数据结构是指相互之间存在一种或多种特定关系的数据元素的集合，用来存储一组相关数据。它是计算机存储和组织数据的方式。Python中常见的数据结构可以统称为容器，如列表、元组和字典等。本章主要介绍列表、元组和字典这些数据类型的相关函数及其使用方法。

3.1　列表

列表（list）是Python中最基本的数据结构，也是最常用的Python数据类型。列表将由若干数据作为元素的序列放置在一对方括号[ ]中，各元素之间用逗号分隔，列表中的元素是有序的，如[1,2,3,4]、[1,'number',2,'name']、[[1,'中国'],[2,'美国']]等就是列表，其中前两个称为一维列表，第3个称为二维列表，还可定义多维列表。同一列表中各元素的类型可以各不相同，列表中的元素允许重复。此外，列表是可以修改的，修改方式包括向列表添加元素、从列表删除元素，以及对列表中的某个元素进行修改。本节主要介绍列表的基本操作、相关函数及列表的选取。

3.1.1　列表的基本操作

列表元素使用下标索引来访问，从左向右各元素索引从0开始依次增大，从右向左各元素从-1开始依次减小，也可以通过冒号(:)分隔的索引段来分片截取列表中连续的一段元素。列表的基本操作包括创建列表、增加/删除/修改列表元素，以及遍历列表等。

1. 创建列表

用一对方括号将列表中包含的元素括起来就构成了一个列表对象，并可以使用"="将该列表对象赋值给变量。

例如：

```
ls1 = [1,'one','一']          # 创建一个包含3个元素的列表对象并将其赋给变量 ls1
ls2 = [ ]                     # 创建一个不包含任何元素的列表对象(称为空列表)并将其赋给变量 ls2
ls3 = [[1,2],[3,4,5]]         # 创建一个二维(多维)列表 ls3
print('ls1 的值为',ls1)        # 输出列表 ls1 的所有元素
print('ls2 的值为',ls2)        # 输出列表 ls2 的所有元素(空列表)
print('ls3 的值为',ls3)        # 输出列表 ls3 的所有元素
```

运行结果如下：

```
ls1 的值为 [1, 'one', '一']
ls2 的值为 [ ]
ls3 的值为 [[1, 2], [3, 4, 5]]
```

2. 增加列表元素

在列表中增加元素可以使用以下4种方法。

1）使用"+"将一个新列表添加到原列表的尾部。

例如：

```
ls1=[1]                    # 创建列表 ls1
ls1=ls1+['a',2]            # 将列表对象['a',2]添加在原列表 ls1 的尾部
print('ls1 的值为 ',ls1)
```

运行结果如下：

```
ls1 的值为 [1, 'a', 2]
```

2）使用 append() 方法向列表的尾部添加一个新元素。

例如：

```
ls1=[1,2,3,4]              # 创建列表 ls1
ls1. append('a')           # 在列表 ls1 尾部添加一个元素'a'
print('ls1 的值为',ls1)
```

运行结果如下：

```
ls1 的值为 [1, 2, 3, 4, 'a']
```

3）使用 extend() 方法将一个列表添加在原列表的尾部。

例如：

```
ls1=[1,2,3,4]              # 创建列表 ls1
ls1. extend(['x','y'])     # 将列表对象['x','y']添加到列表 ls1 的尾部
print('ls1 的值为',ls1)
```

运行结果如下：

```
ls1 的值为 [1, 2, 3, 4, 'x', 'y']
```

4）使用 insert() 方法将一个元素插入到列表中的任意位置。

例如：

```
ls1=[1,2,3,4]              # 创建列表 ls1
ls1. insert(0,'a')         # 将元素'a'插入到列表 ls1 中指定的位置(索引为 0 的位置)
print('ls1 的值为',ls1)
```

运行结果如下：

```
ls1 的值为 ['a', 1, 2, 3, 4]
```

3. 删除列表元素

删除列表中指定一个或多个元素主要有以下 3 种方法。

1）使用 del 语句删除列表中某个特定位置的元素。

例如：

```
ls1=[1,2,3,4]              # 创建列表 ls1
del ls1[2]                 # 删除列表 ls1 中位置(索引号)为 2 的元素
print('ls1 的值为',ls1)
```

运行结果如下：

ls1 的值为 [1, 2, 4]

2）使用 remove( )方法删除某个特定的元素。

例如：

```
ls1 = [1,2,3,4,'x']                 # 创建列表 ls1
ls1. remove('x')                    # 删除列表 ls1 中元素值为'x'的元素
print('ls1 的值为',ls1)
```

运行结果如下：

ls1 的值为 [1, 2, 3, 4]

3）截取列表中连续的多个元素并将其赋为空列表。

例如：

```
ls1 = [1,2,3,4,5,6,7,8,9]           # 创建列表 ls1
ls1[1:5] = [ ]                      # 删除列表 ls1 中索引号为 1~4 的元素
print('ls1 的值为',ls1)
```

运行结果如下：

ls1 的值为 [1, 6, 7, 8, 9]

4. 修改列表元素

修改列表元素直接给元素赋值即可。

例如：

```
ls1 = [1,2,3,4]                     # 创建列表 ls1
ls1[0] ='x'                         # 修改列表 ls1 中索引号为 0 的元素值为'x'
print(ls1)
```

运行结果如下：

['x', 2, 3, 4]

5. 查找列表元素

使用 index( )方法可以根据指定值查找第一个匹配的列表元素的位置。

例如：

```
ls1 = [1,2,3,4,7,8,3,9]             # 创建列表 ls1
print('ls1 中值为 3 的元素第一次出现的位置为',ls1. index(3))
```

运行结果如下：

ls1 中值为 3 的元素第一次出现的位置为 2

6. 遍历列表

遍历列表是指按照某种方法，依次访问列表中的所有元素。一般可以采用循环方法遍历列表。

1）使用 for 循环遍历列表。

例如：

```
ls1 = ['a','b','c','d']
for i in ls1:
    print(i,end=' ')
```

运行结果如下：

```
a b c d
```

2）使用 while 循环遍历列表。

例如：

```
ls1 = ['a','b','c','d']
i = 0
while i < len(ls1):
    print(ls1[i],end = ' ')
    i+= 1
```

运行结果如下：

```
a b c d
```

3.1.2 列表相关函数

Python 提供与列表相关的内置函数，用于对列表对象进行操作，如求列表的长度、列表元素的最大值或最小值等。

1. len( )函数

len( )函数用于返回列表中所包含元素的个数。

例如：

```
ls1 = [1,2,3,4,5]
len(ls1)            # 返回列表 ls1 中所包含的元素个数,即列表的长度
```

运行结果如下：

```
5
```

2. max( )函数

max( )函数用于返回列表中元素的最大值。

例如：

```
ls1 = [1,2,3,4,5]
max(ls1)            # 返回列表 ls1 中元素的最大值
```

运行结果如下：

```
5
```

如果列表中包含的是字符串，按照字符串比较大小的方法排序返回最大值。列表中只能包含可相互比较的元素。

例如：

```
ls1 = ['a','abc','x','xyz','abcde']
max(ls1)            # 返回列表 ls1 中元素的最大值
```

运行结果如下:

'xyz'

3. min( )函数

min( )函数用于返回列表中所包含元素的最小值。同样,如果列表中包含的是字符串,也按字符串比较大小的方法排序返回最小值。

例如:

```
ls1 = [1,2,3,4,5]
min(ls1)          # 返回列表 ls1 中元素的最小值
ls1 = ['a','abc','x','xyz','abcde']
min(ls1)          # 返回列表 ls1 中元素的最小值
```

运行结果如下:

```
1
'a'
```

使用 max( )和 min( )等函数时,列表中只能包含可相互比较的元素,如果既有数字又有字符串则会出错。

例如:

```
ls1 = [1,'one','一']
max(ls1)
```

运行出错提示如下:

```
Traceback (most recent call last):
   File "<pyshell#7>", line 1, in <module>
     max(ls1)
TypeError:'>' not supported between instances of 'str' and 'int'
```

4. list( )函数

list( )函数用于将元组转换为列表。

例如:

```
list((1,2,3))
```

运行结果如下:

```
[1, 2, 3]
```

5. reversed( )函数

reversed( )函数的作用是反转列表中元素的顺序,用于将列表中的元素位置反向并返回可迭代的 reversed 对象。与 list( )函数联合使用得到逆向列表。

例如:

```
ls1 = ['a','b','c','d']
reversed(ls1)                                           # 将列表 ls1 中的元素逆向排列
<list_reverseiterator object at 0x0000000001E22FD0>     # 得到的反向列表对象的位置
list(reversed(ls1))
```

运行结果如下：

```
['d', 'c', 'b', 'a']
```

6. sorted( )函数

sorted( )函数用于对列表进行排序并返回新列表。默认为升序排列，若需降序排列，则需要设置 reverse＝True。

例如：

```
ls1 = [12,34,3.14,10,-1]
n1 = sorted(ls1)                # 对列表 ls1 升序排列,赋值到新列表 n1 中,原列表 ls1 不变
n1                              # 输出新列表 n1    [-1, 3.14, 10, 12, 34]
ls1                            # 输出原列表 ls1   [12, 34, 3.14, 10, -1]
n2 = sorted(ls1,reverse＝True)  # 对列表 ls1 降序排列,赋到新列表 n2 中
n2                             # 输出新列表 n2    [34, 12, 10, 3.14, -1]
```

运行结果如下：

```
[-1, 3.14, 10, 12, 34]
[12, 34, 3.14, 10, -1]
[34, 12, 10, 3.14, -1]
```

Python 提供的常用列表方法和内置函数如表 3-1 所示。

表 3-1   Python 3 常用列表方法和内置函数

方法和内置函数	功 能 描 述
list. append(obj)	将某个指定值(obj)添加在列表 list 的末尾
list. count(obj)	统计某个指定值(obj)在列表 list 中出现的次数
list. clear( )	删除列表 list 中的所有元素,列表 list 变为空列表
list. copy( )	复制列表 list 中的元素成为新的列表对象
list. extend(seq)	将新序列 seq 添加在原列表 list 的末尾
list. index(obj)	获取列表 list 与某个指定值(obj)第一次匹配的元素的索引位置
list. insert(index,obj)	将某个指定值(obj)插入到列表 list 中的指定位置(索引为 index 的位置)
list. pop(index)	删除列表 list 中指定位置(index)的元素,默认是最后一个元素,并返回该元素的值
list. remove(obj)	删除列表 list 中与某个指定值(obj)第一次匹配的元素
list. reverse( )	反转列表 list 中元素的顺序(原地反转)
list. sort([func])	对列表 list 进行排序,默认是升序,若 func 为 reverse＝True,则为降序
len(list)	内置函数,返回列表 list 中元素的个数
max(list)	内置函数,返回列表 list 中元素的最大值
min(list)	内置函数,返回列表 list 中元素的最小值
list(seq)	内置函数,将元组 seq 转换为列表
reversed(list)	内置函数,返回列表 list 中元素逆向的顺序,原列表不动
sorted(list,[func])	内置函数,对列表 list 进行排序,默认是升序,若 func 为 reverse＝True,则为降序

3.1.3 列表选取

在列表中,可以使用切片操作来选取指定位置上的元素组成新的列表。简单的切片方

式为：

列表名称[start : end]

切片选取列表中索引值为[start,end)之间的元素，其中，起始值 start 索引位置上的元素包含在切片内，结束值 end 索引位置上的元素不包含在切片内。切片操作需要提供起始值 start和结束值 end 作为切片的开始和结束索引边界，当切片的左索引 start 为 0 时可缺省，当右索引end 为列表长度时也可缺省。

例如：

```
ls1 = [1,2,3,4,5,6]
ls1[0:5]        # 获取列表 ls1 中索引 0~4 位置上的元素组成新列表对象
ls1[ :3]        # 获取列表 ls1 中索引 0~2 位置上的元素组成新列表对象
ls1[ : ]        # 获取列表 ls1 中全部元素组成新列表对象
ls1[-2:-1]      # 获取列表 ls1 中索引为-2 位置上的元素组成新列表
```

运行结果如下：

```
[1, 2, 3, 4, 5]
[1, 2, 3]
[1, 2, 3, 4, 5, 6]
[5]
```

切片操作也可以提供一个非零整数作为索引值增长的步长 step 值。使用方式为：

列表名称[start : end : step]

例如：

```
ls1 = [1,2,3,4,5,6,7,8,9,0]
ls1[0:9:2]       # 获取索引从 0~8 位置上且步长为 2 的元素组成新列表
ls1[ :3]         # 获取索引从 0~列表末尾位置上且步长为 3 的元素组成新列表
```

运行结果如下：

```
[1, 3, 5, 7, 9]
[1, 4, 7, 0]
```

3.2 元组

Python 中元组（tuple）也是由一组有序元素组成的有序项目序列，它由一对圆括号"( )"将元素括起来，各元素之间用逗号隔开。元组中的元素类型也可以不相同。元组与列表类似，不同之处在于列表的元素可以修改，元组的元素不能修改，只能访问。Python 将不能修改的值称为不可变的，不可变的列表则被称为元组。

3.2.1 元组的基本操作

元组的创建和操作与列表有一定的相似性。

1. 创建元组

创建元组只需要在圆括号中添加元素，并使用逗号隔开即可。

例如：

```
tup1 = (1,2,3,4,5,6,7)              # 创建元组(1, 2, 3, 4, 5, 6, 7)
tup2 = ('姓名','年龄','小明',19)      # 创建元组('姓名','年龄','小明',19)
tup3 = ('a', 'b', 'c', 'd')         # 创建元组('a', 'b', 'c', 'd')
tup4 = ()                           # 创建一个空元组
tup5 = (7,)                         # 创建只包含一个元素7的元组,后面逗号不能省略
```

如果创建空元组，只需写一对空括号即可。当元组中只包含一个元素时，需要在第一个元素后面添加逗号。

元组与字符串类似，下标索引从 0 开始，可以进行截取、组合等操作。

2. 访问元组

可以使用下标索引来访问元组中的值。

例如：

```
tup1 = (1,2,3,4,5,6,7)
tup2 = ('姓名','年龄','小明',19)
print('tup1[0]: ',tup1[0])         # 输出元组的第一个元素
print('tup1[1:5]: ',tup1[1:5])     # 切片,输出索引号为1~4的元素
print(tup2[2:])                    # 切片,从索引号为2的元素开始输出
print(tup2 * 2)                    # 输出元组两次
```

运行结果如下：

```
tup1[0]: 1
tup1[1:5]: (2, 3, 4, 5)
('小明', 19)
('姓名','年龄','小明',19, '姓名','年龄','小明',19)
```

元组的元素不允许修改。

例如：

```
tup1[0] = 100                      # 修改元组元素是非法的,将出现错误提示
```

运行出错提示如下：

```
Traceback (most recent call last):
  File "<pyshell#43>", line 1, in <module>
    tup1[0] = 100
TypeError: 'tuple' object does not support item assignment
```

3. 连接元组

虽然元组中的元素不允许修改，但可以对元组进行连接组合。

例如：

```
tup1 = (1,2,3,4,5,6,7)
tup2 = (1996,2008,2019)
tup3 = tup1+tup2                   # 连接元组,创建一个新的元组
print(tup3)
```

运行结果如下：

```
(1, 2, 3, 4, 5, 6, 7, 1996, 2008, 2019)
```

4. 删除元组

元组中的元素值是不允许删除的，但可以使用 del 语句来删除整个元组。

例如：

```
tup=('姓名','年龄','小明',19)          # 创建元组 tup
print(tup)                        # 输出元组 tup
del tup                           # 删除元组 tup
print('after deleting tup:')
print(tup)                        # 输出已删除的元组,提示错误信息
```

元组被删除后，输出会有异常信息，运行结果如下：

```
('姓名','年龄','小明',19)
        after deleting tup:
Traceback (most recent call last):
  File "<pyshell#49>", line 1, in <module>
    print(tup)
NameError: name 'tup' is not defined
```

3.2.2　元组与列表的异同与转换

元组的元素不能改变，若想改变可以先将元组转换为列表，然后再改变其数据。列表、元组和字符串之间可以互相转换，需要借助 3 个函数：str( )、tuple( ) 和 list( )。

1. 将元组转换为列表

将元组转换为列表，格式如下：

```
列表对象=list(元组对象)
```

例如：

```
tup=(1,2,3,4,5)
list1=list(tup)                   # 元组转为列表
print(list1)                      # 输出列表[1,2,3,4,5]
```

运行结果如下：

```
[1, 2, 3, 4, 5]
```

2. 将列表转换为元组

将列表转换为元组，格式如下：

```
元组对象=tuple(列表对象)
```

例如：

```
nums=[1,2,3,4,5]
print(tuple(nums))                # 列表转为元组,返回元组(1,2,3,4,5)
```

运行结果如下：

```
(1, 2, 3, 4, 5)
```

3. 将列表转换成字符串

将列表转换成字符串，格式如下：

```
字符串对象=str(列表对象)
```

例如：

```
nums=[1,2,3,4,5,6,7]
str1=str(nums)          # 列表转为字符串,返回含方括号及逗号的'[1,2,3,4,5,6,7]'字符串
str1                    # 输出字符串'[1, 2, 3, 4, 5, 6, 7]'
print(str1[2])          # 输出逗号,因为字符串中索引号为2的元素是逗号
```

运行结果如下：

```
'[1, 2, 3, 4, 5, 6, 7]'
,
```

可以用指定分隔符将列表的元素连接成字符串。格式如下：

```
字符串对象=分隔符变量对象.join(列表对象)
```

例如：

```
nums2=['中国','俄罗斯','美国','日本']
str2='%'
str2=str2.join(nums2)          # 用百分号将nums2列表元素连接成字符串
str2=''
str2=str2.join(nums2)          # 用空字符将nums2列表元素连接成字符串
```

运行结果如下：

```
'中国%俄罗斯%美国%日本'
'中国俄罗斯美国日本'
```

3.3 字典

字典（dictionary）是 Python 中唯一的映射类型，也是一种可变容器模型，可以存储任意类型的对象，如字符串、数字和元组等其他容器模型。字典是可变的、无序的键-值映射，又称为关联数组或散列表。

3.3.1 字典的基本操作

1. 创建字典

字典由键及其对应值（key-value）成对组成，称为键-值对。字典的每个键-值对里的键与值用冒号（:）分隔，键-值对之间用逗号（,）隔开，整个字典括在一对花括号（{}）中。len()函数可以返回字典中所包含的键-值对个数。

字典基本语法格式如下：

```
dict={key1:value1,key2:value2,……}
```

📖 字典中，键是不可变且唯一的，如字符串、数字和元组。值可为任何数据类型且不必唯一。

字典创建方法实例如下：

```
dict={'zhao':27,'zhang':91,'wang':7}
dict1={'abc':456}
dict2={'abc':123,98.6:37}
```

字典主要特性如下。

1) 字典值可以是任何 Python 对象，如字符串、数字和元组等。

2) 一般不允许同一个键出现两次。如果同一个键被赋值两次，创建字典时后一个值会覆盖前面的值。

例如：

```
dict={'name':'zhao','age':23,'name':'cindy'}          # 创建字典
print("dict['name']:",dict['name'])                   # 字典中键'name'被赋值两次,前一次被覆盖
```

运行结果如下：

```
dict['name']: cindy
```

3) 键必须是不可变的，因此可以采用数字、字符串或元组，但不能使用列表。

例如：

```
dict={['name']:'zara','age':7}                        # 使用列表对象作为字典的键,运行出错
```

运行出现的错误提示如下：

```
Traceback (most recent call last):
    File "<pyshell#0>", line 1, in <module>
        dict={['name']:'zara','age':7}
TypeError: unhashable type: 'list'
```

2. 访问字典里的值

访问字典中的值时将相应的键放入字典对象下标引用的方括号中。

例如：

```
dict = {'Name': 'Hebe', 'Age': 20, 'Class': '软件 1 班'}     # 创建字典
print ("dict['Name']: ", dict['Name'])                      # 访问字典中键'Name'所对应的值
print ("dict['Age']: ", dict['Age'])                        # 访问字典中键'Age'所对应的值
```

运行结果如下：

```
dict['Name']: Hebe
dict['Age']: 20
```

如果访问字典中不存在的键，Python 将会提示错误信息。

例如：

```
dict = {'Name': 'Hebe', 'Age': 20, 'Class': '软件 1 班'}     # 创建字典
print ("dict['sex']: ", dict['sex'])                        # 访问字典 dict 中不存在的 sex 键,出错
```

由于字典中不存在'sex'键，则输出错误提示信息如下：

```
Traceback (most recent call last):
    File "<pyshell#21>", line 1, in <module>
        print ("dict['sex']: ", dict['sex'])
KeyError: 'sex'
```

3. 修改字典

可以修改字典，包括向字典中增加新的键-值对、修改或删除已有的键-值对等。

例如：

```
dict = {'Name': 'Hebe', 'Age': 20, 'Class': '软件 1 班'}    # 创建字典
dict['Age'] = 19                                        # 更新键-值对
dict['School'] = '辽宁工程技术大学'                        # 增加新的键-值对
print ("dict['Age']: ", dict['Age'])
print ("dict['School']: ", dict['School'])
```

运行结果如下：

```
dict['Age']: 19
dict['School']: 辽宁工程技术大学
```

4. 删除字典元素

使用 del() 方法可以从字典中删除某一指定键的一个字典元素（一对键-值对）。使用 clear() 方法可以清空字典中的所有元素。使用 del 命令可以删除一个字典。

例如：

```
dict = {'Name': 'Hebe', 'Age': 20, 'Class': '软件 1 班'}    # 创建字典
del(dict['Name'])                                       # 删除键是"Name"的元素(条目)
dict. clear()                                           # 清空字典所有元素(条目)
del dict                                                # 删除字典,字典不再存在
```

5. in 运算

in 运算用于判断某个键是否存在于字典中，运算结果为 True 或 False。in 运算只适用于键（key）而不适用于值（value）。

例如：

```
dict = {'Name': 'Hebe', 'Age': 20, 'Class': '软件 1 班'}    # 创建字典
print('Age' in dict)                                    # 判断'Age'是否是字典 dict 的键
```

运行结果如下：

```
True
```

6. 获取字典中所有的值

values() 方法以列表形式返回字典中所有的值。

例如：

```
dict = {'Name': 'Hebe', 'Age': 20, 'Class': '软件 1 班'}    # 创建字典
print(dict. values())                                   # 输出字典 dict 中所有的值(value)
```

运行结果如下：

```
dict_values(['Hebe', 20, '软件 1 班'])
```

7. items() 方法

items() 方法将字典中每对键（key）和值（value）组成一个元组，并把这些元组放在列表中返回。

例如：

```
dict = {'Name': 'Hebe', 'Age': 20, 'Class': '软件 1 班'}      # 创建字典
for key,value indict. items( ):      # 遍历字典 dict 中的每一对键-值存入变量 key,value 中
    print(key,value)                 # 输出字典 dict 中的每一对键-值
```

运行结果如下：

```
Name Hebe
Age 20
Class 软件 1 班
```

Python 提供的字典的常用方法如表 3-2 所示。

表 3-2　Python 3 常用的字典方法

方　　法	功　能　描　述
dict. clear( )	清空字典 dict
dict. copy( )	复制字典 dict
dict. get(k)	获取字典 dict 中键 k 对应的值
dict. has_key(k)	判断字典 dict 中是否包含键 k，返回 True 或 False
dict. keys( )	获取字典 dict 中键的列表
dict. pop(k)	删除字典 dict 中的键 k 所对应的键-值对，并返回键 k 对应的值
dict. update(new_dict)	用新字典 new_dict 更新字典 dict，键相同者用新值覆盖原值，键不同者添加到字典末尾
dict. value( )	获取字典 dict 中的值的列表

3.3.2　遍历字典

一个 Python 字典可能只包含几个键-值对，也可能包含数百万个键-值对。字典可以使用各种方式存储信息，因此 Python 支持多种对字典遍历的方式：可遍历字典中的所有键-值对、键或值。利用 for … in … 可实现对字典的遍历。

1. 遍历字典中所有的键

例如：

```
dict = {'a': '1', 'b': '2', 'c': '3'}
for key in dict:          # 利用字典键实现对字典的遍历
    print(key+':'+dict[key])
```

运行结果如下：

```
a:1
b:2
c:3
```

也可以使用字典的 keys( ) 方法遍历字典。

例如：

```
dict = {'a': '1', 'b': '2', 'c': '3'}
for key in dict. keys( ):      # 利用字典的 keys( ) 方法实现对字典的遍历
    print(key+':'+dict[key])
```

运行结果如下：

```
a:1
b:2
c:3
```

可以看出，for key in dict 和 for key in dict.keys( )在使用上完全等价。

2. 遍历字典中所有的值

例如：

```
dict = {'a': '1', 'b': '2', 'c': '3'}
for value in dict.values( ):
    print(value)
```

运行结果如下：

```
1
2
3
```

3. 遍历字典中所有的项

例如：

```
dict = {'a': '1', 'b': '2', 'c': '3'}
for key_value in dict.items( ):      # 遍历取出字典中所有的项目存入变量 key_value 中
    print(key_value)
```

运行结果如下：

```
('a', '1')
('b', '2')
('c', '3')
```

4. 遍历字典中所有的键/值对

例如：

```
dict = {'a': '1', 'b': '2', 'c': '3'}
for key,value in dict.items( ):      # 遍历取出字典中所有的键/值存入变量 key 和 value 中
    print(key+':'+value)
```

运行结果如下：

```
a:1
b:2
c:3
```

也可以写成如下形式：

```
dict = {'a': '1', 'b': '2', 'c': '3'}
for (key,value) in dict.items( ):
    print(key+':'+value)
```

运行结果如下：

```
a:1
b:2
c:3
```

可以看出，for key,value in dict.items()与for (key,value) in dict.items()在使用上完全等价。

3.3.3 字典与列表的嵌套

Python 提供字典与列表的嵌套存储。可以将一系列字典存储在列表中，也可以将列表作为值存储在字典中，称为嵌套。既可以在列表中嵌套字典，也可以在字典中嵌套列表，甚至可以在字典中嵌套字典。

1. 字典列表

字典列表就是在列表中包含多个字典，每个字典又都包含特定对象的多种信息。在字典列表中，所有字典的结构都相同，因此可以遍历这个列表，并以相同的方式处理其中的每一个字典。

例如：

```
Beibei = {'color':'yellow','age':'7'}        # 创建字典 Beibei
Huanhuan = {'color':'black','age':'2'}       # 创建字典 Huanhuan
dogs = [Beibei,Huanhuan]                      # 创建列表 dogs,其元素为两个字典 Beibei 和 Huanhuan
for dog in dogs:                              # 遍历列表 dogs,并输出
    print(dog)
```

运行结果如下：

```
{'color': 'yellow', 'age': '7'}
{'color': 'black', 'age': '2'}
```

2. 在字典中嵌套列表

根据需要可以将列表存储在字典中。

例如：

```
dict = {}                                  # 创建空字典 dict
dict['list'] = []                          # 在字典 dict 中嵌套列表 list
dict['list'].append([1,2,3,4])             # 向字典中添加列表元素
dict['list'].append([5,6,7])
dict['list'].append([7,8,9,0,10])
for value in dict.values():                # 遍历字典元素
    print(value)
```

运行结果如下：

```
[[1, 2, 3, 4], [5, 6, 7], [7, 8, 9, 0, 10]]
```

📖 列表和字典的嵌套层级不应太多。

3. 在字典中嵌套字典

也可以根据需要在字典中嵌套字典，但程序相对复杂。

例如：

```
users = {'Cat': {'first': 'Ming','last': 'Chen','location': 'earth',},
         'Dog': {'first': 'Wan','last': 'Zhou','location': 'Mars',},}
for username,user_info in users.items():          #遍历字典中的项目
    print('Username: ' + username)
    full_name = user_info['first'] + " " + user_info['last']
```

```
location = user_info['location']
print('Full name: ' + full_name.title())
print('Location: '+ location.title())
```

运行结果如下：

```
Username：Cat
Full name：Ming Chen
Location：Earth
Username：Dog
Full name：Wan Zhou
Location：Mars
```

3.4 案例——约瑟夫环

约瑟夫环：已知 n 个人（以编号 0、1、2、3、…、n-1 表示）围坐在一张圆桌周围。从编号为 0 的人开始报数 1，数到 m 的那个人出列；他的下一个人又从 1 开始报数，数到 m 的那个人又出列；依此规律重复下去，直到圆桌周围的人全部出列。

分析：把所有人放到一个列表里，如果报的数字不是 m，就把这个人放到列表的最后一个位置；如果是 m，就把这个人从列表中去掉。

参考程序如下：

```
n=int(input())
m=int(input())
lst=list(range(n))
result=[]
for i in range(n):
    for j in range(m-1):
        lst.append(lst.pop(0))
    result.append(lst.pop(0))
print(result)
```

输入格式：两个正整数 n 和 m，n 为总人数，m 为报数值。
输出格式：按照报数值的顺序出列的人的编号列表。
输入样例：

```
5
2
```

输出样例：

```
[1, 3, 0, 4, 2]
```

输入样例：

```
12
3
```

输出样例：

```
[2, 5, 8, 11, 3, 7, 0, 6, 1, 10, 4, 9]
```

3.5 本章小结

本章主要介绍了 Python 的基础数据结构列表、元组和字典的定义及其基本操作。列表和元组为有序序列，可以通过位置的下标（索引号）访问其中的元素。字典是无序序列，不能通过位置索引来访问数据元素。列表是可变的，元组是不可变的。根据需要，列表元素可以是字典，字典元素也可以是列表。

3.6 习题

1. 单项选择题

1）max((1,2,3) * 2)的值是_____。

A. 3   B. 4   C. 5   D. 6

2）对于列表 L=[1,2,'Python',[1,2,3,4,5]]，L[-3]的结果是_____。

A. 1   B. 2   C. 'Python'   D. [1,2,3,4,5]

3）下列 Python 程序的运行结果是_____。

```
s=[1,2,3,4]
s. append([5,6])
print(len(s))
```

A. 2   B. 4   C. 5   D. 6

4）以下不能创建字典的语句是_____。

A. dict1 = {}   B. dict2 = {3:5}

C. dict3 = dict([2,5],[3,4])   D. dict4 = dict(([2,5],[3,4]))

5）对于字典 D = {'A':10,'B':20,'C':30,'D':40}，len(D)的结果是_____。

A. 4   B. 8   C. 10   D. 12

6）下列 Python 数据类型中，其元素可以改变的是_____。

A. 列表   B. 元组   C. 字符串   D. 以上均不正确

7）下列选项中与 s[0:-1]表示的含义相同的是_____。

A. s[-1]   B. s[:]   C. s[:len(s)-1]   D. s[0:len(s)]

8）以下关于字典操作的描述，错误的是_____。

A. del 用于删除字典或者元素   B. clear 用于清空字典中的数据

C. len 方法可以计算字典中键值对的个数   D. keys 方法可以获取字典的值视图

9）下列 Python 程序代码的执行结果是_____。

```
ls=[[1,2,3],[[4,5],6],[7,8]]
print(len(ls))
```

A. 3   B. 4   C. 8   D. 1

2. 编程题

1）简述元组与列表的主要区别。判断 s=(9,7,8,3,2,1,55,6)中是否可以添加元素。

2）编写程序，求列表 s=[9,7,8,3,2,1,55,6]中元素的个数、最大数和最小数。并在列表 s 中添加一个元素 10，从列表 s 中删除一个元素 55。

3）编写程序，实现元组元素求和，元组 b=(1,2,3,4,5,6,7,8,9)。

第4章 函数与模块

函数是带名字的代码块,用于完成具体的工作。要执行函数定义的特定任务,可调用该函数。需要在程序中多次执行同一项任务时,无需反复编写完成该任务的代码,而只需调用执行该任务的函数,让 Python 运行其中的代码。通过使用函数,程序的编写、阅读、测试和修复都将更容易。本章主要介绍函数的定义与调用、函数的参数与返回值、两类特殊函数——匿名函数和递归函数、常用函数,以及模块和包。

4.1 函数的定义与调用

函数的定义为代码复用提供了一个通用的机制,定义和使用函数是 Python 程序设计重要的组成部分,函数的使用是通过在调用代码和函数之间切换完成的,函数也可以调用自己,即递归调用。

4.1.1 函数的定义

函数是模块化程序设计的基本构成单位,在 Python 语言中使用 def 语句定义函数,具体语法格式如下:

```
def 函数名([参数列表]):
    函数体
```

函数定义语法说明如下。

- 使用关键字 def 定义一个函数,函数由函数名和函数体两部分组成。
- 函数名应为有效的标识符,即由小写字母组成。为了方便阅读,也可以由小写字母与下画线组成。
- 函数名中的形参列表用圆括号括起来,参数间用逗号隔开,参数可以为空,[ ]表示方括号中的参数可选。形参在函数被调用时用来接收主调程序传递过来的函数所需的参数的值,即实际参数,简称实参。
- 定义的函数名以“:”结尾,然后另起一行开始函数体。
- def 语句是复合语句,所以函数体需采用缩进书写规则。
- 函数可以使用 return 返回值。如果函数体中包含 return 语句,则返回值,否则不返回值,即返回值为空(None)。
- def 是执行语句,Python 解释执行 def 语句时会创建一个函数对象,并绑定到函数名变量。

【例 4-1】定义一个输出 hello python! 的无返回值的函数。

参考程序如下:

```
def say_hello():
    print('hello python! ')
```

【例 4-2】 定义一个返回两个数的平均值的函数。

参考程序如下：

```
def cal_average(a,b):
    return (a+b)/2
```

4.1.2 函数的调用

Python 用函数名进行函数调用，在进行函数调用时，根据需要可以指定实际传入的参数值，即实参。函数调用的语法格式如下：

```
函数名([实参列表])
```

函数调用语法说明如下：

- 函数名是当前作用域中可用的函数对象，即调用函数之前程序必须先执行 def 语句，创建函数对象。
- 调用函数时实参列表必须与函数定义的形参列表一一对应。
- 函数调用是表达式语句，如果函数有返回值可以在表达式语句中直接使用，如果函数没有返回值，则可以单独作为表达式语句使用。

【例 4-3】 编写程序，在程序中调用函数，输出 hello python!。

参考程序如下：

```
def say_hello():           # 定义函数
    print('hello python! ')
say_hello()                # 调用函数,函数没有返回值,单独作为表达式语句使用
```

程序运行结果如下：

```
hello python!
```

【例 4-4】 编写程序，在程序中调用函数，输出两个数的平均值。

参考程序如下：

```
def cal_average(a,b):      # 定义函数
    return (a+b)/2
print(cal_average(6,8))    # 调用函数,函数有返回值,在表达式语句中直接使用
```

程序运行结果如下：

```
7.0
```

4.2 函数的参数与返回值

函数的声明可以包含一个形参列表，函数在被调用时，通过形参列表接收调用程序传递过来的实参列表，函数体中的代码引用这些参数变量从而实现某些特定的功能。函数可以使用 return 语句返回值，如果没有 return 语句则函数没有返回值，即返回值为空。

4.2.1 函数参数

Python 中的函数参数主要有 4 种。

- 位置参数。调用函数时传入实参的数量和顺序必须和定义函数时一致。
- 关键字参数。通过"键-值"形式加以指定,可以让函数更加清晰,容易使用,同时也清除了参数的顺序要求。
- 默认参数。定义函数时为参数提供的默认参数值,调用函数时,默认参数的值可传可不传。注意:所有的位置参数必须出现在默认参数前,包括函数定义和调用。
- 可变参数。定义函数时,有时无法确定调用时会传递多少个参数。此时,可用定义可变参数的方法来进行参数传递。

1. 默认参数

在调用函数的时候,往往会发现很多函数提供了默认的参数。默认参数为程序人员提供了极大的便利。

【例4-5】编写程序计算利息,其中天数的默认参数值为1,年化利率的默认参数值为0.03,即3%。

参考程序如下:

```
def cal_interest(money,day = 1,interest_rate = 0.03):      # 定义一个计算利息收入的函数
    income = 0
    income = money * interest_rate * day/365
    print(income)
cal_interest(5000)    # 调用函数,计算本金为5000,年化利率为默认参数值0.03时1天的利息
```

程序运行结果如下:

```
0.410958904109589
```

📖 当仅需计算单日利息时,只要输入本金的数量即可,如本例中在调用函数时,传入实参5000本金即可计算单日的利息,其他参数采用默认参数值。

2. 位置参数

定义函数时需要按顺序定义函数的各个参数。调用函数时必须按照正确的顺序将实参传入函数,即实参和形参的顺序必须一一对应,且必须全部传递。

【例4-6】编写程序,定义一个含有两个参数的函数site(x,y),程序调用函数时,参数值按照函数形参的位置顺序进行传递。

参考程序如下:

```
def site(x,y):            # 定义函数
    print('x:',x)
    print('y:',y)
site(1,5)                 # 调用函数 site,参数值 1 和 5 分别按照位置顺序传给 x 和 y
```

程序运行结果如下:

```
x: 1
y: 5
```

3. 关键字参数

根据形参的参数名来确定传入的参数值。通过此方式传入的实参不再需要与形参的位置完全一致,只要将参数名写正确即可。

【例4-7】 编写程序，定义一个含有两个参数的函数 site(x,y)，函数调用通过"键-值"形式指定参数值。

参考程序如下：

```
def site(x,y):            # 定义函数
    print('x:',x)
    print('y:',y)
site(x=1,y=5)             # 通过"键-值"形式 1 传递给 x,5 传递给 y
site(y=5,x=1)
```

程序运行结果如下：

```
x: 1
y: 5
x: 1
y: 5
```

📖 通过例子可以看出，使用关键字参数形式不需要考虑参数位置顺序的问题。

4. 可变参数

使用 * args 和 ** kwargs 可以定义可变参数。其中 * args 参数用于在传递参数时，在原有的参数后添加 0 个或多个参数，这些参数将会被放在元组内并传入函数中。** kwargs 用于在原有的参数后添加任意数量的关键字可变参数，这些参数会被放到字典内并传入函数中。带一个星号前缀的可变参数放在位置参数或关键字参数之后，带两个星号前缀的参数必须在所有参数之后，顺序不可以调转。

【例4-8】 编写程序，定义一个函数 var_args(x,y, * args, ** kwargs)，包含两个普通位置参数 x、y，一个任意数量的位置参数 * args，一个任意数量的关键字可变参数 ** kwargs。函数调用通过普通位置参数值传递、任意数量位置参数值传递，以及任意数量关键字可变参数"键-值"对的形式实现。

参考程序如下：

```
def var_args(x,y, * args, ** kwargs):    # 定义可变参数函数
    print('x:',x)
    print('y:',y)
    print('args:',args)
    print('kwargs:',kwargs)
var_args(1,2,3,4,5,a='c',b=1)
```

程序运行结果如下：

```
x: 1
y: 2
args: (3, 4, 5)
kwargs: {'a': 'c', 'b': 1}
```

📖 例子中，参数值 1 和 2 分别按照位置参数顺序传递给 x 和 y；3、4 和 5 被放在元组内传递给参数 args；a= 'c'，b=1 以关键字"键-值"对的形式传递给可变参数 kwargs。

4.2.2 函数返回值

函数可以处理一些数据，并返回一个或一组值。函数返回的值称为返回值。函数也可以没有返回值，没有返回值的函数类似于其他编程语言中的过程。如【例4-8】中定义的函数执行了 print 操作但无返回值，print 函数仅仅输出对象，输出的对象无法保存或调用，如果想要保存或调用函数的返回值，需要用到 return 函数。

【例4-9】编写程序，调用函数分别计算1天的单日利息和10天的利息收入。

参考程序如下：

```
def cal_interest(day,money = 10000,interest_rate = 0.05):
    income = 0
    income = money * interest_rate * day/365
    return income
x = cal_interest(1)        # 存储调用函数的返回值，即1天的单日利息
y = 10 * x                 # 利用存储对象计算10天的利息
print('本金一万元1天的利息收入：',x)
print('本金一万元10天的利息收入：',y)
```

程序运行结果如下：

```
本金一万元1天的利息收入：1.36986301369863
本金一万元10天的利息收入：13.698630136986301
```

4.3 两类特殊函数

Python 程序设计经常会用到两类特殊的函数，一类是匿名函数，一类是递归函数。匿名函数没有函数名称，不像原来函数那样需要用 def 语句定义函数。当需要定义一个功能简单但不经常使用的函数来执行脚本时，就可以使用匿名函数，从而省去定义函数的过程。一个函数在内部可以调用其他函数，但有时为了实现特殊功能，需要在函数内调用当前函数本身，这个函数就是递归函数。

4.3.1 匿名函数

Python 允许使用 lambda 语句创建匿名函数，lambda 语句中，冒号前是函数参数，若有多个函数须使用逗号分隔；冒号后是返回值。lambda 为定义匿名函数时的关键字，arguments 为传入函数的参数，expression 为返回值。匿名函数具体用法如下所示。

```
lambda argument：expression
```

【例4-10】编写程序，使用 lambda 语句创建匿名函数。
参考程序如下：

```
f = lambda a,b,c:a+b+c        # 使用 lambda 关键字定义匿名函数
print (f(1,2,3))
```

程序运行结果如下：

```
6
```

上述匿名函数相当于下面的自定义函数。区别是匿名函数只是一条语句，不用 def 语句定

义函数，没有 return，冒号后面的表达式就是返回值。

```
def f(a,b,c):
    return a+b+c
print(f(1,2,3))
```

使用 lambda 语句定义匿名函数，应该注意以下 3 点。

- lambda 定义的是单行函数，如果需要复杂的函数，应使用 def 语句。
- lambda 语句可以包含多个参数。
- lambda 语句只能有一个表达式，不用写 return，返回值就是该表达式的结果。

4.3.2　递归函数

在数学与计算机科学中，递归（Recursion）是指在函数的定义中使用函数自身的方法，即一个函数在内部调用当前函数本身。

1. 递归基本步骤

每一个递归程序都遵循相同的基本步骤。

1）初始化算法。递归程序通常需要一个开始时使用的种子值（seed value）。要完成此任务，可以向函数传递参数，或提供一个入口函数，此函数是非递归的，但可以为递归计算设置种子值。

2）检查要处理的当前值是否已经与基线条件匹配（base case）。如果匹配，则进行处理并返回值。

3）使用更小的或更简单的子问题（或多个子问题）来重新定义答案。

4）对子问题运行算法。

5）将结果合并入答案的表达式。

6）返回结果。

2. 主要应用范围

递归算法一般用于解决 3 类问题。

- 数据的定义是按递归定义的。例如 Fibonacci 数列。
- 问题解法按递归算法实现。例如回溯算法。
- 数据的结构形式是按递归定义的。例如树和图等。

3. 递归优缺点

（1）优点

- 递归使代码看起来更加简洁、优雅。
- 可以用递归将复杂任务分解成更简单的子问题。
- 使用递归比使用一些嵌套迭代更容易。

（2）缺点

- 递归的逻辑很难调试和跟进。
- 递归算法解题的运行效率较低。在递归调用的过程中，系统为每一层的返回点和局部量等开辟了栈来存储。递归次数过多容易造成栈溢出等。

【例 4-11】编写程序，使用递归方法求 n 的阶乘 n!。

参考程序如下：

```
def factorial(n):                          # 定义函数
    if(n==0 or n==1):                       # 定义递归结束条件
        return 1
    else:
        return n * factorial(n-1)           # 调用函数本身,实现递归
print(factorial(5))                         # 输出当 n=5 时的递归函数运行结果
```

程序运行结果如下：

```
120
```

对 5! 进行递归过程分解如下：

```
factorial(5)                       # 第 1 次调用使用 5
5 * factorial(4)                   # 第 2 次调用使用 4
5 * (4 * factorial(3))             # 第 3 次调用使用 3
5 * (4 * (3 * factorial(2)))       # 第 4 次调用使用 2
5 * (4 * (3 * (2 * factorial(1)))) # 第 5 次调用使用 1
5 * (4 * (3 * (2 * 1)))            # 从第 5 次调用返回
5 * (4 * (3 * 2))                  # 从第 4 次调用返回
5 * (4 * 6)                        # 从第 3 次调用返回
5 * 24                             # 从第 2 次调用返回
120                                # 从第 1 次调用返回
```

在使用递归时，需要注意以下几点。

- 递归就是在过程中或函数中调用自身。
- 必须有一个明确的递归结束条件，即递归出口。

4.4　常用函数

Python 语言内置了很多常用的函数，比如字符串处理函数（包括子字符串查找、位置索引查找、字符大小写转换和字符替换等函数），以及一些内置的高级函数（包括 map、filter 和 zip 等函数）。内置函数不用定义而在程序中直接使用，大大提高了编程效率。

4.4.1　字符串处理函数

Python 语言内置了字符串处理函数，包括查找函数 find( )、位置索引函数 index( )、统计函数 count( )、转换大小写函数 upper( ) 和 lower( )、去除字符串首尾两端指定字符函数 strip( )、替换函数 replace( )、分割函数 split( )、合并函数 join( )，以及判断字符串是否以某子字符串开头或结尾的函数 startwith( ) 和 endwith( )。下面分别介绍各种函数的用法。

1. 查找函数 find( )

find( ) 函数用来查找第一个匹配到的子字符串的起始位置。具体语法格式为：

```
find(sub,start,end)
```

其中各参数详细说明如下。

- sub：要查找位置的子字符串。
- start：开始查找的位置，如果不设置则默认从第一个字符开始查找。
- end：结束查找的位置，如果不设置则默认可以查找到最后。
- 如果找到则返回位置，找不到则返回-1。

【例 4-12】 编写程序，使用 find( )方法查找子字符串的位置索引。

参考程序如下：

```
str ='qwertyuiopasdfghjbbbbbbbklzxcvbnm'   # 程序给出的原字符串
index1 = str. find('lkjhs')                 # 在 str 中查找 lkjhs 第一次出现的位置
print(index1)                               # 输出子串的位置索引
index2 = str. find('tyu')                   # 在 str 中查找'tyu 第一次出现的位置
print(index2)                               # 输出子串的位置索引
```

程序运行结果如下：

```
-1
4
```

2. 查找子字符串位置函数 index( )

函数 index( )用来查找子字符串在原字符串中的位置，如果找到则返回起始位置，找不到则抛出异常。具体语法格式为：

```
index(sub,start,end)
```

其中各参数详细说明如下。

- sub：要查找位置的子字符串。
- start：开始查找的位置，如果不设置则默认从第一个字符开始查找。
- end：结束查找的位置，如果不设置则默认可以查找到最后。
- 如果找到则返回起始位置，找不到则抛出异常。

【例 4-13】 编写程序，函数 index( )用来查找子字符串在原字符串中的位置。

参考程序如下：

```
str ='qwertyuiopasdfghjbbbbbbbklzxcvbnm'
index1 = str. index('tyu')
print(index1)
index2 = str. index('lkjhs')
print(index2)
```

程序运行结果如下：

```
4
Traceback (most recent call last):
  File "E:/PracticalTraining/Python/chap4/index_find. py", line 4, in <module>
    index2 = str. index('lkjhs')
ValueError：substring not found
```

从例子中可以看出，在 str 中找到子字符串 tyu，返回起始位置为 4，而子字符串 lkjhs 在 str 中找不到，故抛出异常 ValueError：substring not found。

3. 统计函数 count( )

count( )函数用来统计某个字符串在原字符串中出现的次数。具体语法格式为：

```
count(x,start,end)
```

其中各参数详细说明如下。

- x：要统计出现次数的子字符串。

- start：开始查找的位置，如果不设置则默认从第一个字符开始查找。
- end：结束查找的位置，如果不设置则默认可以查找到最后。

【例4-14】编写程序，使用 count( )函数统计 str 中从索引位置 18 开始到 22 截止（不包括 22）中字符 b 的个数。

参考程序如下：

```
str='qwertyuiopasdfghjbbbbbbbbbklzxcvbnm'
n=str. count('b',18,22)
print(n)
```

程序运行结果如下：

```
4
```

4. 转换大小写函数 upper( )和 lower( )

upper( )把字符串全部转化为大写，并把转化之后的字符串返回，lower( )把字符串全部转化为小写，并把转化之后的字符串返回。

【例4-15】编写程序，使用 upper( )函数和 lower( )函数实现字符串大小写转换。

参考程序如下：

```
str='qertyuiopasdfghjbbbbbbbbbklzxcvbnm'
upper_str=str. upper( )
print(upper_str)
lower_str=upper_str. lower( )
print(lower_str)
```

程序运行结果如下：

```
QERTYUIOPASDFGHJBBBBBBBBBKLZXCVBNM
qertyuiopasdfghjbbbbbbbbbklzxcvbnm
```

5. strip( ) 函数

strip([chars])用来去除字符串首尾两端的指定字符，当不指定 chars 时，默认去除字符串首尾两端的空格。

【例4-16】编写程序，使用 strip( )函数删除字符串首尾两端的'＊'。

参考程序如下：

```
str='＊＊＊＊＊this is ＊＊strip usage＊＊ example!!! ＊＊＊＊＊'
print (str.strip('＊'))         #指定字符串＊
```

程序运行结果如下：

```
this is ＊＊strip usage＊＊ example!!!
```

6. 替换函数 replace( )

replace( )函数可以将字符串中的字符进行替换，具体语法格式为：

```
replace(old,new[,count])
```

其中各参数详细说明如下。

- old：要替换的字符串。

- new：替换之后的字符串。
- count：替换的次数。如不设置将用 new 替换所有的 old。

函数具体用法如下。

【例 4-17】编写程序，使用 replace( ) 函数用字符串'=='替换原字符串中的' * '。

参考程序如下：

```
str=' * * * * * this is * * strip usage * * example!!!  * * * * * '
replace_str=str. replace(' * ','==')
print（replace_str）
```

程序运行结果如下：

```
==========this is ====strip usage==== example!!!==========
```

7. 分割函数 split( )

split( )函数通过指定分隔符对字符串进行切片，具体语法格式为：

```
split( str[ ,num] )
```

其中各参数详细说明如下。

- str：分隔符。不设置时默认为所有的空字符，包括空格、换行（\n）和制表符（\t）等。
- num：分割次数。不设置时默认为-1，即分隔所有。如果设置 num 指定值，则分割为 num+1 个子字符串。

【例 4-18】编写程序，使用 split( ) 函数，利用指定字符对字符串进行分割。

参考程序如下：

```
str='this is string split example wow!!! '
print(str. split( ))          # 以空格为分隔符
print(str. split('i',1))      # 以 i 为分隔符
print(str. split('w'))        # 以 w 为分隔符
```

程序运行结果如下：

```
['this', 'is', 'string', 'split', 'example', 'wow!!!']
['th', 's is string split example wow!!!']
['this is string split example ', 'o', '!!!']
```

8. 合并函数 join( )

join( )方法用于将序列中的元素以指定的字符串连接生成一个新的字符串。具体语法格式为：

```
join( sequence)
```

其中，参数 sequence 为要连接的元素序列。返回值为通过指定字符连接序列中元素后生成的新字符串。

【例 4-19】编写程序，使用 join( ) 函数连接字符串。

参考程序如下：

```
s1 ='-'            # 一个下画线"_"字符串
s2 =' '            # 一个空格字符串
s3=' Hello '       # 一个以空格开始空格结束的字符串
```

```
s4 ='Python! '                          # 字符串
seq1 = ('L', 'N', 'T', 'U')             # 字符串序列
print (s1. join(seq1))                  # seq1 中元素以 s1 中指定的字符串连接生成一个新的字符串
print (s2. join(seq1))                  # seq1 中元素以 s2 中指定的字符串连接生成一个新的字符串
print (s3. join(s4))                    # s4 中字符以 s3 中指定的字符串连接生成一个新的字符串
```

程序运行结果如下：

```
L-N-T-U
L N T U
P Hello y Hello t Hello h Hello o Hello n Hello !
```

9. startwith( ) 与 endwith( )

startswith( )函数用来判断某个字符串是否以某个字符串开头，如果以某个字符串开头，返回 True，否则返回 False。endswith( )函数用来判断某个字符串是否以某个字符串结束，如果以某个字符串结尾，返回 True，否则返回 False。

【例 4-20】编写程序，使用 startswith( )函数和 endswith( )函数判断字符串是否以指定字符开始和以指定字符结束。

参考程序如下：

```
s1 ='123456789abcdef10'
print(s1. startswith('1'))
print(s1. endswith('f'))
print(s1. endswith('10'))
```

程序运行结果如下：

```
True
False
True
```

4.4.2 高级函数

1. map 函数

map 函数是 Python 内置的高级函数，它的基本样式为 map(func,list)。其中，func 是一个函数，list 是一个序列对象。在执行时，序列对象中的每个元素，按照从左到右的顺序通过把函数 func 依次作用在 list 的每个元素上，得到一个新的 list 并返回。

【例 4-21】编写程序，使用 map 函数实现 add 方法作用在 numbers 上。

参考程序如下：

```
def add(x):                             # 定义一个只有一个参数的加法函数
    x+=5
    return x
numbers = list(range(10))               # 利用 list 函数和 range 函数生成一个 0~9 列表
num1 = list(map(add,numbers))           # 使用 map 函数使 add 函数作用到 0~9 上,然后利用 list
                                        # 函数生成一个新的列表
num2 = list(map(lambda x:x+5,numbers))  # 使用匿名函数实现上述功能,更简洁、高效
print(num1)
print(num2)
```

程序运行结果如下:

```
[5, 6, 7, 8, 9, 10, 11, 12, 13, 14]
[5, 6, 7, 8, 9, 10, 11, 12, 13, 14]
```

2. filter 函数

filter 函数是 Python 内置的另一个常用的高级函数。它的基本样式为 filter(func,list)。filter 函数接收一个函数 func 和一个列表 list,函数 func 的作用是对每个元素进行判断,通过返回 True 或 False 来过滤不符合条件的元素,符合条件的元素组成新 list。

【例 4-22】 编写程序,使用 **filter** 函数过滤不符合条件的元素。

参考程序如下:

```
s1 = list(filter(lambda x:x%2 = = 1, [1, 2, 3, 4, 5, 6, 7,5,9,10,11,12,13,16,17]))
s2 = list(filter(lambda c:c! = 'o','i love python !'))
print(s1)
print(s2)
```

程序运行结果如下:

```
[1, 3, 5, 7, 5, 9, 11, 13, 17]
['i', ' ', 'l', 'v', 'e', ' ', 'p', 'y', 't', 'h', 'n', ' ', '!']
```

3. zip 函数

zip 函数也是 Python 内置的另一个常用的高级函数。它的基本样式为 zip([iterable,…]),其中 iterable 表示可迭代对象。zip 函数接受任意多个可迭代对象作为参数,将对象中对应的元素打包成一个元组,然后返回一个可迭代的 zip 对象。这个可迭代对象可以使用列表或循环的方式列出其元素,若多个可迭代对象的长度不一致,则所返回的列表与长度最短的可迭代对象相同。

【例 4-23】 编写程序,展示 **zip** 函数的用法。

参考程序如下:

```
a = [1,2,3]
b = [4,5,6]
c = [7,8,9,10,11]
zipped = zip(a,b)              # 返回一个对象
print(zipped)
for j in zipped:               # 以循环方式列出其元素
    print(j)
list1 = list(zip(a,c))         # 以列表方式列出其元素,元素个数与最短的列表一致
print(list1)
a1, a2 = zip( * zip(a,b))      # 与 zip 相反,zip( * )可理解为解压,返回二维矩阵
print(a1)
print(list(a2))
```

程序运行结果如下:

```
<zip object at 0x000002380C247F48>
(1, 4)
(2, 5)
(3, 6)
[(1, 7), (2, 8), (3, 9)]
(1, 2, 3)
[4, 5, 6]
```

4.5　模块和包

模块往往对应着 Python 的脚本文件（.py），包含了所有该模块定义的函数、变量和类。模块是最高级别的程序组织单元，它能够将程序代码和数据封装以便重用。模块可以被别的程序导入，以使用该模块的函数等功能，这也是使用 Python 标准库的方法。导入模块后，在该模块文件中定义的所有变量名都会以被导入模块对象成员的形式被调用。

包使用 ".模块名" 来组织 Python 模块名称空间。具体来讲包就是一个包含 __init__.py 文件的文件夹，创建包的目的就是用文件夹将文件和模块组织起来，将这些功能相似的模块使用包组成层次组织结构，以便使用和维护。包可以包含子包，没有层次限制。使用包可以有效地避免名称空间冲突。

4.5.1　模块与包的导入

1. 模块的导入

模块是一个包含所有定义的函数和变量的文件，其后缀名是 .py。使用 import 语句可以导入模块。模块导入的基本形式如下：

```
import 模块名                      # 导入模块
import 模块1,模块2,...,模块n        # 导入多个模块
import 模块名 as 模块别名            # 导入模块并使用别名
```

下面通过实例介绍模块的创建及导入使用的方法。

【例 4-24】创建模块 **my_math**，在模块中定义算术四则运算。

参考程序如下：

```
def add(x,y):              # 定义加法函数
    return x+y
def sub(x,y):              # 定义减法函数
    return x−y
def mul(x,y):              # 定义乘法函数
    return x * y
def div(x,y):              # 定义除法函数
    return x/y
```

模块的导入是通过 import 语句实现的，在下面的测试程序中使用 import 导入 my_math 模块，然后通过模块名称调用模块中定义的每个函数。基本格式为 "模块名.函数名"。

【例 4-25】编写程序，在程序中使用 **my_math** 中定义的函数。

参考程序如下：

```
import my_math                      # 导入 my_math 模块
result1=my_math1.add(3,6)           # 利用模块名称调用 add 函数
result2=my_math1.sub(6,3)           # 利用模块名称调用 sub 函数
result3=my_math1.mul(2,5)           # 利用模块名称调用 mul 函数
result4=my_math1.div(8,2)           # 利用模块名称调用 div 函数
print(result1)
print(result2)
print(result3)
print(result4)
```

程序运行结果如下：

```
9
3
10
4.0
```

Python 还可以使用"from 模块名 import 函数名"的形式使用模块中定义的函数。例如，下面代码从上面创建的模块 my_math 中导入 add 函数，这样就可以直接使用 add 函数，而不用再使用"模块名.函数名"的方式使用 add 方法了。

```
from my_math import add        # 从模块 my_math 中导入 add 函数
print(add(2,2))               # 直接使用 add 函数计算和
```

运行结果如下：

```
4
```

2. 包的导入

Python 模块是 .py 文件，而包是文件夹。只要文件夹中包含一个特殊的文件__init__.py，Python 解释器就将该文件夹作为包，其中的模块文件则属于包中的模块。包可以包含子包，没有层次限制。特殊文件__init__.py 可以为空，也可以包含属于包的代码，当导入包或该包中的模块时执行__init__.py。

例如，若 E:\Python\chapter4\目录中包含以下目录：

```
package1
    __init__.py
    subPackage1
        __init__.py
        module11.py
        module12.py
        module13.py
    subPackage2
        __init__.py
        module21.py
        module22.py
        module23.py
```

则 package1 是顶级包，包含子包 subPackage1 和 subPackage2，包 subPackage1 包含模块 module11.py、module12.py 和 module13.py，包 subPackage2 包含模块 module21.py、module22.py 和 module23.py。

创建包就是在指定目录中创建对应包名称的目录（文件夹），然后在该目录下创建一个特殊文件__init__.py，最后在该目录下创建模块文件。

包的导入与模块的导入相似，使用 import 语句导入包中模块时，需要指定对应的包名。其基本格式如下：

```
import [包名1.[包名2.…]].模块名            # 导入包中模块
```

其中包名是模块的上层组织包的名称，即模块所属文件夹的名称。

导入包中模块后，可以使用全限定名称访问包中模块定义的成员。其基本格式如下：

| [包名1.［包名2. …]]. 模块名 . 函数名 | # 使用全限定名称调用模块中的成员 |

还可以使用 from… import 语句直接使用包中模块的成员。其基本格式如下：

| from［包名1.［包名2. …]]. 模块名 import 成员名 | # 导入模块中的成员 |

如果希望同时导入一个包中的所有模块，可以采用下面方法：

| from 包名 import ＊ | # 导入包中的所有模块 |

同一个包/子包的模块可以直接使用 import 导入相同包/子包的模块，不需要指定包名。因为同一个包/子包的模块位于同一个目录。例如，subPackage1 中包含模块 module11 和 module12，则在 module12 中可通过 import module11 直接导入 module11。

4.5.2　常用模块

Python 语言中的常用模块主要包括：math 模块、random 模块、datetime 模块、time 模块、logging 模块、sys 模块和正则表达式 re 模块等。

1. math 模块

math 模块是一个封装了多个数学函数和变量的模块。表 4-1 列出了常见的函数和变量。

表 4-1　模块 math 中一些常见的函数和变量

函数/变量	描　　述
ceil（数值）	向上取整操作。返回值：整型
floor（数值）	向下取整。返回值：整型
round（数值［,n]）	四舍五入操作。返回值：若无参数 n 则返回整数，否则返回值带 n 位小数
pow（底数，幂）	计算一个数的 N 次方。返回值：浮点类型
sqrt（数值）	开平方。返回值：浮点数
fabs（数值）	获取一个数的绝对值操作。返回值：浮点数
abs（数值）	获取一个数的绝对值操作。返回值：返回值类型由元数据类型决定
modf（数值）	将一个浮点数拆成小数和整数部分组成的元组。返回值：元组
fsum（序列）	将一个序列的数值进行相加求和。返回值：浮点数
sum（序列）	将一个序列的数值进行相加求和。返回值：返回值类型由序列中元素的数据类型决定
pi	圆周率
e	自然对数的底

【例 4-26】编写程序，展示 math 模块中函数的应用。

参考程序如下：

```
import math
s = math. ceil( 12. 34)          # 向上取整操作,返回结果为:13
print( s)
s = math. floor( 12. 34)         # 向下取整操作,返回结果为:12
print( s)
s = round( 12. 52)               # 四舍五入操作,返回结果为:13
print( s)
```

```
s = round(12.525, 2)          # 四舍五入操作,保留 2 位小数,返回结果为:12.53
print(s)
s = math.pow(2,4)             # 计算 2 的 4 次方,返回结果:16.0
print(s)
s = math.sqrt(9)              # 计算 9 的平方根。返回结果为:3.0
print(s)
s = math.fabs(-12)            # 计算-12 的绝对值。返回结果为:12.0
print(s)
s = abs(-12)                  # 计算-12 的绝对值。返回结果为:12
print(s)
s = abs(-12.0)                # 计算-12.0 的绝对值。返回结果为:12.0
print(s)
s = math.modf(12.2)           # 将一个浮点数拆成小数和整数部分组成的元组。
print(s)                      # 返回结果元组:(0.1999999999999993, 12.0)
s = math.fsum([1,2,3,4,5])    # 将一个序列的数值进行相加求和。返回结果为:15.0
print(s)
s = sum([1,2,3,4,5])          # 将一个序列的数值进行相加求和。返回结果为:15
print(s)
s = math.pi                   # 获取圆周率,返回结果为:3.141592653589793
print(s)
s = math.e                    # 获取自然对数的底,返回结果为:2.718281828459045
print(s)
```

程序运行结果如下:

```
13
12
13
12.53
16.0
3.0
12.0
12
12.0
(0.1999999999999993, 12.0)
15.0
15
3.141592653589793
2.718281828459045
```

📖 math 模块中还有很多其他函数,比如 sin(x)、cos(x)和 tan(x)等函数,具体用法可以通过 Python 命令 help 查看帮助文档。例如,使用 Python 自带的 IDLE,利用 help(math)查看内置模块 math 中各种函数的用法。

2. random 模块

random 模块封装了多种随机函数,常见函数如表 4-2 所示。

表 4-2　模块 random 中一些常见的函数和变量

函数/变量	描　　述
random()	返回[0.0,1.0)上的随机浮点数
uniform(a,b)	用于生成一个指定范围内的随机浮点数,两个参数中一个是上限,一个是下限。如果 a < b,则生成的随机数 n:a <= n <= b。如果 a > b,则生成的随机数 n:b <= n <= a

函数/变量	描　　述
randrange(start,stop[,step])	从指定范围内，按指定步长递增的集合中获取一个随机数。在值域为[start,stop)，步长为step 的整数集合中随机选择一个返回值
randint(a,b)	用于生成一个指定范围内的整数。其中参数 a 是下限，参数 b 是上限，生成的随机数 n：a <= n <= b
choice(sequence)	从序列中获取一个随机元素，序列在 Python 中不是一个特定的类型，而是泛指一系列的类型。列表、元组和字符串都属于序列
shuffle(x[,random])	用于将一个列表中的元素打乱，即将列表内的元素随机排列
sample(sequence,k)	从指定序列中随机获取指定长度的片段并随机排列。注意：sample 函数不会修改原有序列

【例 4-27】编写程序，使用 **random** 模块中的函数随机生成 **5** 位字符。

参考程序如下：

```
import random
def random_char():                              # 定义函数
    chars = ''
    for i in range(5):                          # 循环5次
        num = random. randint(0,9)              # 从[0,9]中生成一个随机数
        upper_case = chr(random. randint(65,90))   # 从[65,90]中随机生成一个整数,产生大写字符
        lower_case = chr(random. randint(97,122))  # 从[97,122]中随机生成一个整数,产生小写字符
        s = str(random. choice([num,upper_case,lower_case]))   # 从序列中获取一个随机元素
        chars += s
    return chars                                # 返回由随机生成的5位字符构成的字符串
result = random_char()
print(result)
```

程序运行结果如下：

```
22iiR
```

3. datetime 模块

datetime 模块是 date 和 time 模块的合集，datetime 有两个常量 MAXYEAR 和 MINYEAR，分别是 9999 和 1。datetime 模块定义了 5 个类，表 4-3 描述了模块 datatime 中一些重要的类。

表 4-3　模块 datetime 中一些重要的类

类	描　　述
date	表示日期的类
datetime	表示日期时间的类
time	表示时间的类
timedelta	表示时间间隔，即两个时间点的间隔
tzinfo	时区的相关信息

1）date 类及其方法

date 类中有用于获取当前时间、操作时间和日期、从字符串中读取日期、将日期格式化为字符串的方法。下面通过一个实例介绍 date 类及其方法的用法。

【例 4-28】编写程序，使用 **date** 类及方法操作时间和日期。

参考程序如下：

```
import datetime
d = datetime. date. today( )                          # 生成当前日期,格式为 YYYY-MM-DD
print( d)
print( d. ctime( ) )                                  # 返回格式如 Mon Oct   7 00:00:00 2019
print( d. fromtimestamp( 1200000) )                   # 根据给定的时间戳,返回一个 date 对象
print( d. isocalendar( ) )                            # 返回格式如(year,month,day)的元组
print( d. isoformat( ) )                              # 返回格式如 YYYY-MM-DD
print( d. isoweekday( ) )                             # 返回日期的星期
print( d. replace( 2019,10,7) )                       # 替换给定日期,但不改变原日期
print( d. strftime('%a %b %d %H:%M:%S %Y') )          # 把日期时间按照给定的 format 进行格式化
print( d. timetuple( ) )                              # 返回日期对应的 time. struct_time 对象
print( d. weekday( ) )                                # 返回日期的星期(0-6),星期一=0,星期日=6
```

程序运行结果如下：

```
2019-10-07
Mon Oct   7 00:00:00 2019
1970-01-15
(2019, 41, 1)
2019-10-07
1
2019-10-07
Mon Oct 07 00:00:00 2019
time. struct_time(tm_year=2019, tm_mon=10, tm_mday=7, tm_hour=0, tm_min=0, tm_sec=0,
tm_wday=0, tm_yday=280, tm_isdst=-1)
0
```

2) datetime 类及其方法

datetime 类有很多参数，datetime(year, month, day[, hour[, minute[, second[, microsecond [,tzinfo]]]]])，返回年月日和时分秒。

例如：

```
import datetime
datetime. datetime. now( )                    # 返回当前系统时间
print( datetime. datetime. now( ) )           # 返回当前系统时间
t = datetime. datetime. now( )                # 返回当前系统时间
print( t)
print( t. ctime( ) )
print( t. date( ) )
print( t. time( ) )
print( t. fromtimestamp( 120000) )
print( t. replace( 2019,10,8) )
print( t. strftime('%b-%d-%Y %H:%M:%S') )
```

程序运行结果如下：

```
datetime. datetime(2019, 10, 7, 16, 43, 40, 431400)
2019-10-07 16:44:19. 222566
2019-10-07 16:45:07. 404373
Mon Oct   7 16:45:07 2019
2019-10-07
16:45:07. 404373
```

```
1970-01-02 17:20:00
2019-10-08 16:45:07.404373
Oct-07-2019 16:45:07
```

3）time 类及其方法

time 类有 5 个参数，datetime. time（hour，minute，second，microsecond，tzoninfo）。time 类及方法的使用方法如下所示：

```
t=datetime. time(14,44,35,300,None)        #创建给定小时、分、秒、毫秒、时区参数的时间对象 t
print(t)
print(t. replace(15,30,20))                # 用给定时间替代原来时间
print(t. strftime('%H-%M-%S'))             # 按给定格式显示时间
print(t. tzname())                         # 获取并显示时区名字
print(t. utcoffset())                      # 获取并显示时区差
```

运行结果如下：

```
14:44:35.000300
15:30:20.000300
14-44-35
None
None
```

4）timedelta 类及其方法

datetime. datetime. timedelta 类用于计算两个日期之间的差值。timedelta 类及方法的使用方法如下所示：

```
t=datetime. datetime. now()                # 获取本地时间
print(t)
time1 = datetime. datetime(2016, 10, 20)   # 获取给定时间对象
time2 = datetime. datetime(2015, 11, 2)    # 获取给定时间对象
print((time1-time2). days)                 # 计算天数差值
```

运行结果如下：

```
2019-10-08 14:36:17. 190136
353
```

4. time 模块

模块 time 包含用于获取当前时间、操作时间和日期、从字符串中读取日期、将日期格式化为字符串的函数。表 4-4 描述了模块 time 中一些重要的函数。

表 4-4　模块 time 中一些重要的函数

函　　数	描　　述
time()	当前时间（从新纪元开始后的秒数，以 UTC 为准）
asctime([tuple])	将时间元组转换为字符串
localtime([secs])	将秒数转换为表示当地时间的日期元组
strptime(string[, format])	将字符串转换为时间元组
mktime(tuple)	将时间元组转换为当地时间
sleep(secs)	休眠（什么都不做）secs 秒

下面结合代码实例分别介绍每个函数的用法。

1）time()函数

以时间戳的形式显示当前时间：从新纪元开始后的秒数，以 UTC 为准从 1970 年 1 月 1 日 00：00：00 开始按秒计算的偏移量。"新纪元"是一个随平台而异的年份，在 UNIX 中为 1970 年。代码如下：

```
import time
time. time( )          # 从新纪元开始后的秒数
```

程序运行结果如下：

```
1570413829. 8269486
```

2）asctime([tuple])函数

将时间元组转换为字符串，没有时间元组参数时默认将当前时间转换为字符串。代码如下：

```
time. asctime( )
```

程序运行结果如下：

```
'Mon Oct   7 10:11:33 2019'     # 以字符串的形式表示时间
```

3）localtime([secs])函数

将秒数转换为表示当地时间的日期元组，没有参数时默认将当前时间表示为当地时间的日期元组。代码如下：

```
time. localtime( )
```

运行结果如下：

```
time. struct_time( tm_year = 2019 , tm_mon = 10 , tm_mday = 7 , tm_hour = 10 , tm_min = 17 , tm_sec = 46 ,
ttm_wday = 0 , tm_yday = 280 , tm_isdst = 0)     # 以元组形式表示时间,各元素分别表示:年、月、日、小时、分、
秒、星期一、一年的第 280 天、0 表示非夏令时,1 表示夏令时
```

如果要显示格林尼治时间，可以用 gmtime()将一个时间戳转换为 UTC 时区（0 时区）的 struct_time。

```
time. gmtime( )
```

运行结果如下：

```
time. struct_time( tm_year = 2019 , tm_mon = 10 , tm_mday = 7 , tm_hour = 2 , tm_min = 31 , tm_sec = 17 ,
tm_wday = 0 , tm_yday = 280 , tm_isdst = 0)           # 可以看到当时时间为 UTC+8
```

4）strptime(string[, format])函数

将字符串转换为时间元组。代码如下：

```
time. strptime('2019-10-07 10:40:53', '%Y-%m-%d %X')     # %X 等同于%H%M%S
```

运行结果如下：

```
time. struct_time( tm_year = 2019 , tm_mon = 10 , tm_mday = 7 , tm_hour = 10 , tm_min = 40 , tm_sec = 53 ,
tm_wday = 0 , tm_yday = 280 , tm_isdst = -1)
```

5）mktime(tuple)函数

mktime()函数执行与 gmtime()和 localtime()相反的操作，它接收 struct_time 对象作为参数，返回用秒数来表示时间的浮点数。如果输入的值不是一个合法的时间，将触发 OverflowError 或 ValueError。代码如下：

```
import time
t=(2019,10,7,11,1,55,0,288,0)
time.mktime(t)        # 返回用秒表示的时间的浮点数
```

运行结果如下：

```
1570417315.0
```

6）sleep(secs)函数

sleep()函数推迟调用线程的运行，可通过参数 secs（秒数）表示进程挂起的时间。代码如下：

```
import time
print('Start:',time.asctime())
time.sleep(10)
print('End:',time.asctime())
```

运行结果如下：

```
Start: Mon Oct 7 10:17:44 2019
End: Mon Oct 7 10:17:54 2019
```

5. logging 模块

很多程序都有记录日志的需求，并且日志中包含的信息既有正常的程序访问日志，还可能有错误和警告等信息输出，Python 的 logging 模块提供了标准的日志接口，可以通过它存储各种格式的日志，logging 的日志可以分为 debug()、info()、warning()、error()和 critical()5 个级别。

1）在控制台进行显示。使用 logging.info('xxxxx')方法在控制台显示日志信息，简单用法如以下程序代码所示：

```
import logging
logging.warning('warning:user/passwd is invalid')        # 警告信息
logging.critical('critical:server is down')               # 严重错误信息
```

运行结果如下：

```
WARNING:root:warning:user/passwd is invalid
CRITICAL:root:critical:server is down
```

2）在日志中输出。使用 logging.basicConfig()方法将日志信息保存在日志文件中，具体使用方法如以下程序代码所示：

```
import logging
logging.basicConfig(filename='access.log',level=logging.INFO,format='%(asctime)s%(message)s',datefmt=
'%m/%d/%Y %I:%M:%S %p')
# basicConfig 方法对日志信息进行配置,包括:文件名、日志级别、输出格式和输出消息等
logging.debug('This message should go to the log file?')
#由于上面已经将日志级别设置为INFO,故低于 INFO 的不会输出
```

```
logging. info('So should this')
logging. warning('And this, too')
```

运行结果为在程序源文件目录中生成一个日志文件 access. log，文件具体内容为：

```
11/06/2019 08:49:25 AM So should this
11/06/2019 08:49:25 AM And this, too
```

其中 basicConfig 方法对日志信息进行配置时必须以 key - value 形式使用，format =
%(asctime)s 为字符串形式的当前时间、%(message)s 为用户输出的消息、datefmt ='%m/%d/%Y
%I:%M:%S %p'指时间格式为月/日/年 小时：分：秒 上下午。

3）日志与控制台同时输出。

Python 使用 logging 模块记录日志涉及 4 个主要类。

- logger：提供应用程序可以直接使用的接口。
- handler：将 logger 创建的日志记录发送到合适的目的输出。
- filter：提供过滤条件，输出指定的日志记录。
- formatter：设置日志记录的输出格式。

控制台和日志文件同时输出的具体步骤为。

- 生成 logger 对象。
- 生成 handler 对象。
- 把 handler 对象绑定到 logger 对象。
- 生成 formatter 对象。
- 将 formatter 对象绑定到 handler 对象。

【例 4-29】编写程序，使用 logging 模块同时实现控制台日志输出和生成日志文件。

参考程序如下：

```
import logging
def logger(log_obj):
    logger = logging. getLogger(log_obj)
    logger. setLevel(logging. INFO)
    console_handle = logging. StreamHandler()
    log_file ='access. log'
    file_handle = logging. FileHandler(log_file)
    file_handle. setLevel(logging. WARNING)
    formatter = logging. Formatter('%(asctime)s - %(name)s - %(levelname)s - %(message)s')
    console_handle. setFormatter(formatter)
    file_handle. setFormatter(formatter)
    logger. addHandler(console_handle)
    logger. addHandler(file_handle)
    return logger
if __name__ == '__main__':
    logger('access'). error('say 1')
    logger('access'). error('say 2')
    logger('access'). error('say 3')
```

程序运行结果如下：

```
2019-11-06 09:40:17,920 - access - ERROR - say 1
2019-11-06 09:40:17,925 - access - ERROR - say 2
```

```
2019-11-06 09:40:17,925 - access - ERROR - say 2
2019-11-06 09:40:17,929 - access - ERROR - say 3
2019-11-06 09:40:17,929 - access - ERROR - say 3
2019-11-06 09:40:17,929 - access - ERROR - say 3
```
同时在源文件目录下生成日志文件 acess. log，日志文件内容同控制台输出的一样。

6. sys 模块

sys 模块负责程序与 Python 解释器的交互，提供了一系列的函数和变量，用于操控 Python 运行时的环境。表 4-5 列出了其中的一些函数。

表 4-5　模块 sys 中一些重要的函数和变量

函数/变量	描　　述
sys. argv	接收命令行参数，生成一个 list，第一个元素是程序本身的路径
sys. modules. keys( )	返回所有已经导入的模块列表
sys. exc_info( )	获取当前正在处理的异常类，exc_type、exc_value 和 exc_traceback 当前处理的异常详细信息
sys. exit(n)	退出程序，正常退出时 exit(0)
sys. hexversion	获取 Python 解释程序的版本值，16 进制格式如：0x020403F0
sys. version	获取 Python 解释程序的版本信息
sys. maxint	最大的 Int 值
sys. maxunicode	最大的 Unicode 值
sys. modules	返回系统导入的模块字段，key 是模块名，value 是模块
sys. path	返回模块的搜索路径，初始化时使用 PYTHONPATH 环境变量的值
sys. platform	返回操作系统平台名称
sys. stdout	标准输出
sys. stdin	标准输入
sys. stderr	错误输出
sys. exc_clear( )	用来清除当前线程所出现的当前的或最近的错误信息
sys. exec_prefix	返回平台独立的 Python 文件安装的位置
sys. byteorder	本地字节规则的指示器，big-endian 平台的值是'big'，little-endian 平台的值是'little'
sys. copyright	记录 Python 版权相关的东西
sys. api_version	Python 解释器的 C 的 API 版本

【例 4-30】编写程序，使用 sys 模块动态接收命令行参数。

参考程序如下：

```
import sys
my_sys = sys. argv
for i in my_sys：
    print( i)
```

程序运行结果如下：

```
E：\PracticalTraining\Python\test>my_sys. py 1 2 3
E：\PracticalTraining\Python\test\my_sys. py
1
2
3
```

【例 4-31】 编写程序，使用 **sys. stdout** 实现标准输出。

参考程序如下：

```
import time,sys
for i in range(20):                    # 输出 20 个"＝"号
        sys. stdout. write('=')
        time. sleep(0.5)
        sys. stdout. flush()           # 从缓存刷新的屏幕
```

程序运行结果如下：

```
====================
```

7. 正则表达式 re 模块

在进行文本处理时，常常需要查找符合某些复杂规则的字符串。正则表达式语言就是用于描述这些规则的语言。使用正则表达式可以匹配和查找特定的字符串，并对其进行相应的处理和修改。正则表达式广泛应用于各种字符串处理应用程序中，如 HTML 处理、日志文件分析和 HTML 表头分析等。

正则表达式是由普通字符（如字符 a~z）及特殊字符（称为元字符，包括 .、^、$、*、+、?、{}、[]、\、|和())组成的文字模式。正则表达式的模式可以包含普通字符（包括转义字符）、字符类和预定义的字符类、边界匹配符、重复限定符、选择分支、分组和引用等。

Python 语言使用 re 模块实现正则表达式处理的功能。导入 re 模块后，使用 findall()和 search()函数可以进行匹配。具体使用语法如下。

re. findall(pattern, string)：如果匹配，返回匹配结果列表，否则返回空列表。

re. search(pattern, string)：如果匹配，返回匹配对象，否则返回 None。

re. match(pattern, string)：如果匹配，返回匹配对象，否则返回 None。

📖 search 和 match 只匹配一次，findall 匹配所有。

---

re 模块函数使用方法如下代码所示：

```
import re                              # 导入模块 re
re. findall('d','godness good day')    # 在'godness good day'中查找与'd'匹配项,返回结果列表
re. findall('re','good day')           # 在'good day'中查找与're'匹配项,没有则返回[]
re. search('go','good day!')           # 在'good day!'中查找与'go'匹配项,有则返回匹配对象'go'
re. search('ee','good day!')           # 在'good day!'中查找与'ee'匹配项,没有则返回 None
```

1）普通字符和转义字符

最基本的正则表达式由单个或多个普通字符组成，用以匹配字符串中对应的单个或多个普通字符串。普通字符包括 ASCII 字符、Unicode 字符和转义字符。另外，正则表达式中的元字符（.、^、$、*、+、?、{}、[]、\、|和())包含特殊含义，如果要作为普通字符使用需要进行转义。例如，\b 在正则表达式中表示单词边界，而在字符串中的转义字符表示退格字符。因此在正则表达式中，这些与标准转义字符重复的特殊字符必须使用两个反斜杠字符（'\\'），或使用原始字符串 r' '或 r'。下面代码示例为转义字符的使用方法：

```
import re
re. findall('1+1=2', '1+1=2')          # 元字符+重复一次或多次,即匹配 11=2,结果为[ ]
re. findall('1+1=2', '11=2')           # 元字符+重复一次或多次,即匹配 11=2,结果为['11=2']
```

```
re.findall('1\+1=2', '1+1=2')                    # 转义元字符+,即匹配 1+1=2,结果为['1+1=2']
re.findall('(note)','please(note)')              # ()在正则表达式中为分组,结果为['note']
re.findall('\(note\)','please(note)')            # \(匹配圆括号,结果为['(note)']
re.findall('\bon\b','only an air')               # \b 匹配退格符,结果为[]
re.findall('\\bon\\b','only on air')             # \\b 匹配单词边界,结果为['on']
re.findall(r'\bon\b','only on air')              # 使用原始字符串,\b 匹配单词边界,结果为['on']
```

2）字符类和预定义字符类

字符类是由一对方括号［］括起来的字符集，正则表达式引擎匹配字符集中的任意一个字符。字符类的定义方式包括以下几种。

- ［xyz］：枚举字符集，匹配括号中的任意字符。例如，"g［oeu］t"，匹配"got""get"和"gut"。
- ［^xyz］：否定枚举字符集，匹配不在此括号中的任意字符。
- ［a-z］：指定范围的字符，匹配指定范围内的任意字符。
- ［^a-z］：指定范围以外的字符，匹配指定范围以外的任意字符。

字符类使用方法如下所示：

```
re.findall('fo[xr]', 'the quick brown fox jumps for food')  # 匹配 fox 和 for,返回['fox', 'for']
```

使用正则表达式时常常用到一些特定的字符类，如数字、字母。正则表达式语言包含若干预定义的字符类，这些预定义的字符集通常使用缩写形式，例如，\d 等价于［0-9］。常用的预定义字符类见表 4-6。

表 4-6　常用的预定义字符类

预定义字符	说　　明
.	除行终止符外的任何字符
\d	数字。等价于［0-9］
\D	非数字。等价于［^0-9］
\s	空白字符。等价于［\t\n\r\f\v］
\S	非空白字符。等价于［^\t\n\r\f\v］
\w	单词字符。等价于［a-zA-Z0-9_］
\W	非单词字符。等价于［^a-zA-Z0-9_］

3）边界匹配符

字符串匹配往往涉及从某个位置开始匹配，例如，行的开始或结尾、单词边界等。边界匹配符用于匹配字符串的位置。常用的边界匹配符见表 4-7。

表 4-7　常用的边界匹配符

边界匹配符	说　　明
^	行开头。例如，"^a"匹配"abc"中的"a"；"^\s*"匹配" abc"中的左边空格
$	行结尾。例如，"c$"匹配"abc"中的"c"；"^123$"匹配"123"中的"123"；"\s*$"匹配"abc "中的右边空格
\b	单词边界。例如，r'\bfoo\b'匹配'foo'、'foo.'、'(foo)'和'bar foo baz'，但不匹配'foobar'或'foo3'
\B	非单词边界。例如，r'py\B'匹配'python'和'py3'，但不匹配'happy'和'py!'
\A	字符串开头
\Z	字符串结尾（除最后行终止符）

4）重复限定符

使用重复限定符可以指定重复的次数。常用的重复限定符见表4-8。

表4-8　常用的重复限定符

重复限定符	说明
X?	X重复0次或1次，等价于X{0,1}。例如，"colou?r"可以匹配"color"或者"colour"
X *	X重复0次或多次，等价于X{0,}。例如，"zo * "可以匹配"z"、"zo"或"zoo"等
X+	X重复1次或多次，等价于X{1,}。例如，"zo+"可以匹配"zo"或"zoo"，但不匹配"z"
X{n}	X重复n次。例如，\b[0-9]{3}，匹配000~999；"o{2}"可以与"food"中的两个"o"匹配至少重复n次
X{n,}	X重复n次或多次。例如，"o{2,}"可以匹配"foooood"中的所有"o"。"o{1,}"等价于"o+"，"o{0,}"等价于"o * "
X{n,m}	X重复n到m次。例如，"o{1,3}"匹配"foooood"中前三个"o"。"o{0,1}"等价于"o?"

5）正则表达式对象

使用re. compile函数可以将正则表达式编译为正则表达式对象regex，然后使用其对象方法处理字符串。其基本语法格式如下。

regex = re. compile(pattern,flags = 0)：编译模式，生成正则表达式对象。

regex. search(string[,pos[,endpos]])：若匹配，返回匹配对象，否则返回None。

regex. match(string[,pos[,endpos]])：若匹配，返回匹配对象，否则返回None。

regex. findall(string[,pos[,endpos]])：若匹配，返回匹配结果列表，若pattern中包含组，返回组的列表，否则返回[ ]。

regex. finditer(string[,pos[,endpos]])：返回多个匹配结果的迭代器。

其中，pattern为匹配模式；string为要匹配的字符串；flags为匹配选项；pos和endpos为搜索范围，从pos到endpos-1。正则表达式对象的使用方法如下所示。

```
import re
regex1 = re. compile('to')                    # 生成正则表达式对象
regex2 = re. compile('^to')
regex1. match('To be,\nor not to be')         # 无匹配
regex1. search('To be,\nor not to be')        # 匹配
regex2. search('To be,\nor not to be')        # 无匹配
regex1. findall('To be,\nor not to be')       # 返回结果列表['to']
regex1. finditer('To be,\nor not to be')      # 返回结果迭代器
```

【例4-32】编写程序，使用re模块验证一个字符串是否为有效的电子邮件格式。

参考程序如下：

```
import os,re
def check_email(strEmail):
    regex_email = re. compile(r'^[ \w\. \-]+@ ([ \w\-]+\. ) +[ \w\-]+ $ ')
    result = True ifregex_email. match(strEmail) else False
    return result
if __name__ == '__main__':
    str1 = 'example1@ yahoo. com'      # 有效的电子邮箱地址
    str2 = 'example2. yahoo. com'      # 无效的电子邮箱地址
    print(str1, '是有效的电子邮件格式吗',check_email(str1))
    print(str2, '是有效的电子邮件格式吗',check_email(str2))
```

程序运行结果如下：

example1@ yahoo. com 是有效的电子邮件格式吗 True
example2. yahoo. com 是有效的电子邮件格式吗 False

4.6 案例——拼单词游戏

计算机随机产生一个单词，打乱字母顺序，供玩家去拼单词。程序中已定义所拼单词。
参考程序如下：

```
import random
WORDS = ('math', 'english', 'china', 'history', 'word', 'world')
right = 'Y'
print('欢迎参加拼单词游戏！')
while right == 'Y' or right == 'y':
    word = random. choice(WORDS)
    correct = word
    newword = ''
    while word:
        pos = random. randrange(len(word))
        newword += word[pos]
        # 将 word 单词下标为 pos 的字母去掉,取 pos 前面和后面的字母组成新的 word
        word = word[:pos]+word[(pos+1):]          # 保证随机字母出现不会重复
    print('你要拼的单词为:', newword)
    guess = input('请输入你的答案:')
    count = 1
    while count<3:
        if guess != correct:
            guess = input('输入的单词错误,请重新输入:')
            count += 1
        else :
            print('输入的单词正确,正确单词为:', correct)
            break
    if count == 3:
        print('您已拼 3 次,正确的单词为:', correct)
    right = input('是否继续,Y/N:')
```

程序运行结果如下：

```
欢迎参加拼单词游戏!
你要拼的单词为: lrdow
请输入你的答案: wordl
输入的单词错误，请重新输入：world
输入的单词正确，正确单词为: world
是否继续，Y/N: N
```

4.7 本章小结

本章主要介绍了函数的定义和调用方法，函数定义和调用过程中涉及的参数传递和函数返回值。介绍了两类特殊函数：匿名函数和递归函数。介绍了常用的字符串处理函数和高级函数，包括 map、filter 和 zip 等函数。本章详细介绍了常用内置模块的用法，包括 math 模块、random 模块、datetime 模块、logging 模块、sys 模块、time 模块和正则表达式 re 模块的用法。最后给出一个简单而有趣的拼单词游戏案例。

4.8 习题

1. 填空题

1）下列 Python 语句的输出结果是_____。

```
d=lambda p:p*2 ; t=lambda p:p*3
x=2 ; x=d(x) ; x=t(x) ; x=d(x) ; print(x)
```

2）下列 Python 语句的输出结果是_____。

```
i=map(lambda x:x**2,(1,2,3))
for t in i:print(t,end=")
```

3）下列 Python 语句的输出结果是_____。

```
counter=1;num=0
def TwsrVariable():
    global counter
    for i in (1,2,3):counter+=1
    num=10
TwsrVariable()
print(counter,num)
```

4）下列 Python 语句的输出结果是_____。

```
def f(a,b):
    if b==0:print(a)
    else:f(b,a%b)
print(f(9,6))
```

5）下列 Python 语句的输出结果是_____。

```
def function():
        'The Python Book'
    return 1
print(function.__doc__[4:9])
```

6）下列 Python 语句的输出结果是_____。

```
def param_fun(param1,*param2):
    print(type(param2))
    print(param2)
param_fun(1,2,3,4,5)
```

7）下列 Python 语句的输出结果是_____。

```
def param_fun2(param1,**param2):
    print(type(param2))
    print(param2)
param_fun2(1,a=2,b=3,c=4,d=5)
```

2. 简答题

1）在 Python 中如何定义一个函数？

2）什么是 lambda 函数？

3）什么是递归函数？递归函数的使用过程中为什么需要设置终止条件？

4）什么是包、模块？如何使用包和模块？

5）什么是正则表达式？

3. 编程题

1）编写程序，定义一个求阶乘的函数 fact(n)，并编写测试代码，要求输入整数 n(n≥0)。

2）编写程序，定义一个求 Fibonacci 数列的函数 fibo(n)，并编写测试代码，输出前 20 项。

3）编写程序，利用可变参数定义一个求任意个数数值最小值的函数 min_num(a,b,*c)，并编写测试代码。

4）编写程序，分别输入 3 个字符串，依次验证其是否为有效的中华人民共和国电话号码、邮政编码和网站网址格式。

提示如下。

- 中华人民共和国电话号码（电话号码必须是 8 位号码，如果有区号，区号必须是 3 位）的正则表达式为：^(\(\d{3}\)|\d{3}-)?\d{8}$。
- 中华人民共和国的邮政编码（必须是 6 位数字）的正则表达式为：^\d{6}$。
- 网站网址的正则表达式为：^https?://\w+(?:\.[^\.]+)+(?:/.+)*$。

第5章　面向对象程序设计

面向对象编程是最有效的编程方法之一。在面向对象编程中，编写表示现实世界中的事务和情景的类，并基于这些类来创建对象。面向对象的程序设计具有 3 个基本特征，即封装、继承和多态，封装的本质是通过定义类并且给类的属性和方法加访问权限，控制程序中属性的读和修改的访问级别。继承是从已存在的类中定义新的类，实现代码复用。多态是同一事物的多种不同形态，即子类继承父类的方法时，子类可以对父类的方法进行重写，从而使同一方法实现不同的功能。这三个基本特征可以大大增加程序的可靠性、代码的可重用性和程序的可维护性，提高程序的开发效率。

5.1　类与对象

类（class）是 Python 语言的核心，Python 3 的一切类型都是类，包括内置的 int 和 str 等。类是一种数据结构，类定义数据类型的数据（属性）和行为（方法）。对象是类的具体实体，也称为类的实例（instance）。在 Python 语言中，类称为类对象（class object），类的实例称为实例对象（instance object）。类与对象的关系类似于建筑设计图与具体的建筑物。建筑设计图（类）描述了该建筑设计图所应该具有的属性和功能，而建筑设计图的实例，即相应具体的建筑（对象）则是根据建筑设计图建造出来的建筑物（类的实例），它们都具备建筑设计图所描述的属性和功能。

5.1.1　类的定义

类使用关键字 class 声明。类的声明格式如下：

```
class 类名:
    类体
```

其中，类名为有效的标识符，命名规则一般为多个单词组成的名称，每个单词除第一个字母大写外，其余字母均小写。类体由缩进的语句块组成。

定义在类体中的元素都是类的成员。类的成员包括两种类型：描述状态的数据成员（属性）和描述操作的函数成员（方法）。

【例 5-1】编写程序，定义类 Person（人），要求包含 3 个数据成员：姓名、年龄和性别，1 个函数成员：问候。

参考程序如下：

```
class Person:                          # 定义一个类
    def __init__(self,name,age,sex):   # 类的构造函数,初始化属性 name、age 和 sex
        self.name = name
        self.age = age
        self.sex = sex
    def say_hi(self):                  # 定义类的函数成员,即行为
        print(self.name+' say hello! ')
    # 以下为测试参考代码:
```

```
p1 = Person('张三','23','男')
print(p1. name,p1. age,p1. sex)
p1. say_hi( )
```

程序运行结果如下:

```
张三 23 男
张三 say hello!
```

5.1.2 对象的创建与使用

类是抽象的,要想使用类定义的功能就必须实例化,即创建类的对象。创建对象后可以使用"."运算符来调用其成员属性和方法。对象的创建和调用格式如下:

```
anObject = 类名(参数列表)
anObject. 成员属性或 anObject. 成员方法
```

例如,在【例 5-1】中,通过 p1 = Person('张三','23','男')创建一个对象 p1,在创建对象时通过调用类的构造方法__init__(self, name, age, sex)对属性 name、age、sex 进行初始化。然后,通过 p1. name、p1. age、p1. sex、p1. say_hi( )分别调用 p1 对象的成员属性和方法。

5.1.3 数据成员与成员方法

1. 数据成员

类的数据成员用来存储描述类特征的值,称为属性。属性可以被该类中定义的方法访问,也可以通过类或类的实例进行访问。而在方法体或代码段中定义的局部变量只能在其定义的范围内进行访问。类的属性分为实例属性和类属性。

(1) 实例属性

通过"self. 变量名"定义的属性称为实例属性,也称为实例变量。类的每个实例都包含该类实例变量的一个单独副本,实例变量属于某个特定的实例。实例变量在类的内部通过 self 访问,在外部通过对象访问。实例属性一般在__init__方法中通过如下形式进行初始化:

```
self. 实例变量名 = 初始值
```

然后,在类中的其他实例方法中通过 self 访问:

```
self. 实例变量名 = 值          # 写入
self. 实例变量名               # 读取
```

或者,通过创建的对象实例进行访问:

```
anObject. 实例变量名 = 值       # 写入
anObject. 实例变量名            # 读取
```

【例 5-2】编写程序,定义类 Person1 并定义成员变量。

参考程序如下:

```
class Person1:                        # 定义类 Person1
    def __init__(self,name,age):      # 类的构造方法 __init__
        self. name = name             # 初始化 self. name,即成员变量 name
        self. age = age               # 初始化 self. age,即成员变量 age
    def say_hi(self):                 # 定义类 Person1 的函数 say_hi
```

```
        print('您好,我叫',self. name)          # 在实例方法中读取成员变量 name 的值
p1 = Person1('张三',25)                         # 创建对象 p1
p1. say_hi( )                                    # 通过对象调用成员方法
print(p1. age)                                   # 通过 p1. age 读取成员变量 age 的值
```

运行结果如下：

```
您好,我叫 张三
25
```

（2）类属性

Python 也允许声明属于类本身的变量，即类属性，也称为类变量或静态属性。类属性属于整个类，是所有实例对象之间共享的一个副本。类属性一般在类体中通过如下形式进行初始化：

```
类变量名=初始值
```

然后，在其类定义的方法中或外部代码中通过类名访问。

```
类名 . 类变量名=值          # 写入
类名 . 类变量名            # 读取
```

【例 5-3】 编写程序，定义类 **Person2** 并定义类成员变量。

参考程序如下：

```
class Person2:
    count = 0                                # 定义类域 count,即类属性
    def __init__(self,name,age):            # 构造函数
        self. name = name
        self. age = age
        Person2. count+ = 1                 # 创建一个实例时计数加 1
    def say_hi(self):                        # 创建实例成员方法
        print('你好,我叫',self. name)
    def get_count():                         # 创建类方法
        print('总数为:',Person2. count)     # 通过类名调用类属性
# 以下为测试参考代码:
p21 = Person2('张三',25)                     # 创建对象
p21. say_hi( )                               # 通过对象名调用实例方法
Person2. get_count( )                        # 通过类名调用类方法
p22 = Person2('李四',30)
p22. say_hi( )
Person2. get_count( )
```

程序运行结果如下：

```
你好,我叫 张三
对象个数为: 1
你好,我叫 李四
对象个数为: 2
```

2. 实例方法、类方法与静态方法

（1）实例方法

一般情况下，类成员方法的第一参数为 self，这种方法称为实例方法。实例方法由类的某个实例对象进行操作。实例方法的声明格式如下：

```
def 方法名称(self,[形参列表]):
    方法体
```

实例方法通过实例对象调用，具体格式为：

```
对象名.方法名([实参列表])
```

如【例5-3】中的 p22. say_hi( )，是使用对象 p22 调用对象的方法 say_hi( )。

（2）类方法

Python 也允许声明属于类本身的方法，即类方法。类方法不对特定实例对象进行操作，在类方法中访问对象实例属性会导致错误。类方法通过装饰符@ classmethod 来定义，第一个形式参数必须是类对象本身，通常为 cls。类方法声明格式如下：

```
@ classmethod
def 类方法名(cls,[形参列表])
    方法体
```

类方法一般通过类名来访问，也可以通过实例对象来调用。其调用格式如下：

```
类名.类方法名(cls,[实参列表])
对象名.类方法名(cls,[实参列表])
```

需要注意的是，虽然类方法的第一个参数为 cls，但在调用时，用户不需要给该参数传值，Python 自动把类对象传递给该参数。在 Python 中，类本身也是对象，称为类对象。类对象与类的实例对象不同，实例对象是由类创建的。

（3）静态方法

Python 也允许声明与类的实例对象无关的方法，称为静态方法。静态方法不对特定实例进行操作，在静态方法中访问实例对象会导致错误。静态方法通过@ staticmethod 来定义，其声明格式如下：

```
@ staticmethod
def 静态方法名([形参列表]):
    方法体
```

静态方法一般通过类名来访问，也可以通过对象实例来调用。其格式如下：

```
类名.静态方法名([实参列表])
对象名.静态方法名([实参列表])
```

【例5-4】 编写程序，定义类 Person3，并定义实例方法、类方法和静态方法。

参考程序如下：

```
class Person3:
    classname='Person3'              # 定义类成员变量
    def __init__(self,name):          # 构造方法
        self. name=name
    def func1(self):                  # 定义实例对象方法
        print(self. name)
    @ classmethod
    def func2(cls):                   # 定义类方法
        print(cls. classname)         # 类对象调用类属性
    @ staticmethod
```

```
        def func3( ):                       # 定义类的静态方法
            print('static')
#以下为测试参考代码:
p=Person3('张三')                           # 创建实例化对象
p. func1( )                                 # 对象调用实例方法
Person3. func2( )                           # 类调用类方法
p. func2( )                                 # 对象调用类方法
Person3. func3( )                           # 类调用类的静态方法
p. func3( )                                 # 对象调用类的静态方法
p. classname='Person4'                      # p 修改类属性变量副本为 Person4
p1=Person3('李四')                          # 创建新对象 p1
p1. func1( )
print(p. classname,p1. classname)           # p 调用类属性变量,p1 调用类属性变量
```

程序运行结果如下:

```
张三
Person3
Person3
static
static
李四
Person4 Person3    # 注意 p. classname 的值变为 Person4,而 p1. classname 值保持不变
```

5.2　继承与重写

在编写类时,并非总是要从空白开始。如果要编写的类是另一个现成类的特殊版本,可以使用继承。一个类继承另一个类时,它将自动获得另一个类的所有属性和方法。原有的类称为父类(或基类),新类称为子类(或派生类)。子类继承了其父类的所有属性和方法,同时还可以定义自己的属性和方法。

5.2.1　继承

Python 支持多重继承,即一个派生类(子类)可以继承多个基类(父类)。派生类的声明格式如下:

```
class 派生类名(基类 1,[基类 2,…]):
    类体
```

其中,派生类名后为所有基类的名称元组。如果在定义类时没有指定基类,则默认其基类为 object。object 是所有对象的根基类,定义了公用方法的默认实现,如__new__( )。

在声明派生类时,必须在其构造方法中调用基类的构造方法,其调用格式为:

```
基类名 . __init__( self,参数列表)
```

【例 5-5】 编写程序,创建基类 Person,包含两个数据成员 name 和 age。创建派生类 Student,它包含了一个数据成员 stu_id。

参考程序如下:

```
class Person:                               # 定义父类(基类)
    def __init__( self,name,age):           # 构造方法
```

```
            self. name = name                    # 初始化父类成员变量:姓名
            self. age = age                       # 初始化父类成员变量:年龄
        def say_hi( self) :                       # 定义父类成员方法 say_hi( )
            print( '您好,我叫{0},{1}岁'. format( self. name,self. age) )
class Student( Person) :                          # 创建派生类(子类)
    def __init__( self,name,age,stu_id) :         # 子类构造方法
        Person. __init__( self,name,age)          # 子类构造方法必须调用基类(父类)构造方法
        self. stu_id = stu_id                     # 定义自己(派生类)的成员变量,并初始化
    def say_hi( self) :                           # 定义自己(派生类)的成员方法
        Person. say_hi( self)                     # 在自己的成员方法中调用父类的成员方法
        print( '我是学生,我的学号为:',self. stu_id)
#以下为测试参考代码:
p1 = Person( '张三',25)                           # 创建基类(父类)对象
p1. say_hi( )                                     # 基类对象调用基类的成员方法
s1 = Student( '李四'20, '20191115')               # 创建派生类(子类)对象
s1. say_hi( )                                     # 派生类对象调用派生类的成员方法
```

程序运行结果如下:

```
您好,我叫张三,25 岁
您好,我叫李四,20 岁
我是学生,我的学号为:20191115
```

5. 2. 2　重写

通过继承,派生类继承基类中除构造方法之外的所有成员。如果在派生类中重新定义从基类继承的方法,则派生类中定义的方法将覆盖从基类中继承的方法,即方法重写。

【例 5-6】编写程序,创建基类 Dimension,包含两个数据成员 x 和 y,以及成员方法 area( )。创建两个派生类 Circle 和 Rectangle,继承了基类的成员变量 x 和 y,重写了继承的方法 area( )。

参考程序如下:

```
class Dimension :                                 # 定义类 Dimension
    def __init__( self,x,y) :                     #构造方法
        self. x = x                               # 类的成员变量 x 坐标
        self. y = y                               # 类的成员变量 y 坐标
    def area( self) :          # 类的成员方法 area( ),方法体为 pass 语句,即空语句,什么也不做
        pass
class Circle( Dimension) :                         # 定义子类 Circle(圆)
    def __init__( self,r) :                        # 定义子类构造方法
        Dimension. __init__( self,r,0)             # 子类构造方法中调用父类构造方法
    def area( self) :                              # 子类重写(覆盖)父类的成员方法 area( )
        return 3. 14 * self. x * self. x
class Rectangle( Dimension) :                      # 定义子类 Rectangle(矩形)
    def __init__( self,w,h) :                      # 定义子类构造方法
        Dimension. __init__( self,w,h)             # 子类构造方法中调用父类构造方法
    def area( self) :                              # 子类重写(覆盖)父类的成员方法 area( )
        return self. x * self. y
#以下为测试参考代码:
d1 = Circle( 2. 0)                                 # 创建对象:圆
d2 = Rectangle( 2. 0,4. 0)                         # 创建对象:矩形
print( '圆的面积为{0},矩形的面积为{1}'. format( d1. area( ),d2. area( ) ) )
                                                   # 输出圆的面积和矩形的面积
```

程序运行结果如下:

圆的面积为 12.56,矩形的面积为 8.0

5.3 异常处理

Python 语言采用结构化的异常处理机制。在程序运行过程中,如果产生错误,则抛出异常;通过 try 语句来定义代码段,以运行可能抛出异常的代码;通过 except 语句可以捕获特定的异常并执行相应的处理;通过 finally 语句可以保证即使产生异常(处理失败)也可以在事后清理资源。异常处理机制已经成为许多现代程序设计语言处理错误的标准模式。

Python 程序中可能出现的错误一般分以下几种类型。

(1) 语法错误(编译错误)

Python 程序的语法错误是指其源代码中的拼写语法错误,这些错误导致 Python 编译器无法将 Python 源代码转换为字节码,故也称为编译错误。当程序包含语法错误时,Python 编译器会直接抛出异常。可根据输出的异常信息修改程序代码。

例如:

| if 1>2 | # 语法错误,SyntaxError:invalid syntax |

又如:

| Print('abc') | # 拼写错误,函数名没有定义,NameError:name 'Print' is not defined |

(2) 运行时错误

Python 程序的运行时错误是在解释执行过程中产生的错误。如打开不存在的文件、零除溢出等。对于运行时错误,Python 解释器也会抛出异常。

例如:

| f=open('y. txt') | # 打开不存在的文件,FileNotFoundError |

又如:

| 1/0 | # 零除错误,ZeroDivisionError:division by zero |

(3) 逻辑错误

Python 程序运行本身不报错,但结果不正确。对于逻辑错误,Python 解释器本身无能为力,需要用户根据结果来调试判断。如计算一元二次方程 $ax^2+bx+c=0$ 的两个根 $x_{1,2}=\dfrac{-b\pm\sqrt{b^2-4ac}}{2a}$。方程 $x^2+2x+1=0$ 的正确解为 $x_1=x_2=-1$。但因公式错误,有可能得到错误的解。

例如:

```
import math
a=1; b=2; c=1
x1=-b+math. sqrt(b*b-4*a*c)/2*a        # 公式错误,故输出的结果不正确
x2=-b-math. sqrt(b*b-4*a*c)/2*a        # 公式错误,故输出的结果不正确
print(x1,x2)                           # 输出-2.0   -2.0
```

正确的代码应为:x1=(-b+math. sqrt(b*b-4*a*c))/(2*a)及x2=(-b-math. sqrt(b*b-4*a*c))/(2*a)。

5.3.1 内置的异常类

在程序运行过程中，如果出现错误，Python 解释器会创建一个异常对象并抛出。此时，程序终止正常执行流程，转而执行异常处理流程。

在某种特殊条件下，代码中也可以创建一个异常对象，并通过 raise 语句抛出。

异常对象是异常类的对象实例。Python 异常类均派生于 BaseException，Python 内置的异常类的层次结构如图 5-1 所示。

【例 5-7】常见异常类示例。

1) NameError：尝试访问一个未声明的变量。

```
stu_name        # 报错，NameError：name 'stu_name' is not defined
```

2) SyntaxError：语法错误。

```
int x           # 报错,SyntaxError：invalid syntax
```

3) AttributeError：访问未知对象属性。

```
x. show( )      # 报错,AttributeError：'int' object has no attribute 'show'
```

4) TypeError：类型错误。

```
10+'xyz'        # 报错,TypeError：unsupported operand type( s) for +：'int' and 'str'
```

5) ValueError：数值错误。

```
int('abc')      # 报错,ValueError：invalid literal for int( ) with base 10：'abc'
```

6) ZeroDivisionError：零除错误。

```
5/0             # 报错,ZeroDivisionError：division by zero
```

7) IndexError：索引超出范围。

```
a=[5,6,7]
a[4]            # 报错,IndexError：list index out of range
```

8) KeyError：字典关键字不存在。

```
m={'1':'yes','2':'no'}
m['3']          # 报错,KeyError：'3'
```

5.3.2 异常的捕获与处理

1. Python 的异常捕获机制

当程序的某个方法抛出异常后，Python 虚拟机通过调用堆栈查找相应的异常捕获程序。如果找到匹配的异常捕获程序（即调用堆栈中某函数使用 try…except 语句捕获处理），则执行相应的处理程序（try…except 语句中匹配的 except 语句块）。如果堆栈中没有匹配的异常捕获程序，则 Python 虚拟机捕获处理异常。

2. Python 虚拟机捕获处理异常

如果堆栈中没有匹配的异常捕获程序，则该异常最后会传递给 Python 虚拟机，Python 虚拟机的通用异常处理程序在控制台输出异常的错误信息和调用堆栈，并终止程序的执行。

94

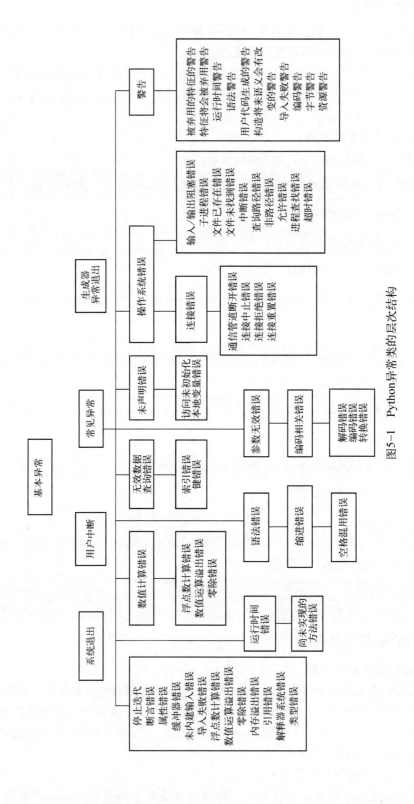

图5-1 Python异常类的层次结构

【例 5-8】 Python 虚拟机捕获处理异常示例。

参考程序如下：

```
i1 = 1
i2 = 0
print(i1/i2)
```

程序运行结果如下：

```
Traceback (most recent call last):
    File "E:/PracticalTraining/Python/test/pvmexcept.py", line 3, in <module>
    print(i1/i2)
ZeroDivisionError: division by zero
```

3. 使用 try…except …else…finally 语句捕获处理异常

Python 语言采用结构化的异常处理机制。在程序运行过程中，如果产生错误，则抛出异常。try 语句定义代码块，运行可能抛出异常的代码，except 语句捕获特定的异常并执行相应的处理，else 语句执行无异常时的处理，finally 语句保证即使产生异常（处理失败），也可以在事后清理资源。

try…except …else…finally 语句的一般格式如下：

```
try:
    可能产生异常的语句
except Exception1:                    # 捕获异常 Exception1
    发生异常时执行的语句
except(Exception2,Exception3):        # 捕获异常 Exception2 和 Exception3
    发生异常时执行的语句
except Exception4 as e:               # 捕获异常 Exception4,其实例为 e
    发生异常时执行的语句
except:                               # 捕获其他所有异常
    发生异常时执行的语句
else:                                 # 无异常
    无异常时执行的语句
finally:                              # 无论是否发生异常,保证执行
    无论发生异常与否,保证执行的语句
```

try 语句有以下 3 种可能的形式。

- try …except…[else…]语句：一个 try 块后接一个或多个 except 块，可选 else 块。
- try …finally 语句：一个 try 块后接一个 finally 块。
- try …except…[else…]finally 语句：一个 try 块后接一个或多个 except 块，可选 else 块，后面再跟一个 finally 块。

except 块可以捕获并处理特定的异常类型（此类型称为“异常筛选器”），具有不同异常筛选器的多个 except 块可以串联在一起。捕获异常的顺序是系统自动由上至下匹配引发的异常：如果匹配（引发的异常为“异常筛选器”对应的类型或子类型），则执行该 except 块中的异常处理代码；否则继续匹配下一个 except 块。故需要将带有最具体的（即派生程度最高的）异常类的 except 块放在最前面。

finally 块始终在执行完 try 和 except 块后执行，与是否引发异常或是否找到与异常类型匹配的 except 块无关。finally 块用于清理在 try 块中执行的操作，如释放其占有的资源（如文件流、数据库连接和图形句柄），而不用等待由运行库中的垃圾回收器来完成对象。

使用 try…except…else…finally 语句, 还可以重新引发异常, 即处理部分异常, 然后使用 raise 语句重新引发异常, 以调用堆栈中的其他异常处理程序捕获并处理。

【例 5-9】 使用 try…except…else…finally 语句处理异常示例。

参考程序如下:

```
try:
    f = open('testfile. txt', 'w')
    f. write('这是一个测试文件,用于测试异常')
    f1 = open('testfile1. txt', 'r')    # 如果 testfile1. txt 不存在,则报错:没有找到文件或读取文件失败
except IOError:                         # 捕获并处理异常
    print('没有找到文件或读取文件失败')
else:                                   # 如果没有异常,则输出"文件写入成功"
    print('文件写入成功')
finally:                                # 无论是否发生异常,及异常是否被捕获处理,最后都释放资源
    f. close()
```

程序运行结果如下:

```
没有找到文件或读取文件失败
```

【例 5-10】 异常类位置顺序示例。派生程度高的异常类 NumberError 放置在派生程度低的 Exception 类后面, 导致程序永远无法捕获。

参考程序如下:

```
a = (55,78,90,-80,88)
total = 0
try:
    for i in a:
        if i<0:raise ValueError(str(i) + '为负数')    # 如果为负数,抛出异常信息
        total += i
    print('合计 =',total)
except Exception:                       # 派生程度低的异常类在派生程度高的异常类的前面
    print('发生异常')
except ValueError:                      # 派生程度高的异常类无法被程序捕获
    print('数值不能为负数')
```

程序运行结果如下:

```
发生异常
```

在该程序中, Exception 是所有派生异常类的父类, 因为放在最前面, 故会首先捕获并处理, 输出 "输出异常" 的提示信息, 而后续的异常 ValueError 不能被捕获。正确的异常处理顺序是应将两者的顺序交换, 即将带有最具体的 (即派生程度最高的) 异常类 ValueError 块放在最前面, 将派生程度低的异常类 Exception 放后面。

5.3.3 自定义异常类

在 Python 库中提供了许多异常。在应用程序开发过程中, 有时需要定义特定于应用程序的异常类, 表示应用程序的一些错误类型。自定义的异常类一般继承于 Exception 或其子类。自定义异常类的命名规则一般以 Error 或 Exception 为后缀。

【例 5-11】 创建自定义异常, 处理应用程序中出现负数参数的异常 (例如, 学生成绩处

理类，不能容许成绩为负数）。

参考程序如下：

```
class NumberError(Exception):                    # 自定义异常类,继承于 Exception
    def __init__(self,data):
        Exception.__init__(self,data)            # 调用基类的构造方法
        self.data=data
    def __str__(self):                           # 重载__str__( )方法
        return self.data+':非法数值(<0)'
def total(data):
    total=0
    for i in data:
        if i<0:raiseNumberError(str(i))          # 如果成绩为负数,则抛出异常
        total+=i
    return total
#以下为测试参考代码:
data1=(44,78,90,80,55)
print('总计=',total(data1))
data2=(44,78,90,-80,55)                          # 成绩出现负数,所以抛出异常信息
print('总计=',total(data2))
```

程序运行结果如下：

```
总计= 347
Traceback (most recent call last):
  File "E:/PracticalTraining/Python/test/NumberError.py", line 17, in <module>
    print('总计=',total(data2))
  File "E:/PracticalTraining/Python/test/NumberError.py", line 10, in total
    if i<0:raiseNumberError(str(i))
NumberError: -80:非法数值(<0)
```

5.4 案例——超市销售管理系统

本案例设计实现一个简单的超市销售管理系统。

首先，从功能需求分析上，超市销售管理系统主要实现以下功能。

1）欢迎用户使用超市销售管理系统。提示用户登录，如果用户名为 admin，密码为 123456，则为管理员身份，否则为顾客身份。

2）如果用户是管理员身份，提示用户输入编号，选择对应功能。

- 输入编号"1"：显示商品信息。包括商品编号、商品名称和价格。
- 输入编号"2"：添加商品信息。输入编号、商品名称和价格。
- 输入编号"3"：删除商品信息。输入编号，删除对应的商品名称和价格。
- 输入编号"4"：退出系统功能。

3）如果用户是顾客身份，只有一个功能，即购买商品。系统会展示所有商品信息，用户循环输入商品编号和购买数量，输入 n 时购买结束，退出系统。并显示用户购买商品总价格。

其次，从逻辑上进行分析。增、删、查、买都是对商品的操作，商品信息包括编号、名称和价格，可以将信息封装到 Goods 类中。然后，增、删等操作应该属于管理系统的功能，所以将相关功能封装到 ShopManager 类中。在进入系统时，应该首先查看之前是否有存储信息，所以要读取文件到内存中。增、删操作都是通过编号作为索引，所以可以选择字典 dict 数据结构作为内存存储容器，然后增、删都是对于字典的操作。当系统退出时，再将数据更新写入到文

件中，避免恶意修改文件和恶意提交。

本案例涉及的知识点包括：编程语言变量、语句和函数；面向对象思想结合编程语言进行类的封装和方法调用；常见数据容器列表与字典的使用；程序中对文件的操作（将在第 6 章详细介绍）。本案例商品信息采用文本文件存储，在项目工程目录下创建 shop. txt 文件，其具体内容及格式如下：

```
10001│羽毛球│10
10002│运动鞋│350
10003│网球拍│280
10004│衬衫│149
10005│毛巾│50
10006│牙膏│20
```

功能实现代码：首先创建表达商品对象的 Goods 类；然后将对商品操作的函数方法放在 ShopManager 类中，功能包括管理员功能和普通用户的功能，在登录后进行分流选择；最后，在 main 语句中调用登录方法，自动选择相关功能。

参考程序如下：

```
class Goods(object):          # 定义商品类:商品编号、商品名、商品价格
    def __init__(self,id,name,price):
        self. id = id
        self. name = name
        self. price = price
    def __str__(self):
        info ='编号:%s\t 商品名称:%s\t\t 价格:%d'%(self. id,self. name,self. price)
        return info
class ShopManager(object):    # 定义超市管理类
    def __init__(self,path):  # path:表示读取文件的路径,shopdic:表示存放商品信息的字典
        self. path = path
        self. shopdic = self. readFileToDic()
    def readFileToDic(self):  # 读取文件,写入字典中
        f = open(self. path, 'r', encoding='utf-8')
        clist = f. readlines()
        f. close()
        index = 0
        shopdic = {}
        while index < len(clist):
            # 将每一行的字符串进行分割,存放到新的列表中
            ctlist = clist[index]. replace('\n', ''). split('|')
            # 将每行的内容存放到一个对象中
            good = Goods(ctlist[0],ctlist[1],int(ctlist[2]))
            # 将对象存放到集合中
            shopdic[good. id] = good
            index = index + 1
        returnshopdic
    def writeContentFile(self):    # 将内存中的信息写入文件中
        str1 = ''
        for key in self. shopdic. keys():
            good = self. shopdic[key]
            ele = good. id+' │ '+good. name+' │ '+str(good. price)+ '\n'
            str1 = str1 +ele
        f = open(self. path, 'w', encoding='utf-8')
```

98

```
        f. write(str1)
        f. close()
    def addGoods(self):    # 添加商品的方法
        id = input('请输入添加商品编号:> ')
        if self. shopdic. get(id):
            print('商品编号已存在,请重新选择! ')
            return
        name = input('请输入添加商品名称:> ')
        price = int(input('请输入添加商品价格:> '))
        good = Goods(id,name,price)
        self. shopdic[id] = good
        print('添加成功! ')
    def deleteGoods(self):    # 删除商品的方法
        id = input('请输入删除商品编号:> ')
        if self. shopdic. get(id):
            del self. shopdic[id]
            print('删除成功! ')
        else:
            print('商品编号不存在! ')
    def showGoods(self):    # 展示所有商品信息
        print('=' * 40)
        for key in self. shopdic. keys():
            good = self. shopdic[key]
            print(good)
        print('=' * 40)
    def adminWork(self):    # 管理工作
        info ='''
        ==========欢迎进入好利来购物商场==========
            输入功能编号,您可以选择以下功能:
            输入"1":显示商品的信息
            输入"2":添加商品的信息
            输入"3":删除商品的信息
            输入"4":退出系统功能
        ========================================
        '''
        print(info)
        while True:
            code = input('请输入功能编号:> ')
            if code =='1':
                self. showGoods()
            elif code == '2':
                self. addGoods()
            elif code == '3':
                self. deleteGoods()
            elif code == '4':
                print('感谢您的使用,正在退出系统!! ')
                self. writeContentFile()
                break
            else:
                print('输入编号有误,请重新输入!! ')
    def userWork(self):    # 用户购买商品
        print(' =============欢迎进入好利来购物商场=============')
        print('您可输入编号和购买数量选购商品,输入编号为 n 则结账')
```

```
        self.showGoods()
        total = 0
        while True:
            id = input('请输入购买商品编号:> ')
            if id == 'n':
                print('本次购买商品共消费%d 元,感谢您的光临! '%(total))
                break
            if self.shopdic.get(id):
                good = self.shopdic[id]
                num = int(input('请输入购买数量:> '))
                total = total+good.price * num
            else:
                print('输入商品编号有误,请核对后重新输入! ')
    def login(self): # 登录功能
        print('=========欢迎登录好利来购物商场=========')
        uname = input('请输入用户名:> ')
        password = input('请输入密码:> ')
        if uname == 'admin':
            if password == '123456':
                print('欢迎您,admin 管理员')
                self.adminWork()
            else:
                print('管理员密码错误,登录失败! ')
        else:
            print('欢迎你,%s 用户'%(uname))
            self.userWork()    # 执行用户的购买功能
# 测试代码
if __name__ == '__main__':
    shopManage = ShopManager('shop.txt')
    shopManage.login()
```

程序运行结果（管理员登录）如下：

```
=========欢迎登录好利来购物商场=========
请输入用户名:>admin
请输入密码:>123456
欢迎您,admin 管理员
        =========欢迎进入好利来购物商场=========
        输入功能编号,您可以选择以下功能:
        输入"1":显示商品的信息
        输入"2":添加商品的信息
        输入"3":删除商品的信息
        输入"4":退出系统功能
===============================================
请输入功能编号:>1
===============================================
编号:10001 商品名称:羽毛球        价格:10
编号:10002 商品名称:运动鞋        价格:350
编号:10003 商品名称:网球拍        价格:280
编号:10004 商品名称:衬衫          价格:149
编号:10005 商品名称:毛巾          价格:50
编号:10006 商品名称:牙膏          价格:20

===============================================
请输入功能编号:>
```

程序运行结果（普通用户登录）如下：

```
==========欢迎登录好利来购物商场==========
请输入用户名:>
请输入密码:>
欢迎你,用户
=============欢迎进入好利来购物商场=============
您可输入编号和购买数量选购商品,输入编号为 n 则结账
======================================
编号:10001 商品名称:羽毛球        价格:10
编号:10002 商品名称:运动鞋        价格:350
编号:10003 商品名称:网球拍        价格:280
编号:10004 商品名称:衬衫          价格:149
编号:10005 商品名称:毛巾          价格:50
编号:10006 商品名称:牙膏          价格:20
======================================
请输入购买商品编号:>10001
请输入购买数量:>5
请输入购买商品编号:>n
本次购买商品共消费 50 元,感谢您的光临!
```

5.5 本章小结

本章主要介绍了类和对象的基本概念、创建类和对象的方法、类的数据成员和成员方法的使用方法，重点介绍了类的继承和方法重写。本章还着重讲述了 Python 的异常处理机制，利用内置异常类和自定义异常类实现异常的捕获与处理。最后通过一个简单的超市商品管理系统案例介绍了类创建、对象创建、类的封装和方法调用等使用方法。

5.6 习题

1. 填空题

1）面向对象程序设计具有 3 个基本特征，即_____、_____和_____。

2）在 Python 中创建对象后可以使用_____运算符来调用其成员。

3）在 Python 中，实例变量在类的内部通过_____访问，在外部通过对象实例访问。

4）Python 语言采用结构化的异常处理机制，在程序运行过程中如果产生错误，则抛出异常；通过_____语句来定义代码块，以运行可能抛出异常的代码；通过_____语句可以捕获特定的异常并执行相应的处理；通过_____语句可以保证即使产生异常（处理失败）也可以在事后清理资源。

5）在某种特殊条件下，Python 代码中也可以创建一个异常对象，并通过_____语句抛出给系统运行时。

6）自定义异常类一般继承于_____或其子类。

7）下列 Python 语句的程序运行结果为_____。

```
class parent:
    def __init__(self,param):
        self.v1 = param
class child(parent):
    def __init__(self,param):
```

```
            parent. __init__(self,param)
            self. v2 = param
obj = child(100)
print("%d %d" %(obj. v1,obj. v2))
```

8）下列 Python 语句的程序运行结果为_____。

```
class Account：
    def __init__(self,id)：
        self. id = id；
        id = 888
acc = Account(100)
print(acc. id)
```

9）下列 Python 语句的程序运行结果为_____。

```
class account：
    def __init__(self,id,balance)：
        self. id = id；self. balance = balance
    def deposit(self,amount)：
        self. balance += amount
    def withdraw(self,amount)：
        self. balance -= amount
acc1 = account('123456',100)
acc1. deposit(500)
acc1. withdraw(200)
print(acc1. balance)
```

10）下列 Python 语句的程序运行结果为_____。

```
class A：
    def __init__(self,a,b,c)：
        self. x = a+b+c
a = A(6,2,3)
b = getattr(a,'x')
setattr(a,'x',b+1)
print(a. x)
```

2. 简答题

1）Python 程序的错误通常可以分哪 3 种类型？举例说明。

2）简述 Python 中 try…except…finally 各语句的用法和作用。

3）try 语句一般有哪几种可能的形式？

3. 编程题

1）定义一个学生类，类属性包括姓名（name）、年龄（age）和成绩（course）[语文、数学、英语]，每科成绩的类型为整数。在类方法中，使用 get_name 函数获取学生的姓名，返回 str 类型；使用 get_age 函数获取学生的年龄，返回 int 类型；使用 get_course 函数返回 3 门科目中的最高分数，返回 int 类型。写好类后，用 st = Student('zhangming',20,[69,88,100])测试，并输出结果。

2）编写程序，创建类 Temperature，其包含成员变量 degree（表示温度），以及两个实例方法：ToFahrenheit()将摄氏温度转换为华氏温度，ToCelsius()将华氏温度转换为摄氏温度。

第 6 章　NumPy 数据分析

Python 作为流行的编程语言非常灵活易用，但它本身并非为科学计算量身定做，在开发效率和执行效率上均不适合直接用于数据分析，尤其是大数据的分析和处理。NumPy 作为一个优秀的开源科学计算库弥补了 Python 的不足，在保留 Python 语言优势的同时大大增强了科学计算和数据处理的能力，已经成为 Python 科学计算生态系统的重要组成部分。NumPy 提供了丰富的数学函数、强大的多维数组对象，以及优异的运算性能。对于数值型数据，NumPy 数组在存储和处理数据时要比内置的 Python 的数据结构高效得多。此外，由一些高级语言（如 C 和 Fortran）编写的库可以直接操作 NumPy 数组中的数据，无须进行任何数据复制工作。更重要的是，NumPy 与其他众多 Python 科学计算库很好地结合在一起，共同构建了一个完整的科学计算生态系统。

6.1　安装 NumPy 库

NumPy 是一个主要用于处理 n 维数组对象的 Python 工具包，在使用 Python 进行科学计算时 NumPy 必不可少。同时，Python 的许多扩展模块都是基于 NumPy 开发的，对 NumPy 的深入了解将有助于高效地使用 SciPy 这样的工具库。

NumPy 函数库是 Python 开发环境的一个独立模块，Anaconda 默认集成了该函数库，但是 Python 发行版和 PyCharm 并未默认安装该库，因此在安装 Python 或 PyCharm 后，必须单独安装 NumPy 函数库。

1. Python 环境下的安装

1）下载 NumPy 安装程序。打开网址 https://pypi.org/project/numpy/，下载界面如图 6-1a 所示。找到自己所安装的 Python 版本所对应的 NumPy 版本。可根据需要选择下载 32 bit/64 bit 安装程序，如图 6-1b 所示。

a)　　　　　　　　　　　　　　　　b)

图 6-1　NumPy 安装程序下载

a）下载界面　b）版本列表

2）将下载的文件复制到 Python 安装目录下的 Scripts 目录，如图 6-2 所示。例如，当前安装目录为 C：\Users\Administrator\AppData\Local\Programs\Python\Python37\Scripts。

图 6-2　NumPy 文件位置

3）用 cmd 命令打开"命令提示符"窗口，通过 cd 命令切换到 Python 安装目录下的 Scripts 目录，如图 6-3 所示（如 C：\Users\Administrator\AppData\Local\Programs\Python\Python37\Scripts 目录下）。

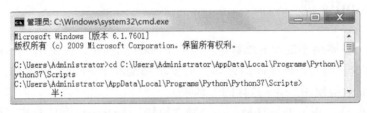

图 6-3　PythonScripts 地址目录

4）在命令提示符窗口输入 pip install --upgrade pip（用于更新 pip），如图 6-4 所示。输入 pip install wheel，安装 wheel 库，如图 6-5 所示。

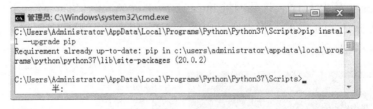

图 6-4　下载 pip

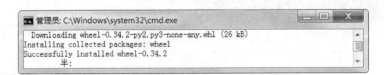

图 6-5　下载 wheel

5）安装 NumPy，输入命令 pip install numpy-1.17.4-cp37-cp37m-win_amd64.whl，如图 6-6 所示。

6）测试是否安装成功，在 Python 解释器中输入如下测试代码：

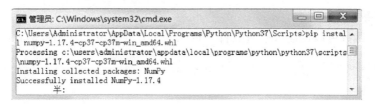

图 6-6　安装 NumPy

```
import numpy as np
print(np. random. rand(3. 3))
```

结果输出一个随机的 3×3 的矩阵，则说明 NumPy 安装成功，如图 6-7 所示。

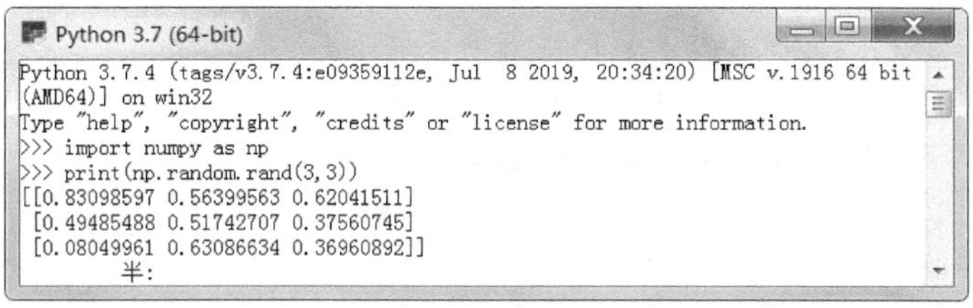

图 6-7　测试 NumPy

2. PyCharm 环境下的安装

1）单击 File 下的 Settings 选项。

2）单击 Python Interpreter 选项。

3）单击最右侧的加号按钮。

4）输入 numpy，选择搜索结果的第一个选项。

5）单击底部的 Install Package 按钮。

6）如底部出现 successfully 字样则表示安装成功。

6.2　数据的获取

在介绍 NumPy 的使用方法之前，首先讲解数据的获取和存储。数据可以存储成许多种格式和文件类型，某些格式存储的数据很容易被机器处理，而另一些格式存储的数据则很容易被人工读取。CSV、JSON 和 XML 文件则属于前者，而微软的 Word 文档属于后者。以易于机器理解的方式来存储数据的文件格式，通常被称作机器可读的文件格式。常见的机器可读形式包括以下几种。

- 逗号分隔值（Comma–Separated Value，CSV）。
- JavaScript 对象符号（JavaScript Object Notation，JSON）。
- 可扩展标记语言（eXtensible Markup Language，XML）。

在口语和书面语中，提到这些数据格式时通常使用各自的缩略语（如 CSV）。

6.2.1　使用 Python 读写文件

数据持久化最简单的类型是普通文件（有时也称为平面文件）。它仅仅是一个文件名下的字节流，把数据从一个文件读入内存，然后从内存写入文件。

1. open( ) 函数

使用 open( ) 函数可以创建或打开文件并返回一个文件对象，其函数格式如下：

```
fileobj = open(filename, mode)
```

详细说明如下。

1）fileobj：open( )返回的文件对象。

2）filename：该文件的字符串名。

3）mode：指明文件类型和操作的字符串。

mode 的第一个字母表明对其的操作，具体值如下。

● r：表示读模式。

● w：表示写模式。如果文件不存在则新创建，如果存在则重写新内容。

● x：表示在文件不存在的情况下新创建并写文件。

● a：表示如果文件存在，在文件末尾追加新内容。

mode 的第二个字母是文件类型，具体值如下。

● t：表示文本文件。

● b：表示二进制文件。

2. write( ) 函数

使用 write(str)函数可以将其参数 str 中的内容写入文件中。

【例 6-1】 创建名为"relativity"的新文件，并将一首诗写入该文件。

参考程序如下：

```
poem = '''There was a young lady named Bright,
... Whose speed was far faster than light;
... She started one day
... In a relative way,
... And returned on the previous night.'''
fout = open('relativity', 'wt')
fout. write(poem)
fout. close()
```

3. read( )和 readline( ) 函数

使用不带参数的 read( )函数可以一次读入文件的所有内容。

例如：

```
fin = open('relativity', 'rt')
poem = fin. read()
fin. close()
len(poem)
```

运行结果如下：

```
150
```

也可以使用 readline( )每次读入文件的一行，通过追加每一行拼接成原来的字符串。

例如：

```
poem = ''
fin = open('relativity', 'rt')
```

```
while True:
    line = fin.readline()
    if not line:
        break
    poem += line
fin.close()
len(poem)
```

运行结果如下：

```
150
```

对于一个文本文件，即使是空行，也有 1 个字符的长度（换行字符'\n'）。当文件读取结束后，readline()与 read()都会返回空字符串。

4. close() 函数

close()方法负责关闭文件，如果忘记关闭文件，会造成系统资源消耗，而且会影响到后续对文件的访问。

6.2.2 使用 NumPy 读写文件

本节主要介绍的机器可读文件格式为 CSV。CSV（逗号分隔值）文件格式是一种非常简单的数据存储与分享方式，文件的扩展名是 .csv。CSV 文件将数据表格存储为纯文本，表格（或电子表格）中的每一个单元格都是一个数值或字符串，单元格之间常以逗号分隔。与 Excel 文件相比，CSV 文件的一个主要优点是它的纯文本格式可以被大多数程序存储、转存和处理。使用 CSV 格式时需要注意以下几点。

- 除了逗号，还有其他可代替的分隔符，例如，"|"和"\t"。
- 有些数据会出现转义字符，如果某个值内部包含了分隔符，则该值需加上引号或在分隔符之前加上转义字符。
- 文件可能有不同的换行符，UNIX 系统使用"\n"，Windows 系统使用"\r\n"，macOS 系统之前使用"\r"，现在使用"\n"。
- 在第一行可以加上列名。

本章的 CSV 实例采用了鸢尾花数据集。为了让数据更容易阅读，下面给出一个数据样本，其中只包含经过挑选的特定字段。在文本编辑器中打开 CSV 文件，看到的数据应该与下列数据相似。

```
sepal_len,sepal_width,petal_len,petal_width,Species
5.1,3.5,1.4,0.2,Iris-setosa
4.9,3,1.4,0.2,Iris-setosa
4.7,3.2,1.3,0.2,Iris-setosa
4.6,3.1,1.5,0.2,Iris-setosa
5,3.6,1.4,0.2,Iris-setosa
5.4,3.9,1.7,0.4,Iris-setosa
```

预览 CSV 文件的另一种方法是用电子表格程序打开文件，例如，Excel 或 WPS，这些程序将每一个数据条目显示为单独的一行。

使用 numpy.loadtxt()函数可以方便地读写数据文件，但要求数据文件的每一行格式相同。通过 loadtxt()方法来读取 CSV 文件的具体语法格式为：

```
numpy. loadtxt(fname, dtype =, comments = '#', delimiter = None, converters = None, skiprows = 0, usecols = None, unpack = False)
```

其中各参数详细说明如下。

- fname：被读取的文件（文件的相对地址或绝对地址）。
- dtype：指定读取后数据的数据类型，为可选参数。
- comments：设置需跳过行的标识。如设置为"#"，则"#"开头的行会被跳过。
- delimiter：设置分隔符，默认值为任何空白字符，如空格或制表符。
- converters：是否对读取的数据进行预处理，可以指定一个预处理函数。
- skiprows：选择跳过的行数。
- usecols：指定需要读取的列。
- unpack：是否将数据进行向量输出。

【例 6-2】 读取鸢尾花数据集 CSV 文件。

参考程序如下：

```
import numpy as np
csv_array = np. loadtxt('/Users/Downloads/iris. csv', dtype = str, delimiter = ',')
print(csv_array)
```

程序运行结果如下：

```
[['5. 1', '3. 5', '1. 4', '0. 2']
 ['4. 9', '3', '1. 4', '0. 2']
 ['4. 7', '3. 2', '1. 3', '0. 2']
 ['4. 6', '3. 1', '1. 5', '0. 2']
 ['5', '3. 6', '1. 4', '0. 2']
 ['5. 4', '3. 9', '1. 7', '0. 4']]
```

📖 此处只截取了部分结果数据。

写入文本文件后可以使用 numpy. savetxt() 函数保存，具体的语法格式为：

```
numpy. savetxt(fname, X)
```

其中各参数详细说明如下。

- fname：文件名。
- X：被写入文件的 ndarray 数据，数据类型为 ndarray 对象（该对象会在 6. 3 节进行介绍）。

【例 6-3】 将例 6-2 中读取的结果写入一个新的文本文件并查看。

参考程序如下：

```
np. savetxt('data_output. txt', csv_array, fmt = '%s')
a = np. loadtxt('data_output. txt')
a
```

程序运行结果如下：

```
array([[5. 1, 3. 5, 1. 4, 0. 2],
       [4. 9, 3. , 1. 4, 0. 2],
```

```
        [4.7, 3.2, 1.3, 0.2],
        [4.6, 3.1, 1.5, 0.2],
        [5. , 3.6, 1.4, 0.2],
        [5.4, 3.9, 1.7, 0.4]])
```

6.3 数组创建与使用

NumPy 最重要的一个特点就是提供 n 维数组对象（即 ndarray，下文简称数组），该对象是一个快速灵活的数据容器。NumPy 中数组的存储效率和输入性能均优于 Python 中等价的基本数据结构（如嵌套的列表）。其能够提升的性能与数组中元素的数量成正比，对于大型数组的运算，NumPy 具有很大的优势。

6.3.1 数组创建和基本属性

使用 arange() 函数可以创建一个数组，在给定间隔内返回均匀间隔的值。值在半开区间内生成，即包括起始值，但不包括结束值。其完整函数如下：

numpy. arange(start, stop, step, dtype = None)

其中各参数详细说明如下。
- start：为起始值，数据类型为数值型，可选，默认起始值为 0。
- stop：为结束值，数据类型为数值型，必须指定。
- step：步长，数据类型为数值型，可选，默认步长为 1。如果指定了 step，则必须给出 start 值。
- dtype：输出数组的数据类型。如果未给出 dtype，则从其他输入参数推断数据类型。

arange() 函数生成的数组为一维数组，可以使用 reshape() 函数改变其维度，使之成为一个 n 维数组。reshape() 函数的作用是改变数组的维度，其参数为一个正整数元组，分别指定数组在每个维度上的大小。

例如：

```
import numpy as np
arr1 = np.arange(12).reshape(3, 4)
print(arr1)
```

程序运行结果如下：

```
array([[ 0, 1, 2, 3],
       [ 4, 5, 6, 7],
       [8, 9, 10, 11]])
```

如需自定义数组的值，可以使用 array() 函数。

例如：

```
import numpy as np
arr2 = np.array([2,3,4])
arr3 = np.array([[1.0,2.0],[3.0,4.0]])
```

还可以通过 ones()、zeros() 和 empty() 函数创建全 1、全 0 和全空值数组。

例如：

```
arr4 = np. ones(3)
arr5 = np. zeros([3,4])
print(arr4)
print(arr5)
```

程序运行结果如下：

```
array([ 1, 1, 1])
array([[ 0, 0, 0, 0],
       [ 0, 0, 0, 0],
       [ 0, 0, 0, 0]])
```

在创建好数组后，可以通过数组的属性查看数组的各项信息。

1）ndarray. dtype：数组中的元素类型。例如，数组 A 的数据类型为 int64，如果使用了 32 位的 Python，得到的结果可能为 int32。

【例 6-4】 创建一个二维数组，查看其 dtype 属性。

参考程序如下：

```
import numpy as np
arr1 = np. arange(15). reshape(3, 5)
print(arr1)
print(arr1. dtype. name)
```

程序运行结果如下：

```
array([[ 0, 1, 2, 3, 4],
       [ 5, 6, 7, 8, 9],
       [10, 11, 12, 13, 14]])
'int64'
```

2）ndarray. shape：数组的维度，为一个整数元组，表示每个维度中数组的大小。对于有 n 行和 m 列的矩阵，shape 将是（n,m）。因此，shape 元组的长度就是维度的个数。

例如：

```
print(arr1. shape)
```

运行结果如下：

```
(3, 5)
```

3）ndarray. ndim：数组的轴（维度）个数。

例如：

```
print(arr1. ndim)
```

运行结果如下：

```
2
```

4）ndarray. size：数组元素的总数，相当于 shape 中元素值的乘积。

例如：

```
print(arr1. size)
```

运行结果如下:

```
15
```

5) ndarray. itemsize:数组中每个元素的字节大小。元素为 float64 类型的数组的 itemsize 为 8(= 64/8),而 complex32 类型的数组的 itemsize 为 4(= 32/8),它等于 ndarray. dtype. itemsize。例如:

```
print(arr1. itemsize)
```

运行结果如下:

```
8
```

6) ndarray. nbytes:数组所占的空间,为 itemsize 和 size 的乘积。例如:

```
print(arr1. nbytes)
```

运行结果如下:

```
120
```

6.3.2 数组选取

一维数组元素的选取与 Python 列表的切片操作很相似。但与列表不同的是,选取的数据组成的新数组与原数组共享一个内存空间,即更改新数组中某个元素的值,原数组也会产生相应的变化。下面列举几种常见的选取方式。

1. 一维数组元素的选取

单一元素的选取与列表、元组的选取方式相同,均采用下标的方式。例如:

```
import numpy as np
arr2 = np. arange(10)
print(arr2)
print(arr2[0])
```

程序运行结果如下:

```
array([0, 1, 2, 3, 4, 5, 6, 7, 8, 9])
0
```

使用负数下标可以反向选择数组中的元素。例如:

```
print(arr2[-1])
```

程序运行结果如下:

```
9
```

使用切片作为下标可以选取数组中的一部分。

例如：

数组名称[start:end:step]

其中：

- start：开始索引。如省略开始索引，则开始索引值为0。
- end：结束索引。如省略结束索引，则结束索引值为数组对应元素最大索引值。
- step：步长。如省略步长，则步长值为1。

例如：

```
# 选取索引为0(包含0)到索引为2(不包含2)的元素且步长为1(即第1个和第2个元素)
print(arr2[0:2:1])
# 选取索引为0(包含0)到索引为10(不包含10)的元素且步长为2(即第1、3、5、7、9个元素)
print(arr2[0:10:2])
# 从索引为1的元素且步长为2选取元素
print(arr2[1::2])
# 从索引为1的元素开始选取元素
print(arr2[1:])
# 选取索引为0~2之间的元素
print(arr2[:2:1])
# 以步长为2选择数组中的元素
print(arr2[::2])
# 使用负数步长来翻转数组
print(arr2[::-1])
```

程序运行结果如下：

```
[0 1]
[0 2 4 6 8]
[1 3 5 7 9]
[1 2 3 4 5 6 7 8 9]
[0 1]
[0 2 4 6 8]
[9 8 7 6 5 4 3 2 1 0]
```

2. 多维数组的选取

多维数组的选取仍然基于上述方法。但在复杂的选取中，则需要将上述方法配合使用。例如，创建一个三维数组，包含0~23的整数共24个元素，尺寸为2×3×4，选择其第1层第1行第1列的元素。

```
import numpy as np
arr3 = np.arange(24).reshape(2,3,4)
print(arr3)
print(arr3[0,0,0])
```

程序运行结果如下：

```
array([[[ 0,  1,  2,  3],
        [ 4,  5,  6,  7],
        [ 8,  9, 10, 11]],
       [[12, 13, 14, 15],
        [16, 17, 18, 19],
```

```
        [20, 21, 22, 23]]])
0
```

选取全部行或列的元素，可以将行或列的下标用冒号"："代替，或省略该维度。若需要选取所有层的某列，即不指定层号和行号，可以使用 3 个点表示。

例如：

```
print(arr3[0, :, :])
print(arr3[0])
print(arr3[0,1])
print(arr3[:,1])              # 选取所有层的第 2 行,而不指定层号和列号
print(arr3[0,:,-1])          # 选取第 1 层的最后 1 列
print(arr3[...,1])           # 选取所有层的第 2 列
```

程序运行结果如下：

```
array([[ 0,  1,  2,  3],
       [ 4,  5,  6,  7],
       [ 8,  9, 10, 11]])
array([[ 0,  1,  2,  3],
       [ 4,  5,  6,  7],
       [ 8,  9, 10, 11]])
array([4, 5, 6, 7])
array([[ 4,  5,  6,  7],
       [16, 17, 18, 19]])
array([ 3,  7, 11])
array([[ 1,  5,  9],
       [13, 17, 21]])
```

若需要间隔地选取元素，则可以使用步长。如果在多维数组中执行反向选取一维数组的指令，则将在最前面的维度上翻转元素的顺序。

例如：

```
print(arr3[0,1,::2])
print(arr3[0,::2,::2])
print(arr3[0,::-1,-1])        # 反向选取第 1 层的最后 1 列
print(arr3[::-1])             # 反向选取第 1 层
```

程序运行结果如下：

```
array([4, 6])
array([[0, 2]
       [8, 10]])
array([11,  7,  3])
array([[[12, 13, 14, 15],
        [16, 17, 18, 19],
        [20, 21, 22, 23]],
       [[ 0,  1,  2,  3],
        [ 4,  5,  6,  7],
        [ 8,  9, 10, 11]]])
```

3. 布尔型索引

NumPy 的数组支持布尔型的索引，即可以使用一个返回布尔值的表达式作为数组的索引

内容。例如，有一个用于存储数据的数组及一个布尔值数组，如下所示：

```
select = np. array([True, False, False, True, False, False, False])
data = np. array([[-0.59108215,  0.47462331,  1.48256429,  0.63585932],
                  [-1.22165659,  1.52967449, -0.47629308,  1.14733078],
                  [ 0.55412323,  1.26535837,  0.5726996, -0.07392482],
                  [-0.85580039,  1.36760135, -0.88839855, -0.03639106],
                  [ 1.21625468,  0.99873733,  0.73710729,  0.21114635],
                  [ 0.95096753, -2.17702156,  0.47864476, -0.18437025],
                  [ 1.72211463, -0.75815045,  0.42090403,  0.31997413]])
```

可以使用布尔值数组作为数据数组的索引，但需要注意两个数组维度要相符。

```
print(data[select])
```

程序运行结果如下：

```
array([[-0.59108215,  0.47462331,  1.48256429,  0.63585932],
       [-0.85580039,  1.36760135, -0.88839855, -0.03639106]])
```

还可以继续在布尔值索引的基础上进行列索引。例如：

```
print(data[select,2:])
print(data[select,3])
```

程序运行结果如下：

```
array([[ 1.48256429,  0.63585932],
       [-0.88839855, -0.03639106]])
array([ 0.63585932, -0.03639106])
```

4. 花式索引

在布尔值索引的基础上，NumPy 数组还提供了花式索引的方式，即将数组作为索引以指定的顺序提取指定行和列的元素。

【例 6-5】创建数组实现花式索引。

参考程序如下：

```
arr4 = np. arange(1,29). reshape(7,4)
print(arr4)
# 按照指定的顺序返回指定的行
print(arr4[[4,1,3,5]])
# 返回指定的行与列
print(arr4[[4,1,5]][:,[0,2,3]])
# 返回指定位置的元素
print(arr4[[4,1,5],[0,2,3]])
```

运行结果如下：

```
array([[ 1,  2,  3,  4],
       [ 5,  6,  7,  8],
       [ 9, 10, 11, 12],
       [13, 14, 15, 16],
       [17, 18, 19, 20],
```

```
      [21, 22, 23, 24],
      [25, 26, 27, 28]])
array([[17, 18, 19, 20],
      [ 5,  6,  7,  8],
      [13, 14, 15, 16],
      [21, 22, 23, 24]])
array([[17, 19, 20],
      [ 5,  7,  8],
      [21, 23, 24]])
array([17, 7, 24])
```

6.3.3 数组操作

1. 替换操作

1) np.where(conditions,x,y): 查找矩阵中满足一定条件的元素, 然后全部替换为设定的值。如果 conditions 成立, 则数组中的元素变为 x 值, 否则数组中的元素变为 y 值, 但是替换过程不会更改原始数组。

例如:

```
# 一维数组
import numpy as np
arr5 = np.array([2,6,2,9])
# 将大于 2 的数组元素替换为 1,小于或等于 2 的元素替换为 0
arr6 = np.where(arr5>2,1,0)
print(arr6)
print(arr5)
# 二维数组(矩阵)
arr7 = np.arange(9).reshape(3,3)
print(arr7)
# 将大于 3 的数组元素替换为 1,小于 3 的数组元素替换为 0
arr8 = np.where(arr7>3,1,0)
print(arr8)
```

程序运行结果如下:

```
array([0, 1, 0, 1])
array([2, 6, 2, 9])
array([[0, 1, 2],
      [3, 4, 5],
      [6, 7, 8]])
array([[0, 0, 0],
      [0, 1, 1],
      [1, 1, 1]])
```

2) np.astype(): 和 np.where() 函数的使用方法类似, 但是效率更高。

例如:

```
print(arr5>2)
print((arr5>2).astype(int))
print((arr7>2).astype(int))
```

程序运行结果如下:

```
array([False, True, False, True])
array([0, 1, 0, 1])
array([[0, 0, 0],
    [1, 1, 1],
    [1, 1, 1]])
```

2. 排序

1）通过 sort( ) 函数对数组进行排序，具体语法格式为：

```
np. sort(a, axis=-1, kind='quicksort', order=None)
```

其中各参数详细说明如下。

- a：所需排序的数组。
- axis：可选参数，取值整数或 None。若 axis 为 None，数组先扁平化（降维）再排序；若 axis=n，表示沿着数组的轴 n 排序。默认 axis 为-1，表示沿数组的最后一条轴排序。
- kind：排序算法，取值为 quicksort、mergesort 和 heapsort 分别表示快速排序、合并排序和堆排序。默认取值为 quicksort。
- order：在结构化数组中，可以指定按某个字段排序。

例如：

```
import numpy as np
arr1 = np. array([[3,2],[1,6],[2,1],[0,9],[4,8],[5,7]])
arr2 = np. sort(arr1,axis=None)
arr3 = np. sort(arr1,axis=-1)      # 对每行内的元素排序
arr4 = np. sort(arr1,axis=0)       # 对每列内的元素排序
arr5 = np. sort(arr1,axis=1)       # 对每行内的元素排序
print(arr2)
print(arr3)
print(arr4)
print(arr5)
```

程序运行结果如下：

```
array([0, 1, 1, 2, 2, 3, 4, 5, 6, 7, 8, 9])
array([[2, 3],[1, 6],[1, 2],[0, 9],[4, 8],[5, 7]])
array([[0, 1],[1, 2],[2, 6],[3, 7],[4, 8],[5, 9]])
array([[2, 3],[1, 6],[1, 2],[0, 9],[4, 8],[5, 7]])
```

2）通过 argsort( ) 函数对数组进行间接排序，返回数组排序后元素对应的位置整数组成的索引数组（又称索引器）。具体语法格式为：

```
np. argsort(a, axis=-1, kind='quicksort', order=None)
```

例如：

```
arr1 = np. array([4,2,5,7,3])
arr2 = np. argsort(arr1)
# 数组 arr2 中的元素表示的是数组 arr1 中元素的索引,5 个元素的索引分别为 0~4
# arr2[0]=1 表示原数组 arr1 的最小元素的索引为 1
# arr2[1]=4 表示原数组 arr1 的第 2 小元素的索引为 4
print(arr2)
arr3=np. array([[3,2],[5,7]])
```

```
print(np. argsort(arr3, axis=1))
print(np. argsort(arr3, axis=0))
# axis=1,表明按照行进行排序,即是对[3,2]进行排序,所以得到索引为[1,0]
# axis=0,表明按照列进行排序,即是对[3,5]进行排序,所以得到索引为[0,1]
```

运行结果如下:

```
array([1, 4, 0, 2, 3], dtype=int64)
array([[1, 0],[0, 1]], dtype=int64)
array([[0, 0],[1, 1]], dtype=int64)
```

3. 重塑

1) 通过 reshape( ) 函数改变数组的形状,具体语法格式为:

```
reshape(a, newshape, order ='C')
```

其中各参数详细说明如下。

- a:要改变的数组。
- newshape:要转换成何种形式的新数组。
- order:表示按照该索引的顺序重新排列数组,默认参数是 C,即按行填充,当参数为 F 时,按列填充。

【例 6-6】创建数组,使用函数 reshape(a, newshape, order ='C') 进行数组重塑。

参考程序如下:

```
arr4=np. arange(8)
print(arr4)
print(np. reshape(arr4,(2,4),order='C'))
print(np. reshape(arr4,(2,4),order='F'))
```

程序运行结果如下:

```
array([0, 1, 2, 3, 4, 5, 6, 7])
array([[0, 1, 2, 3],
    [4, 5, 6, 7]])
array([[0, 2, 4, 6],
    [1, 3, 5, 7]])
```

2) resize( )方法与 reshape( )类似,都可以改变数组的形状,但是 resize( )方法没有 order 参数,默认按照行的顺序填充。如果目标形状中元素数量与原数组不同,resize( )会强制进行转换。如果目标形状行数超出,则会开始重复填充原数组的内容,实现形状大小的自动调整而不会报错。

【例 6-7】使用 resize( )进行数组重塑。

参考程序如下:

```
arr5=np. resize(arr4,(2,4))
print(arr5)
arr6=np. resize(arr4,(3,4))
print(arr6)
```

程序行结果如下:

```
array([[0, 1, 2, 3],
       [4, 5, 6, 7]])
array([[0, 1, 2, 3],
       [4, 5, 6, 7],
       [0, 1, 2, 3]])
```

3）通过 ravel 的方法将数组拉直，即将多维数组降为 1 维数组。
例如：

```
print(arr6. ravel())
```

运行结果如下：

```
array([0, 1, 2, 3, 4, 5, 6, 7, 0, 1, 2, 3])
```

4）通过 flatten 的方法将数组拉直。
例如：

```
print(arr6. flatten())
```

运行结果如下：

```
array([0, 1, 2, 3, 4, 5, 6, 7, 0, 1, 2, 3])
```

两者的区别在于 ravel 方法生成的是原数组的视图，不占内存空间，但视图的改变会影响到原数组。而 flatten 方法生成的是副本，其值的改变并不会影响原数组。

4. 转置

transpose()函数和 T 属性的效果一样，均可以获得一个数组的转置矩阵。

【例 6-8】 分别使用 transpose()函数和 T 属性对数组进行转置。

参考程序如下：

```
import numpy as np
arr7 = np. arange(15). reshape(3, 5)
print(arr7)
# 使用 transpose()函数进行转置
print(arr7. transpose())
# 使用 T 属性进行数组转置
print(arr7. T)
```

运行结果如下：

```
array([[ 0,  1,  2,  3,  4],
       [ 5,  6,  7,  8,  9],
       [10, 11, 12, 13, 14]])
array([[ 0,  5, 10],
       [ 1,  6, 11],
       [ 2,  7, 12],
       [ 3,  8, 13],
       [ 4,  9, 14]])
array([[ 0,  5,  10],
       [ 1,  6,  11],
       [ 2,  7,  12],
```

```
[ 3,  8,  13],
[ 4,  9,  14]])
```

5. 合并

1）使用 np. concatenate( )函数能够一次完成多个数组的拼接，具体语法格式为：

```
np. concatenate((a1,a2,…),axis=0)
```

其中：a1,a2,…是数组类型的参数。

【例 6-9】 一维数组的拼接。

参考程序如下：

```
arr8 = np. array([1,2,5])
arr9 = np. array([10,12,15])
arr10 = np. array([20,22,25])
print(np. concatenate((arr8,arr9,arr10),axis=0))
# axis=0 为默认参数值,可省略不写,对于一维数组的拼接,axis 的值不影响最后的结果。
```

程序运行结果如下：

```
array([ 1, 2, 5, 10, 12, 15, 20, 22, 25])
```

【例 6-10】 多维数组的拼接。

参考程序如下：

```
arr11 = np. array([[1,2,3],[4,5,6]])
arr12 = np. array([[11,21,31],[7,8,9]])
print(np. concatenate((arr11,arr12),axis=0))
print(np. concatenate((arr11,arr12),axis=1))
# axis=1 表示对应行的数组进行拼接
```

程序运行结果如下：

```
array([[ 1, 2, 3],
       [ 4, 5, 6],
       [11, 21, 31],
       [ 7, 8, 9]])
array([[ 1, 2, 3, 11, 21, 31],
       [ 4, 5, 6, 7, 8, 9]])
```

2）使用 np. hstack( )函数实现水平方向上的组合，与 np. concatenate((a,b),axis=1)方法类似，但必须满足两个数组的行数相同。

【例 6-11】 分别使用 **np. hstack( )** 和 **np. concatenate((a,b),axis=1)** 函数在水平方向上进行数组合并。

参考程序如下：

```
arr13 = np. arange(9). reshape(3, 3)
print(arr13)
arr14 = arr13 * 2
print(arr14)
print(np. hstack((arr13,arr14)))
print(np. concatenate((arr13,arr14),axis=1))
```

运行结果如下：

```
array([[0, 1, 2],
       [3, 4, 5],
       [6, 7, 8]])
array([[ 0,  2,  4],
       [ 6,  8, 10],
       [12, 14, 16]])
array([[ 0,  1,  2,  0,  2,  4],
       [ 3,  4,  5,  6,  8, 10],
       [ 6,  7,  8, 12, 14, 16]])
array([[ 0,  1,  2,  0,  2,  4],
       [ 3,  4,  5,  6,  8, 10],
       [ 6,  7,  8, 12, 14, 16]])
```

3）使用 np. vstack( ) 函数实现垂直方向上的组合，与 np. concatenate((a,b) ,axis = 0) 方法相类似，但必须满足两个数组的列数相同。

【例 6-12】 分别使用 np. vstack( ) 和 np. concatenate((a,b) ,axis = 1) 函数在垂直方向上进行数组合并。

参考程序如下：

```
print( np. vstack( ( arr13,arr14) ) )
print( np. concatenate( ( arr13,arr14) ,axis = 0) )
```

运行结果如下：

```
array([[ 0,  1,  2],
       [ 3,  4,  5],
       [ 6,  7,  8],
       [ 0,  2,  4],
       [ 6,  8, 10],
       [12, 14, 16]])
array([[ 0,  1,  2],
       [ 3,  4,  5],
       [ 6,  7,  8],
       [ 0,  2,  4],
       [ 6,  8, 10],
       [12, 14, 16]])
```

6.4 数据运算

本节介绍通用函数（Universal Functions，ufuncs）的相关内容。通用函数可以逐个处理数组中的元素，也可以直接处理标量。通用函数的输入是一组标量，输出也是一组标量，它们通常可以对应基本数学运算，如加法、减法、乘法和除法等。此外，本节还介绍比较函数和汇总函数。

6.4.1 算术运算

NumPy 的基本算术运算符 +、- 和 * 隐式关联着通用函数 add、subtract 和 multiply，即对 NumPy 数组使用这些运算符时，对应的通用函数将自动被调用。除法包含的过程则较为复杂，在数组的除法运算中涉及 3 个通用函数 divide、true_divide 和 floor_division，以及两个对应的运算符/和//。NumPy 中还有许多聚合函数，如最小值、最大值、中位数、均值、方差和标准差等。需要注意的是，NumPy 数组间或数组与标量间的运算作用于数组中的每一个元素，而非矩阵运算，即一个数组中的每个元素分别与另一个数组中相同下标的元素或标量进行运算。

1）函数 np. add(arr1,arr2)：相加函数。例如，创建两个数组分别采用加法运算符和相加函数进行运算。

```
arr1 = np. arange(3,8)
arr2 = np. arange(1,6)
print('arr1 =',arr1)
print('arr2 =',arr2)
# 采用加法运算符
print('arr1+ arr2 =',arr1+arr2)
# 采用相加函数
print(np. add(arr1, arr2))
```

运行结果如下：

```
arr1 = [3 4 5 6 7]
arr2 = [1 2 3 4 5]
arr1+ arr2 = [ 4 6 8 10 12]
array([ 4, 6, 8, 10, 12])
```

2）函数 np. subtract(arr1,arr2)：相减函数。例如，分别采用减法运算符和相减函数进行运算。

```
# 采用减法运算符
print('arr1-arr2 =',arr1-arr2)
# 采用相减函数
print(np. subtract(arr1,arr2))
```

运行结果如下：

```
arr1-arr2 = [2 2 2 2 2]
array([2, 2, 2, 2, 2])
```

3）函数 np. multiply(arr1,arr2)：相乘函数。例如，分别采用乘法运算符和乘法函数进行运算。

```
print('arr1 * arr2 =',arr1 * arr2)
# 采用乘法函数
print(np. multiply(arr1,arr2))
```

运行结果如下：

```
arr1 * arr2 = [ 3 8 15 24 35]
array([ 3, 8, 15, 24, 35])
```

4）函数 np. divide(arr1,arr2)：相除函数。例如，分别采用除法运算符和除法函数进行运算。

```
# 采用除法运算符
print('arr1/arr2 =',arr1/arr2)
```

```
# 采用相除函数
print( np. divide( arr1 ,arr2) )
```

运行结果如下：

```
arr1/arr2 = [3. 2. 1. 66666667 1. 5 1. 4]
array([3. , 2. , 1. 66666667, 1. 5, 1. 4])
```

5）统计运算中常见的函数有：最小值、最大值、中位数、均值、方差、标准差和求
和等。

【例6-13】创建数组，计算数组中每个元素的平方及平方根、所有元素的最小值、每一列
最大值、所有元素的均值、方差和每一行的标准差，再分别对列、行、全部元素求和，最后以
另一个数组为权重，求原数组的加权平均。

参考程序如下：

```
arr3 = 5-np. arange(1 ,13). reshape(4 ,3)
print( arr3)
print( arr3 ** 2)
print( np. sqrt( arr3) )
print( np. min( arr3) )
print( np. max( arr3, axis = 0) )
print( np. mean( arr3) )
print( np. var( arr3) )
print( np. std( arr3, axis = 1) )
print( arr3. sum( axis = None) )
print( arr3. sum( axis = 0) )
print( arr3. sum( axis = 1) )
arr4 = np. arange(12). reshape(4 ,3)
print( np. average( arr3, weights = arr4) )
```

程序运行结果如下：

```
array([[ 4,  3,  2],
       [ 1,  0, -1],
       [-2, -3, -4],
       [-5, -6, -7]])
array([[16,  9,  4],
       [ 1,  0,  1],
       [ 4,  9, 16],
       [25, 36, 49]])
array([[2.        , 1. 73205081, 1. 41421356],
       [1.        , 0.        ,        nan],
       [      nan,       nan,        nan],
       [      nan,       nan,        nan]])
-7
array([4, 3, 2])
-1. 5
11. 916666666666666
array([0. 81649658, 0. 81649658, 0. 81649658, 0. 81649658])
-18
array([ -2,  -6, -10])
```

```
array([  9,   0,  -9, -18])
-3.6666666666666665
```

6.4.2 比较运算

1) np. greater(arr5,arr6)函数，比较数组 arr5 是否大于数组 arr6。例如：

```
arr5 = np. array([1,3,6,8])
arr6 = np. array([1,5,4,8])
print(np. greater(arr5,arr6))
```

运行结果如下：

```
array([False, False, True, False])
```

2) np. greater_equal(arr5,arr6)函数，比较数组 arr5 是否大于或等于数组 arr6。例如：

```
print(np. greater_equal(arr5,arr6))
```

运行结果如下：

```
array([True, False, True, True])
```

3) np. less(arr5,arr6)函数，比较数组 arr5 是否小于数组 arr6。例如：

```
print(np. less(arr5,arr6))
```

运行结果如下：

```
array([False, True, False, False])
```

4) np. less_equal(arr5,arr6)函数，比较数组 arr5 是否小于或等于数组 arr6。例如：

```
print(np. less_equal(arr5,arr6))
```

运行结果如下：

```
array([ True, True, False, True])
```

5) np. equal(arr5,arr6)函数，比较数组 arr5 是否等于数组 arr6。例如：

```
print(np. equal(arr5,arr6))
```

运行结果如下：

```
array([True, False, False, True])
```

6) np. not_equal(arr5,arr6)函数，比较数组 arr5 是否不等于数组 arr6。例如：

```
print(np. not_equal(arr5,arr6))
```

运行结果如下：

```
array([False, True, True, False])
```

6.5 案例——鸢尾花数据分析

本案例对鸢尾花数据集进行基本的数据分析。该数据集包含 150 种鸢尾花的信息，每 50种取自 3 个鸢尾花种之一：Setosa、Versicolour 和 Virginica。花的特征用 5 种属性描述。

1. 导入数据集

使用以下代码导入鸢尾花数据集：

```
import numpy as np
iris = np.loadtxt('/Users/Downloads/iris.csv',dtype = str,delimiter =',')
```

2. 分析数据

下面对数据进行检验和分析，查看数组的各种属性和统计信息（为了更直观地展示代码，省略了 print( )函数）。

1）数组的各种属性如下。

```
arr1 = iris.data
arr1.dtype
arr1.shape
arr1.ndim
arr1.size
```

运行结果如下：

```
dtype('float64')
(150, 4)
2
600
```

2）数组的预览。

```
# 选取第 1 行的第 1 个元素
arr1[0,0]
# 选取前 5 行所有元素
arr1[0:5]
# 选取前 5 行第 2、3 列元素
arr1[0:5,1:3]
# 选取前 5 行第 3、4 列元素
arr1[:5,2:]
```

运行结果如下：

```
5.1
array([[5.1, 3.5, 1.4, 0.2],
       [4.9, 3. , 1.4, 0.2],
       [4.7, 3.2, 1.3, 0.2],
       [4.6, 3.1, 1.5, 0.2],
       [5. , 3.6, 1.4, 0.2]])
array([[3.5, 1.4],
       [3. , 1.4],
       [3.2, 1.3],
       [3.1, 1.5],
```

```
          [3.6, 1.4]])
array([[1.4, 0.2],
       [1.4, 0.2],
       [1.3, 0.2],
       [1.5, 0.2],
       [1.4, 0.2]])
```

📖 数组 arr1 是 shape 值为（150，4）的数组，意味着数组第 0 个维度上有 150 个元素，第 1 个维度上有 4 个元素，此处的元素是相对于维度而言的，不一定是单个值，也可能是数组。

3）数组的替换操作：将数值内大于数值 5 的元素替换为 1，小于或等于数值 5 的元素替换为 0。

```
arr2 = np.where(arr1>5,1,0)
```

运行结果如下：

```
array([[1, 0, 0, 0],
       [0, 0, 0, 0],
       [0, 0, 0, 0],
       [0, 0, 0, 0],
       [0, 0, 0, 0]])
```

4）数组的排序操作如下。

```
# axis 参数为 None 时,先将数组扁平化,然后进行排序
np.sort(arr1,axis=None)
# axis 参数为-1 时,沿着数组最后一条轴进行排序
np.sort(arr1,axis=-1)
# axis 参数为 0 时,沿着数组的第 0 条轴进行排序
np.sort(arr1,axis=0)
```

运行结果如下：

```
array([0.1, 0.1, 0.1, 0.1, 0.1, 0.2, 0.2, 0.2, 0.2, 0.2, 0.2, 0.2, 0.2,
       0.2, 0.2, 0.2, 0.2, 0.2, 0.2, 0.2, 0.2, 0.2, 0.2, 0.2, 0.2, 0.2,
       0.2, 0.2, 0.2, 0.2, 0.2, 0.2, 0.2, 0.2, 0.3, 0.3, 0.3, 0.3, 0.3,
       0.3, 0.3, 0.4, 0.4, 0.4, 0.4, 0.4, 0.4, 0.4, 0.5, 0.6, 1. , 1. ,
       1. , 1. , 1. , 1. , 1. , 1. , 1.1, 1.1, 1.1, 1.1, 1.2, 1.2, 1.2])
array([[0.2, 1.4, 3.5, 5.1],
       [0.2, 1.4, 3. , 4.9],
       [0.2, 1.3, 3.2, 4.7],
       [0.2, 1.5, 3.1, 4.6],
       [0.2, 1.4, 3.6, 5. ]])
array([[4.3, 2. , 1. , 0.1],
       [4.4, 2.2, 1.1, 0.1],
       [4.4, 2.2, 1.2, 0.1],
       [4.4, 2.2, 1.2, 0.1],
       [4.5, 2.3, 1.3, 0.1]])
```

5）数组的算术运算。

```
# 创建数组 arr3
arr3 = [[5,5,5,5]]
# 相加函数
np.add(arr1,arr3)
# 相减函数
np.subtract(arr1,arr3)
# 相乘函数
np.multiply(arr1,arr3)
# 相除函数
np.divide(arr1,arr3)
```

运行结果如下:

```
array([[10.1,  8.5,  6.4,  5.2],
       [ 9.9,  8. ,  6.4,  5.2],
       [ 9.7,  8.2,  6.3,  5.2],
       [ 9.6,  8.1,  6.5,  5.2],
       [10. ,  8.6,  6.4,  5.2]])
array([[ 0.1, -1.5, -3.6, -4.8],
       [-0.1, -2. , -3.6, -4.8],
       [-0.3, -1.8, -3.7, -4.8],
       [-0.4, -1.9, -3.5, -4.8],
       [ 0. , -1.4, -3.6, -4.8]])
array([[25.5, 17.5,  7. ,  1. ],
       [24.5, 15. ,  7. ,  1. ],
       [23.5, 16. ,  6.5,  1. ],
       [23. , 15.5,  7.5,  1. ],
       [25. , 18. ,  7. ,  1. ]])
array([[1.02, 0.7 , 0.28, 0.04],
       [0.98, 0.6 , 0.28, 0.04],
       [0.94, 0.64, 0.26, 0.04],
       [0.92, 0.62, 0.3 , 0.04],
       [1.  , 0.72, 0.28, 0.04]])
```

6) 数组的比较运算:进行数组内部的元素大小比较。

```
# 数组 arr1 大于数组 arr3
np.greater(arr1,arr3)
# 数组 arr1 小于数组 arr3
np.less(arr1,arr3)
# 数组 arr1 等于数组 arr3
np.equal(arr1,arr3)
```

运行结果如下:

```
array([[ True, False, False, False],
       [False, False, False, False],
       [False, False, False, False],
       [False, False, False, False],
       [False, False, False, False]])
array([[False,  True,  True,  True],
       [ True,  True,  True,  True],
       [ True,  True,  True,  True],
       [ True,  True,  True,  True],
```

```
          [False, True, True, True]])
array([[False, False, False, False],
       [False, False, False, False],
       [False, False, False, False],
       [False, False, False, False],
       [ True, False, False, False]])
```

📖 由于篇幅限制，本节只截取部分结果。

7）数组的汇总运算。

```
np. sum( arr1, axis = 0)        # 列总数
np. mean( arr1, axis = 0)       # 平均值
np. std( arr1, axis = 0)        # 标准差
np. min( arr1, axis = 0)        # 最小值
np. max( arr1, axis = 0)        # 最大值
```

运行结果如下：

```
array([876. 5, 458. 6, 563. 7, 179. 9])
array([5. 84333333, 3. 05733333, 3. 758      , 1. 19933333])
array([0. 82530129, 0. 43441097, 1. 75940407, 0. 75969263])
array([4. 3, 2.  , 1.  , 0. 1])
array([7. 9, 4. 4, 6. 9, 2. 5])
```

📖 可以使用 iris. describe( )直接查看数据的相关信息与计算结果对比。

6. 6 本章小结

本章主要介绍了使用 NumPy 进行数据分析的基本内容，包括文件的基本操作、数组的创建和使用，以及数据的基本运算。最后通过鸢尾花数据集分析案例介绍了 NumPy 在数据分析中的应用。

6. 7 习题

1. 单项选择题

1）arange(5)的作用是_____。

A. 创建一个包含 5 个元素的 Python 列表（list），取值分别为 1~5 的整数

B. 创建一个包含 5 个元素的 Python 列表（list），取值分别为 0~4 的整数

C. 创建一个包含 5 个元素的 NumPy 数组，取值分别为 1~5 的整数

D. 创建一个包含 5 个元素的 NumPy 数组，取值分别为 0~4 的整数

2）ndarray 对象的维度属性是以_____的方式来实现的。

A. 逗号隔开的字符串   B. Python 列表   C. Python 元组   D. Python 字典

3）以下_____函数可以检查文件是否存在。

A. open（ ）　　　　　　B. read（ ）　　　　　　C. write（ ）　　　　　　D. exits（ ）

4）以下_____函数可以实现两个数组的加法操作。

A. add（ ）　　　　　　B. subtract（ ）　　　　C. multiply（ ）　　　　D. divide（ ）

5）T 属性和下列_____函数的作用是一样的。

A. where（ ）　　　　　B. astype（ ）　　　　　C. transpose（ ）　　　　D. 以上都是

6）以下_____函数表示数组 a 不大于数组 b。

A. greater（a,b）　　　　B. greater_equal（a,b）　C. less_equal（a,b）　D. less（a,b）

7）以下_____属性表示数组轴的个数。

A. dtype　　　　　　　　B. shape　　　　　　　　C. size　　　　　　　　D. ndim

8）以下_____属性表示数组的维度。

A. dtype　　　　　　　　B. shape　　　　　　　　C. size　　　　　　　　D. ndim

9）以下_____函数可用于数组的排序。

A. astype（ ）　　　　　B. where（ ）　　　　　　C. reshape（ ）　　　　D. sort（ ）

10）以下_____函数可用于数组的合并。

A. transpose（ ）　　　　B. hstack（ ）　　　　　C. append（ ）　　　　　D. resize（ ）

2. 编程题

1）编写程序，输出一个 shape 为（4,5）的数组，并计算该数组的各种基本属性。

2）编写程序，创建随机数组练习数组的替换、排序、重塑、转置和合并操作。

3）编写程序，创建随机数组练习数组的比较和汇总运算。

第7章 数据可视化

数据可视化旨在借助图形化手段，清晰有效地传达与沟通信息。通过直观地传达关键的方面与特征，实现对复杂数据集的深入洞察。基于 Python 的数据可视化主要通过 Matplotlib 库完成。Matplotlib 是 Python 的一个图形库，能够生成多种格式的图形，界面可交互，而且生成的图形质量较高，甚至可以达到出版级别。本章主要介绍如何使用 Matplotlib 库绘制常用图表和高级图表。

7.1 安装 Matplotlib 库

Matplotlib 最初由 John D. Hunter 于 2002 年启动，其目的是为 Python 构建一个 MATLAB 式的绘图接口，以迎合各种复制格式和跨平台的交互式环境生成出版质量级别的图形。通过 Matplotlib，开发者可以仅以几行代码生成折线图、散点图、柱形图、饼图和直方图等。对于常见的坐标系，如笛卡儿坐标系、极坐标系、球坐标系和三维坐标系等都能够很好地支持。Matplotlib 还有许多插件工具集，如用于 3D 图形的 mplot3d，以及用于地图和投影的 basemap。

Anaconda 默认集成了 Matplotlib 库，但是 Python 发行版和 PyCharm 未默认安装 Matplotlib 库，因此在安装 Python 或 PyCharm 之后必须单独安装 Matplotlib 库。

📖 Jupyter Notebook 生成的图形无法进行交互，需要在绘图代码前添加%matplotlib inline，此指令是 Jupyter Notebook 的魔法指令，使绘制出的图可以嵌入到记事本内部显示出来。

---

1. Python 环境下的安装

1）下载 Matplotlib 安装程序。访问 https://pypi.python.org/pypi/matplotlib/，并查找与所使用的 Python 版本匹配的 wheel 文件（扩展名为 .whl 的文件），下载界面如图 7-1a 所示。可根据需要选择下载 32 bit/64 bit 安装程序，如图 7-1b 所示。

图 7-1　Matplotlib 安装程序下载

a）下载界面　b）版本列表

2）将下载的文件复制到 Python 安装目录下的 Scripts 目录中，如图 7-2 所示。例如，当前安装目录为 C：\Users\Administrator\AppData\Local\Programs\Python\Python37\Scripts。

3）用 cmd 命令打开"命令提示符"窗口，通过 cd 命令切换到 Python 安装目录下的 Scripts 目录，如图 7-3 所示。（即 C：\Users\Administrator\AppData\Local\Programs\Python\ Python37\Scripts 目录下）

图 7-2　Matplotlib 文件位置　　　　　　　　　图 7-3　PythonScripts 地址目录

4）安装 Matplotlib。输入命令：python −m pip install matplotlib，如图 7-4 所示。

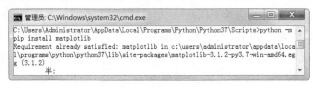

图 7-4　安装 Matplotlib

5）测试是否安装成功。进入到 python idle 中，运行 import matplotlib，如图 7-5 所示，如果没有出现错误提示，说明安装成功。

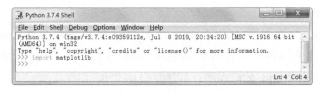

图 7-5　测试 Matplotlib

2. PyCharm 环境下的安装

1）单击 File 下的 Settings 选项。

2）单击 Python Interpreter 选项。

3）单击最右侧的加号（+）按钮。

4）输入 matplotlib，选择查询结果的第一个选项。

5）单击底部的 Install Package 按钮。

6）当底部出现 successfully 字样则表示安装成功。

7.2　数据可视化基本流程

为了提高处理大规模数据的性能，Matplotlib 大量使用了 NumPy 及其相关的扩展代码。为了方便快速绘图，Matplotlib 通过 pyplot 模块提供了一套和 MATLIB 类似的绘图 API，只要调用 pyplot 模块所提供的函数，就可以实现快速绘图及设置图表的各种细节。

使用 Matplotlib 进行数据可视化的基本流程如下。

1）获取数据。

2）导入绘图模块 matplotlib. pyplot，其中 pyplot 是 matplotlib 的绘图框架。如果使用 Jupyter NoteBook，则需要添加如下魔法指令才能正常显示绘图结果。

```
%matplotlib inline
```

3）将数据传入画图方法。

4）设置画图方法的相关参数。

5）使用 pyplot 的 show 方法显示绘图窗口。

6）使用 pyplot 的 savefig 方法将当前的 figure 对象保存成图像文件。

7.3 设置绘图属性

1. 设置绘图窗口属性

plt. figure( )函数用于创建绘图对象，其具体语法格式如下：

```
matplotlib. pyplot. figure（num=None, figsize=None, dpi=None, facecolor=None,
        edgecolor=None, frameon=True, clear=False, ∗∗kwargs）
```

其主要参数详细说明如下。

1）num：设置窗口的属性 id，即该窗口的身份标识。数据类型为整型，若不指定该参数值，则创建窗口时该参数自增，否则，该窗口会以指定的值为 id。

2）figsize：设置图片的宽度和高度。参数格式为（float, float），若不指定该参数值，则自动使用默认参数值 None。注意高度和宽度的单位为英寸（1 英寸=2.54 厘米）。

3）dpi：设置窗口的分辨率，数据类型为整型。若不指定该参数值，则自动使用默认参数值 None。

4）facecolor：设置窗口的背景色，可以设置为 RGB 颜色，即"#000000"至"#FFFFFF"的字符串，也可以使用字符表示颜色，常用字符可选值见表 7-1。

表 7-1 部分颜色控制符

字　符	颜　色	字　符	颜　色
b	蓝色	r	红色
g	绿色	c	青色
m	平红色	y	黄色
k	黑色	w	白色

5）edgecolor：设置窗口的边框颜色，常用可选值见表 7-1。

6）frameon：设置是否绘制窗口的图框。若不指定该参数值，则自动使用默认参数值 True。

7）clear：设置窗口内容是否被清除。若不指定该参数值，则自动使用默认参数值 False。
例如：

```
import matplotlib. pyplot as plt
fig = plt. figure ( figsize = ( 8 , 6 ), dpi = 80 )
```

2. 设置坐标轴属性

通过 matplotlib 对象的以下函数和属性可以修改坐标轴的样式。

1) xlabel(str)、ylabel(str)函数：分别用于设置 x 轴和 y 轴的标题文字，str 为文字内容。

2) xlim、ylim 属性：设置 x 轴和 y 轴的上下限。

3) xticks(list)、yticks(list)函数：分别设置 x 轴和 y 轴的刻度文字，list 为存储刻度文字的列表。

4) tick_params(labelsize = 10)函数：设置坐标轴的刻度字号。

5) axes( ). get_xaxis( ). set_visible(boolean)函数：参数 boolean 为 False 时隐藏 x 轴，同理，为 get_yaxis( )时隐藏 y 轴。

6) axes( ). get_yaxis( ). set_ticks_position(str)函数：设置 y 轴的位置，str 为 "right" 时，y 轴显示在右侧，str 为 "left" 时，y 轴显示在左侧。

7) axes( ). get_xaxis( ). set_ticks_position(str)函数：设置 x 轴的位置，str 为 "top" 时，x 轴显示在顶部，str 为 "bottom" 时，x 轴显示在底部。

8) axes( ). get_yaxis( ). set_major_locator(plt. NullLocator( ))函数：删除 y 轴的刻度。

9) axes( ). get_xaxis( ). set_major_formatter(plt. NullFormatter( ))函数：删除 x 轴的刻度。

3. 设置其他属性

通过 matplotlib 对象的以下函数可以修改绘图的样式。

1) title(label)函数：设置子图的标题，label 为标题内容。

2) legend( )函数：显示图例，用于显示绘图函数的 label 属性值。可以通过 loc 属性设置图例位置、shadow 属性设置阴影、fontsize 属性设置字号。例如，plt. legend(loc = 'upper left', shadow = False, fontsize = 12)。

📖 注意：legend 函数的调用应位于 plot 函数之后。

---

3) grid( )函数：设置背景网格的属性，通过 color 属性设置颜色、linestyle 属性设置线型、linewidth 属性设置线宽。例如，plt. grid(color = 'y', linestyle =':', linewidth = 1)。

4) axes( ). spines[location]. set_color('none')函数：隐藏图像边框。当 location 为 "top" "bottom" "left" "right" 时分别对应上、下、左、右边框。

7.4 绘制常用图表

本节介绍常用图表的绘制方法，通过这些图表可以在数据分析和机器学习的过程中更灵活地展示各种数据和结果。

7.4.1 折线图

绘制折线图通过 plot 函数实现，其函数原型如下：

```
matplotlib. pyplot. plot ( x, y, fmt, data = None, ∗ ∗ kwargs )
```

其主要参数详细说明如下。

1）x、y：需要绘制的 x 轴和 y 轴的数据。若不指定 x，则 x 从 0 开始递增。如果数据已经是一个二维数组，可以直接替代 x 和 y，以每一列作为一个单独的数据集进行绘制。

2）data：通过 data 提供数据，支持所有可被索引的对象，如字典。

3）fmt：设置图的基本属性。数据类型为字符串型，包括颜色、点型和线型，具体形式为 fmt='[color][marker][line]'。也可以分别定义颜色、点型和线型等属性，常用可选属性包括以下几种。

- color：设置折线的颜色，同 7.3 的 facecolor 属性，常用可选值见表 7-1。
- marker：设置折线的点型，数据类型为字符串型，常用可选值见表 7-2。
- linewidth：设置折线的宽度，数据类型为浮点型。
- linestyle：设置折线的线型，数据类型为字符串型，常用可选值见表 7-3。
- label：设置图例名称，数据类型为字符串型，使用 legend 函数时必填。

表 7-2　点型控制符

字　　符	类　　型	字　　符	类　　型
−	点	v	下三角点
,	像素点	^	上三角点
o	圆点	1	下三叉点
<	左三角点	2	上三叉点
>	右三角点	3	左三叉点
s	正方点	4	右三叉点
p	五角点	h	六边形 1
*	星形点	H	六边形 2
+	加号点	l	竖线点
D	实心菱形点	d	细菱形点

表 7-3　线型控制符

字　　符	类　　型	字　　符	类　　型
'−'	实线	':'	点线
'−−'	虚线	' '	空类型，不显示线
'−.'	虚点线		

【例 7-1】 编写代码，绘制折线图。

参考程序如下：

```
import matplotlib. pyplot as plt
x = [1, 2, 3, 4]
y1 = [1, 2, 3, 4]
y2 = [1, 4, 9, 16]
y3 = [1, 8, 27, 64]
y4 = [1, 16, 81, 124]
plt. figure( )
plt. title('Plot Example')
plt. plot(x, y1, 'bs−', label='y1')
```

```
plt. plot( x，y2，'rp--'，label='y2')
plt. plot( x，y3，'cx-.'，label='y3')
plt. xlabel('X')
plt. ylabel('Y')
plt. legend( loc='upper left')
plt. show( )
```

程序运行结果如图 7-6 所示。

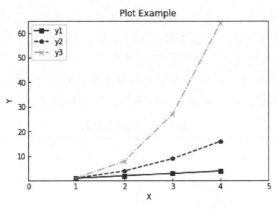

图 7-6　折线图代码运行结果

7. 4. 2　条形图

条形图常用于多项分段数据比较的图形化显示，使用 bar 函数实现，其函数原型如下：

matplotlib. pyplot. bar (x，y, width = None，bottom = None，align = 'center'，data = None，kwargs ∗)

其主要参数详细说明如下。

1）x、y、data：需要绘制的 x 轴和 y 轴数据，同折线图。

2）width：用于设置条形宽度，数据类型为浮点型。若不指定该参数值，则自动使用默认参数值 0. 8。

3）botton：条形底部的起始位置，即 y 轴的起始坐标。可用于在垂直方向叠加条形图。数据类型可以是标量，也可以是列表等容器。

4）color：设置条形的填充颜色，同 7. 3 的 facecolor 属性，常用可选值见表 7-1。

5）edgecolor：设置条形的边框颜色，同 7. 3 的 facecolor 属性，常用可选值见表 7-1。

6）align：条形在 x 轴上的位置偏移，数据类型为字符串型。若不指定该参数值，则自动使用默认参数值 "center"。其可选值如下。

- edge：在 x 轴刻度边缘显示。
- center：在 x 轴刻度上居中显示。

7）linewidth：设置条形的边框宽度，数据类型为浮点型。

8）tick_label：设置条形的下标标签，数据类型为元组类型的字符组合。

9）log：设置 y 轴是否使用对数坐标表示，数据类型为布尔型。若不指定该参数值，则自动使用默认参数值 False。

10）label：设置图例名称，数据类型为字符串型。使用 legend 函数时必填。

【例7-2】 编写代码，绘制条形图。

参考程序如下：

```
import matplotlib. pyplot as plt
x1 = [.25, 1.25, 2.25, 3.25, 4.25]
y1 = [50, 40, 70, 80, 20]
x2 = [.75, 1.75, 2.75, 3.75, 4.75]
y2 = [80, 20, 20, 50, 60]
plt. figure()
plt. title('Bar Example')
plt. bar (x1, y1, label = 'X1', color = 'c', edgecolor = 'k', width = .5)
plt. bar (x2, y2, label = 'X2', color = 'm', edgecolor = 'k', width = .5)
plt. xlabel('Day')
plt. ylabel('Distance (kms)')
plt. legend(loc='upper right')
plt. show()
```

程序运行结果如图7-7所示。

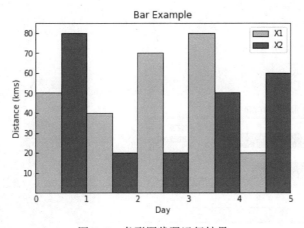

图7-7　条形图代码运行结果

使用barh函数可以绘制水平条形图，只需将y的值设置为width属性，将height属性（bar函数中的y属性）设置为固定值即可。

【例7-3】 编写代码，绘制水平条形图。

参考程序如下：

```
import matplotlib. pyplot as plt
x1 = [.25, 1.25, 2.25, 3.25, 4.25]
x2 = [.75, 1.75, 2.75, 3.75, 4.75]
y1 = [50, 40, 70, 80, 20]
y2 = [80, 20, 20, 50, 60]
plt. figure()
plt. title('Barh Example')
plt. barh (x1, height = .5, label = 'y1', color = 'c', edgecolor = 'k', width = y1)
plt. barh (x2, height = .5, label = 'y2', color = 'm', edgecolor = 'k', width = y2)
plt. ylabel('Day')
plt. xlabel('Distance (kms)')
```

```
plt. legend( loc = 'upper right')
plt. show( )
```

程序运行结果如图 7-8 所示。

将 plt. axes( )函数的 polar 属性设置为 True 可以绘制雷达图。

【例 7-4】 编写代码, 绘制雷达图。

参考程序如下:

```
import matplotlib. pyplot as plt
x1 = [. 25, 1. 25, 2. 25, 3. 25, 4. 25]
x2 = [. 75, 1. 75, 2. 75, 3. 75, 4. 75]
y1 = [50, 40, 70, 80, 20]
y2 = [80, 20, 20, 50, 60]
plt. figure( )
plt. axes( polar = True )
plt. bar ( x1, y1, label = 'X1', color = 'c', edgecolor = 'k', width = . 5)
plt. bar ( x2, y2, label = 'X2', color = 'm', edgecolor = 'k', width = . 5)
plt. legend( loc = 'lower right')
plt. show( )
```

程序运行结果如图 7-9 所示。

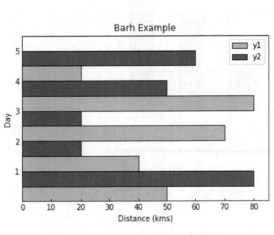

图 7-8 水平条形图代码运行结果

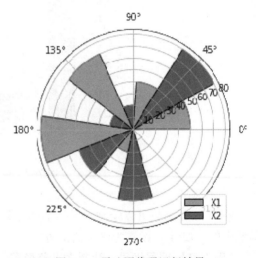

图 7-9 雷达图代码运行结果

7.4.3 散点图

在展示散列数据时通常会选择散点图, 该图使用 scatter 函数实现, 其函数原型如下:

```
matplotlib. pyplot. scatter ( x, y, s = None, c = None, marker = None, cmap = None,
alpha = None, linewidths = None, edgecolors = None, data = None, ** kwargs )
```

其主要参数详细说明如下。

1) x、y、data: 需要绘制的 x 轴和 y 轴数据, 同折线图。

2) s: 设置散点的大小, 数据类型为整型。若不指定该参数值, 则自动使用默认参数值 20。

3）c：设置散点的颜色，同折线图，常用可选值见表 7-1。若不指定该参数值，则自动使用默认参数值"b"，即蓝色。参数值也可以为一个序列，其中值的数量与待绘制点的数量相同。

4）marker：设置标记的样式，同折线图，常用可选值见表 7-2。若不指定该参数值，则自动使用默认参数值"o"，即圆点。

5）cmap：设置一种配色方案，并将该值对应的颜色图分配给当前图窗，用于表示从第一个点开始到最后一个点之间颜色渐进变化。只有 c 属性值为一个序列时，cmap 属性才有意义。

6）alpha：设置透明度，数据类型为浮点型，取值范围为 [0,1]，其中 1 代表不透明，0 代表透明。若不指定该参数值，则自动使用默认参数值 1。

7）edgecolor：设置边框颜色，同 7.3 的 facecolor 属性，常用可选值见表 7-1。

8）linewidth：设置边框宽度，数据类型为浮点型。

9）label：设置图例名称，数据类型为字符串型。使用 legend 函数时必填。

【例 7-5】 编写代码，绘制散点图。

参考程序如下：

```
import matplotlib. pyplot as plt
import numpy as np
x1 = np. arange(1, 12)
y1 = x1
y2 = x1 ** 2
fig = plt. figure( )
plt. title('Scatter Example')
plt. xlabel('Month')
plt. ylabel('Price')
plt. scatter(x1, y1, s = 40, c = 'c', marker = 's', edgecolors = 'k', linewidths = '1', label = 'y1')
plt. scatter(x1, y2, s = 70, c = 'm', marker = 'p', edgecolors = 'k', linewidths = '1', label = 'y2')
plt. legend(loc = 'upper left')
plt. show( )
```

程序运行结果如图 7-10 所示。

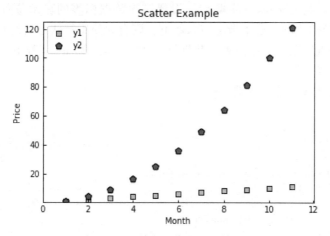

图 7-10　散点图代码运行结果

7.4.4 饼图

饼状图又叫扇形图，能清晰表达各个对象在整体中所占的百分比。使用 pie 函数实现，其函数原型如下：

> matplotlib. pyplot. pie（x, explode = None, labels = None, colors = None, autopct = None, shadow = False, startangle = None, radius = None, counterclock = True, frame = False, hold = None）

其主要参数详细说明如下。

1）x：需要绘制的 x 轴数据，同折线图。

2）explode：指定每部分脱离中心点的偏移量，可以使某个切片脱离饼图显示。数据格式为（float, float, float, float）。若不指定该参数值，则不偏移。

3）frame：设置是否绘制窗口的图框。若不指定该参数值，则自动使用默认参数值 False。

4）counterclock：设置饼图旋转方向，数据类型为布尔型。若不指定该参数值，则自动使用默认参数值 True，即顺时针方向。如设置为 False，则为逆时针方向。

5）autopct：设置饼图的数据标签显示方式，数据类型为 format 字符串或 format function。如 "%. 2f" 表示数据标签格式为保留两位小数百分数。

6）shadow：设置是否显示阴影，数据类型为布尔型。若不指定该参数值，则自动使用默认参数值 False，即不显示阴影。

7）startangle：设置绘制起始角度偏离 x 轴的度数，数据类型为整型。若不指定该参数值，则从 x 轴正方向逆时针画起，如设定为 90，则从 y 轴正方向画起。

8）radius：设置饼图半径，数据类型为浮点型。若不指定该参数值，则自动使用默认参数值 1.0。

9）label：设置图例名称，数据类型为字符串型。使用 legend 函数时必填。

10）labeldistance：设置标签的绘制位置，数据类型为浮点型，表示相对于半径的比例。若不指定该参数值，则自动使用默认参数值 1.1。如设置为小于 1 的值，则绘制在饼图内侧。

11）rotatelabels：设置标签是否随饼图旋转，数据类型为布尔型。若不指定该参数值，则自动使用默认参数值 False。如果设置为 True，则旋转每个标签到指定角度。

12）pctdistance：与 labeldistance 类似，设置饼图数据标签的显示位置，数据类型为浮点型，表示相对于半径的比例。若不指定该参数值，则自动使用默认参数值 0.6。

13）center：设置饼图的中心位置，数据格式为（float, float）。若不指定该参数值，则自动使用默认参数值（0,0）。

【例 7-6】编写代码，绘制饼图。

参考程序如下：

```
import matplotlib. pyplot as plt
x = [ 7, 2, 2, 13 ]
label_list = ['sleeping', 'eating', 'working', 'playing']
color_list = [ 'c', 'm', 'r', 'y']
plt. pie( x, labels = label_list, colors = color_list, startangle = 0, shadow = True,
        explode = (0, 0.2, 0, 0), autopct = '%1.1f%%')
plt. title('Pie Example')
plt. legend( loc ='lower right')
plt. show( )
```

程序运行结果如图 7-11 所示。

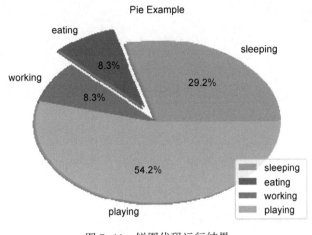

图 7-11　饼图代码运行结果

7.5　绘制高级图表

本节介绍绘制两种高级图表的方法，分别为组合图和三维图。

7.5.1　组合图

组合图即将多幅子图组合为一幅，各个子图的布局通过 subplots 函数设置，即将 figure( ) 函数设置的绘图对象分为几个部分。通过调用 subplots(x，y)函数，可以产生 x×y 个子窗口，并以 NumPy 数组的方式保存在 Axes 对象中，因此可以通过对 axes 进行索引来访问每个子窗口，然后在返回的 Axes 对象中绘制每个子图，其函数原型如下：

matplotlib. pyplot. subplots (nrow = 1, ncols = 1, sharex = False, sharey = False,
squeeze = True, ∗∗fig_kw)

其主要参数详细说明如下。

1）nrow：子图网格的行数，数据类型为整型。

2）ncols：子图网格的列数，数据类型为整型。

3）sharex：设置 x 轴的属性是否在所有子图中共享，数据类型为布尔型。若不指定该参数值，则自动使用默认参数值 False，即属性不共享。

4）sharey：设置 y 轴的属性是否在所有子图中共享，数据类型为布尔型。若不指定该参数值，则自动使用默认参数值 False，即属性不共享。

5）squeeze：设置是否进行挤压操作，数据类型为布尔型。若不指定该参数值，则自动使用默认参数值 True，即额外的维度从返回的 Axes 对象中挤出。例如，如果只有一个子图被构建，则返回单个 Axes 对象。如果设置为 False，则不进行挤压操作，返回 Axes 实例的 2 维数组，即使其中只有 1 个子图。

例如：

```
import matplotlib. pyplot as plt
fig = plt. figure( )
axes = fig. subplots( 2, 2)
ax[0,0]. plot([1,2], [3,4])
ax[0,1]. plot([1,2], [3,4])
ax[1,0]. plot([1,2], [3,4])
ax[1,1]. plot([1,2], [3,4])
plt. show( )
```

也可以使用 subplot 函数创建新的子图，在创建时直接指定布局和子图的位置，具体语法格式为：

```
plt. subplot( nrows, ncols, index, ** kwargs)
```

其中主要参数详细说明如下。

1) nrows：子图网格的行数，数据类型为整型。

2) ncols：子图网格的列数，数据类型为整型。

3) index：子图的索引值，数据类型为整型。子图将分布在行列的索引位置上。索引从 1 开始，从左上角逐行增加到右下角。例如，参数"2，2，1"中的输出区域参数"2，2"表示两行两列的 4 块区域，顺序参数"1"表示选择图形输出的区域在左上角，顺序参数"2"表示选择图形输出的区域在右上角，顺序参数"3"表示选择图形输出的区域在左下角，顺序参数"4"表示选择图形输出的区域在右下角（注意：图形输出区域参数必须在 1~4 范围内）。特别地，如果参数设置为 subplot(1,1,1)，则表示不分割成小块区域，图形直接输出在整个绘图对象上。当索引数小于 10 时，逗号可以省略。

【例 7-7】 编写代码，绘制包含多张折线图的组合图。

参考程序如下：

```
import matplotlib. pyplot as plt
import numpy as np
x = np. arange( 0, 100)
plt. subplot( 221)
plt. plot( x, x)
plt. subplot( 222)
plt. plot( x, -x)
plt. subplot( 223)
plt. plot( x, x ** 2)
plt. subplot( 224)
plt. plot( x, np. log( x) )
plt. show( )
```

程序运行结果如图 7-12 所示。

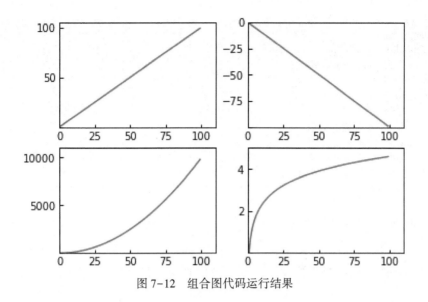

图 7-12　组合图代码运行结果

7.5.2　三维图

三维绘图工具包 mpl_toolkits.mplot3d 模块在 Matplotlib 绘图库的基础上，添加了简单的三维绘图功能。绘制三维图形的一般流程如下。

1. 载入绘图模块 pyplot 和 mplot3d

```
import matplotlib.pyplot as plt
import mpl_toolkits.mplot3d
```

2. 创建 Axes3D 对象

```
fig = plt.figure ( )
ax = Axes3D ( fig )
# 或者 ax = fig.add_subplot(111, projection='3d')
```

3. 绘制三维图形对象

（1）三维曲面图

```
Axes3D.plot_surface ( x,y, z, * args, ** kwargs )
```

其主要参数详细说明如下。

● x、y、z：需要绘制的数据值。

● rstride、cstride：设置行和列之间的跨度，数据类型为整型。若不指定该参数值，则自动使用默认参数值 1。

● rcount、ccount：设置行和列包含的点的个数，数据类型为整型。若不指定该参数值，则自动使用默认参数值 50。不能与 rstride、cstride 同时出现。

【例 7-8】编写代码，绘制三维曲面图。

参考程序如下：

```
import numpy as np
import matplotlib. pyplot as plt
from mpl_toolkits. mplot3d import Axes3D
# 创建 Axes3D 对象
fig = plt. figure( )
ax = Axes3D( fig)
# 设置 x 轴和 y 轴需要绘制的值
X = np. arange(-4, 4, 0. 25)
Y = np. arange(-4, 4, 0. 25)
# 组合每个 x 和每个 y,生成网格矩阵
X, Y = np. meshgrid( X, Y)
# 设置 z 轴值
R = np. sqrt( X ** 2 + Y ** 2)
Z = np. sin( R)
# 绘制曲面,使用 plt. get_cmap('rainbow')获取彩虹色彩图
ax. plot_surface( X, Y, Z, rstride = 1, cstride = 1, cmap = plt. get_cmap('rainbow') )
plt. show( )
```

运行结果如图 7-13 所示。

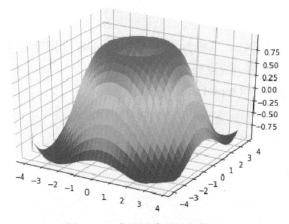

图 7-13　曲面图代码运行结果

(2) 三维散点图

Axes3D. scatter (xs, ys, zs = 0, zdir = 'z', s = 20, c = None, depthshade = True, * args, ** kwargs)

其主要参数详细说明如下。

- xs、ys：需要绘制的 x 轴和 y 轴数据。
- zs：数据的 z 轴坐标，数据类型为一个整型标量或和 xs、ys 同样 shape 的数组。若不指定该参数值，则自动使用默认参数值 0，即所有点都绘制在一个 z = 0 的水平平面上。如设置为数组，则指定每个点的实际 z 轴坐标。
- zdir：设置 z 轴的方向，即图像平面化的方向。
- c：用于设置标记的颜色，与散点图的 c 属性一致。
- alpha：设置透明度，与散点图的 alpha 属性一致。
- depthshade：设置透明化的程度数，数据类型为布尔型。若不指定该参数值，则自动使用默认参数值 True，即图形可透视。

【例7-9】 编写代码，绘制三维散点图。

参考程序如下：

```
import numpy as np
import matplotlib. pyplot as plt
from mpl_toolkits. mplot3d import Axes3D
# 创建 Axes3D 对象
fig = plt. figure( )
ax = Axes3D( fig)
# 设置需要绘制的值
Z = np. arange( 1, 100, 0. 02)
X = np. sin( Z)
Y = np. cos( Z)
# 3D 散点图
ax. scatter( X, Y, Z, s=10, alpha=0. 2)
plt. show( )
```

运行结果如图7-14所示。

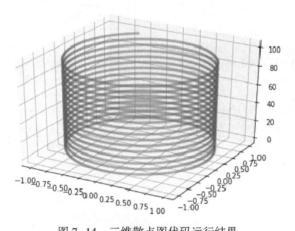

图7-14　三维散点图代码运行结果

7.6　案例——随机漫步可视化

本节案例模拟类似于分子运动的无规则扩散漫步，利用散点图描述其运动轨迹，同时还将使用 colormap 将运动轨迹的颜色进行渐变渲染。

参考程序如下：

```
# 导入 choice 模块用于随机选择
from random import choice
import matplotlib. pyplot as plt
# 定义漫步函数,参数为漫步总步数
def walk( total) :
    # 初始化 x、y 坐标
    x_values = [ 0]
    y_values = [ 0]
    # 当生成的 x 坐标数量小于总步数时进入循环
    while len( x_values) < total:
```

```
        # 随机从正和负中选择一个方向
     x_direction = choice([1, -1])
        # 随机从 5 种步长中选择一个步长
     x_distance = choice([1, 2, 3, 4, 5])
        # 计算移动距离
     x_step = x_direction * x_distance
        # 对 y 值执行同样操作
     y_direction = choice([1, -1])
     y_distance = choice([1, 2, 3, 4, 5])
     y_step = y_direction * y_distance
        # 生成下一个漫步后的坐标
     next_x = x_values[-1] + x_step
     next_y = y_values[-1] + y_step
        # 保存新坐标
     x_values. append(next_x)
     y_values. append(next_y)
  return x_values, y_values


result = walk(5000)
number = range(5000)
# 绘制结果散点图,cmap 使用红色色彩图
plt. figure(dpi=300, figsize=(10, 6))
plt. scatter(result[0], result[1], c=number, cmap=plt. cm. Reds, edgecolor='none', s=15)
# 隐藏 x 和 y 坐标轴
plt. axes(). get_xaxis(). set_visible(False)
plt. axes(). get_yaxis(). set_visible(False)
plt. show()
```

程序运行结果如图 7-15 所示。

图 7-15　随机漫步运行结果图

7.7　本章小结

本章主要介绍了基于 Matplotlib 的数据可视化基本流程，以及设置绘图属性、绘制常用图表和高级图表的方法。学习了折线图、条形图、散点图和饼图的常用函数及参数含义，以及组合图表和三维图表两个高级图表函数及参数含义。最后给出了一个随机漫步可视化的案例。

7.8 习题

1. 单项选择题

1）align 参数是条形在 x 轴上的位置偏移，自动使用默认参数值_____。

A. center   B. edge   C. true   D. 其他

2）_____能清晰表达各个对象在整体中所占的百分比。

A. 折线图   B. 条形图   C. 散点图   D. 饼图

3）展示散列数据时通常会选择散点图，主要借助_____函数。

A. bar   B. scatter   C. pie   D. figure

4）绘制三维图形的一般流程如下_____。

a. 载入绘图模块 pyplot 和 mplot3d

b. 创建 Axes3D 对象

c. 绘制三维图形对象

A. abc   B. bca   C. cab   D. cba

5）marker 是设置折线的_____。

A. 点型   B. 线型   C. 宽度   D. 颜色

6）subplots 函数中 nrow 代表_____，ncols 代表_____。

A. 行数、列数   B. 列数、行数

C. 行数、行数   D. 列数、列数

7）Axes3D. plot _ surface（x，y，z，* args，* * kwargs）中 rcount、ccount 与 rstride、cstride _____。

A. 不能同时出现   B. 能同时出现

C. 没有关系   D. 其他

8）绘制三维散点图，主要借助_____函数。

A. scatter   B. pie   C. bar   D. figure

9）figure 函数中 clear 参数默认_____，frameon 参数默认_____。

A. True、False   B. True、True   C. False、False   D. False、True

10）_____常用于多项分段数据比较的图形化显示。

A. 条形图   B. 折线图   C. 散点图   D. 饼图

2. 编程题

1）编写程序，根据表 7-4 中的数据绘制如下条形图。

表 7-4　数据

X	Y	X	Y
−3.00	4	0.15	255
−2.50	12	0.75	170
−1.75	50	1.25	100
−1.15	120	1.85	20
−0.50	205	2.45	14

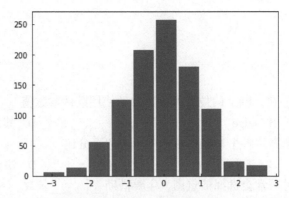

2）编写程序，根据表 7-5 中的数据绘制如下折线图。

表 7-5　数据

X	ATT-RLSTM	CNN-RLSTM
5.0	0.728	0.802
7.0	0.830	0.840
11.0	0.840	0.855
17.4	0.831	0.852
19.5	0.835	0.850
25.0	0.84	0.850

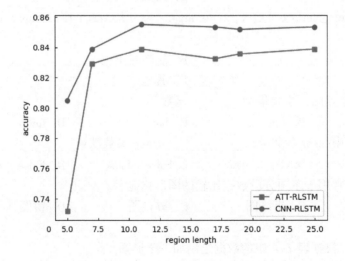

第 8 章　机器学习概述

机器学习（Machine Learning，ML）是一门多领域交叉学科，涉及概率论、统计学、逼近论、凸分析、算法复杂度理论等多门学科。专门研究计算机怎样模拟或实现人类的学习行为，以获取新的知识或技能，使之不断改善自身的性能。它是人工智能的核心，是使计算机具有智能的根本途径，其应用遍及人工智能的各个领域。本章主要介绍机器学习的概念、应用领域、算法分类、基本术语、基本步骤和使用 scikit-learn 实现机器学习的一般方法。

8.1　机器学习简介

8.1.1　机器学习的定义

Tom Mitchell 在 1997 年出版的 *Machine Learning* 一书中指出，机器学习这门学科所关注的是计算机程序如何积累经验，提高其性能。同时他给出形式化的描述：对于某类任务 T 和性能度量 P，如果一个程序在 T 上以 P 衡量的性能随着经验 E 增加，那么就称这个计算机程序在从经验 E 学习。

📖 Tom Mitchell, 1997. A program can be said to learn from experience E with respect to some class of task T and Performance measure P, if its performance at task T, as measured by P, improves with experience E.

机器学习的一个主要目的就是把人类思考和归纳经验的过程转化为计算机对数据的处理，计算得出模型的过程。经过计算得出的模型能够以近似于人的方式解决更为复杂的问题。

8.1.2　机器学习的发展

机器学习是人工智能发展到一定阶段的必然产物，已经成为现阶段解决很多人工智能问题的主流方法。最早的机器学习算法可以追溯到 20 世纪初，近百年来，机器学习研究不断发展，主要经历了以下几个阶段。

1. 20 世纪初至 20 世纪 60 年代初期的萌芽期

1943 年，神经科学家和控制论专家 Warren McCulloch 和逻辑学家 Wallter Pitts 基于数理逻辑算法创造了一种神经网络计算模型，这是最早的人工神经网络原型，从而为机器学习的发展奠定了基础。1949 年，心理学家 Donald Hebb 基于神经心理学的学习机制，提出了一种学习假说，即 Hebb 学习规则，开启了机器学习的第一步。1950 年，图灵发表了一篇跨时代的论文《计算机器与智能》，文中提出了著名的图灵测试：如果一台机器能够与人类展开对话（通过电传设备）而不能被辨别出其机器身份，那么称这台机器具有智能。人工智能成了科学领域的一个重要研究课题。1952 年，IBM 科学家亚瑟·塞缪尔开发了一个跳棋程序，该程序能够通过观察当前位置，并学习一个隐含的模型，从而为后续动作提供更好的指导。最终，该程序的棋力甚至可以挑战专业棋手。通过这个程序，塞缪尔驳倒了普罗维登斯提出的"机器无法超越人类，且无法像人类一样写代码和学习的模式"。他创造了"机器学习"一词，并将它定义为"可以提供计算机能力而无须显式编程的研究领域"。

2. 20 世纪 60 年代至 80 年代的摸索期

1967 年，k 近邻算法出现，由此计算机可以进行简单的模式识别。k 近邻算法的核心思想是：如果一个样本在特征空间中的 k 个最相邻的样本中的大多数属于某一个类别，则该样本也属于这个类别。20 世纪 60 年代还诞生了著名的决策树算法。此后的 1986 年，人工智能专家 J. Ross Quinlan 提出了著名的 ID3 算法，可以减少树的深度，大大加快了算法的运行速度。随后出现的 C4.5 算法在 ID3 算法的基础上进行了较大改进，使决策树算法既适合分类问题，又适合回归问题。层次聚类算法出现于 1963 年，是一种非常符合人直观思维的算法，现在还在使用。k 均值算法是所有聚类算法中知名度最高的，其历史可以追溯到 1967 年，此后出现了大量的改进算法，也有大量成功的应用，是所有聚类算法中变种和改进型最多的。1974 年，伟博斯在博士论文中提出了用误差反向传导来训练人工神经网络，有效解决了异或回路问题，使得训练多层神经网络成为可能。1981 年，伟博斯在神经网络反向传播算法中提出 MLP 多层神经网络算法模型。在 1980 年之前，这些机器学习算法都是零碎化的，未成体系。但它们对整个机器学习的发展所起的作用不容忽视。

3. 20 世纪 90 年代到目前的崛起期

20 世纪 90 年代是机器学习百花齐放的年代。1998 年，Michael Kearns 提出：一组弱学习器的集合能否生成一个强学习器？1990 年，Schapire 构造出一种多项式级的算法，对该问题做出了肯定的证明，这就是最初的 Boosting 算法。在 1995 年诞生了两种经典的算法：SVM (Support Vector Machine) 和 AdaBoost。SVM 代表了核技术的胜利，它通过将输入向量映射到高维空间中，使得原本非线性的问题能得到很好的处理。而 AdaBoost 则代表了集成学习算法的胜利，通过将一些简单的弱分类器集成起来使用，居然能够达到惊人的精度。随机森林出现于 2001 年，与 AdaBoost 算法同属集成学习，虽然简单，但在很多问题上效果非常好，因此现在还在大规模使用。从 1980 年开始到 2012 年深度学习兴起之前，有监督学习得到了快速的发展，各种思想和方法层出不穷，但是没有一种机器学习算法在大量的问题上取得压倒性的优势。2006 年，Geoffrey Hinton 提出了深度学习模型，这个模型的提出，开启了深度网络机器学习的新时代。

8.1.3　机器学习的应用领域

近年来机器学习发展迅速，成为计算机视觉、语音识别、自然语言处理和数据挖掘等领域必不可少的核心技术。机器学习技术在诸多应用领域得到成功的应用，同时随着海量数据的积累和计算能力的提升，应用领域还在不断扩展。

1. 商业领域

机器学习在商业上的应用主要可以对销售数据、客户信息进行分析，从而优化库存、降低成本、还能针对用户群进行精准营销。如在销售过程中，使用机器学习技术依据历史价格和相应的销量变化，进行定价优化。在客户关系管理方面，通过机器学习模型对客户进行划分，从而支持各部门业务销售和市场推广。推荐系统可根据用户的浏览记录和社交网络等信息，分析得到用户的个性化需求与兴趣，从而推荐用户感兴趣的信息或物品。

2. 金融领域

机器学习在处理金融行业的业务方面更加有效,其应用主要是进行数据分析和预测分析。信用评分的应用指基于客户职业、薪资、行业和历史记录等信息,建立评分模型,评估信贷过程中各种风险,并对其进行监督,可以在降低风险的同时提高评估效率。此外,还可以使用机器学习算法分析通货膨胀对股市的影响、进行股票市场影响因素分析、基于股票的价格波动特征及可量化的市场数据对股票价格进行实时预测等。欺诈检测方面主要是基于收集到的历史数据训练机器学习模型,用来预测欺诈发生的概率,采用机器学习方法用时少,而且能检测出更复杂的欺诈行为。

3. 医疗领域

疾病诊断是机器学习研究在医疗领域中最前沿的应用。如研究表明,通过对超过13万张皮肤癌临床图片进行深度学习后,机器学习系统在监测皮肤癌方面超过了皮肤科医生。机器学习系统能够将未经处理的大脑样本进行"染色",提供非常准确的信息,效果与病理分析结果一样,通过它诊断脑瘤的准确率和使用常规切片的准确率几乎相同,但能极大缩短诊断时间。个性化治疗是基于患者健康数据与预测性分析相结合的更有效的疗法,这一领域目前被有监督的机器学习算法所主宰,有监督的学习算法允许医生从有限的诊断集合中进行选择,或基于患者的症状和遗传信息对病人所面临的风险进行评估。临床试验方面,机器学习通过大量数据获得有价值的信息,如药物发现方面,通过对分子和靶向蛋白之间作用力的模拟,计算机可以从拥有几百万个化合物的候选分子库中筛选出几十个可能的先导化合物,机器学习技术还可以应用于其后的化学合成过程和药物的临床稳定性研究,大量地节约时间、人力和物料成本。

4. 自然语言处理

如何利用机器学习技术进行自然语言的深度理解涉及计算机科学、统计学和语言学等多个学科,包括文本分类、信息检索、情感分析、机器翻译、自动摘要和自动问答等各种应用。文本分类是基于相似性算法的自动聚类技术,自动对大量无类别的文档进行归类,把内容相近的文档归为一类,并自动为该类生成标题和主题词。适用于自动生成热点舆论专题、重大新闻事件追踪、情报的可视化分析等诸多应用。信息检索是从信息资源集合中提取需求信息的行为,可以基于全文或内容的索引,其主要技术包括向量空间模型、权重计算、相似度计算和文本聚类等。情感分析是对文本内容所表达出来的主观色彩进行分析的过程。基于机器学习的情感分析主要是通过对语料库进行分析,训练模型。情感分析主要用于舆情控制和产品评价等。机器翻译是利用计算机将一种自然语言(源语言)转换为另一种自然语言(目标语言)的过程,涉及语言学和机器学习等多学科。自动摘要主要使用聚类和分类机器学习算法探索文本的语义和上下文,并确定文本的关键点,然后使用降维算法将文本浓缩,形成文档摘要。自动问答是信息检索系统的一种高级形式,它能用准确、简洁的自然语言回答用户用自然语言提出的问题,代表产品有百度知道和知乎网等。

5. 计算机视觉

计算机视觉就是图像处理和机器学习的组合。图像处理技术用于将图像转换为机器学习模型的输入,机器学习则负责从图像中识别出相关的模式。这些都是基于原有图像进行检测,如图片识别、人脸识别是 Facebook 和 Instagram 等社交网络的基石之一。目标检测也是计算机视觉的主要应用之一,其任务是找出图像中所有感兴趣的目标,确定它们的位置和类别。

6. 网络应用

机器学习在网络应用中也占有一定的地位,比如垃圾邮件检测系统中,使用贝叶斯分类器、支持向量机等分类算法，对正常邮件和垃圾邮件进行分类；可以通过非监督学习算法推断出数据的内在关联，例如，社交网络账号的检测中通过对好友关系、点赞行为的聚类，发现账号内在的关联。机器学习还可以用于解决异常协议检测、恶意软件检测和网络入侵检测等方面。

7. 工业领域

机器学习在工业领域的主要应用有质量管理、缺陷预测、工业分拣和故障检测等方面。当前工业界开始通过数据建立用于模式识别的人工神经网络模型，实现基于机器学习的模式识别。如在故障诊断和预警方面，贝叶斯网络能较好地描述可能的故障来源，在处理故障不确定问题上有不凡的表现。研究人员研发了多种基于贝叶斯网络的故障诊断系统，能节省工作人员的判断时间。

8. 生活娱乐

机器学习现在已经与人们的生活密切相关，在天气预报、环境检测和自动控制等方面都有所应用并取得了飞速发展。如交通流量预测是通过车辆的 GPS 定位信息，将车辆当前的位置和速度保存在中央服务器上，再通过机器学习算法依据区域内的汽车数量估计出拥堵区域。自动驾驶汽车可以在无人操作的情况下，自动安全地操作机动车辆。阿尔法围棋（AlphaGo）使用了深度学习技术，取得了很好的效果。

8.2 机器学习的基本理论

机器学习已经成为人工智能领域的核心技术，本节主要介绍机器学习基本理论，包括：机器学习基本术语、机器学习算法分类和机器学习的一般流程。

8.2.1 基本术语

机器学习方法离不开数据和模型，本节主要介绍一些与其相关的常用术语。

数据集（dataset）是一种由数据所组成的集合，通常以表格的形式出现，其中每一行是一个数据，表示对一个事件或对象的描述，又称为样本（sample）或实例（instance）。每一列反映事件或对象在某方面的表现或性质，称为特征（feature）或属性（attribute）。属性上的取值称为属性值（attribute value）或特征值。所有属性组成的空间称为属性空间（attribute space）、样本空间（sample space）或输入空间（input space）。属性空间中的每一个点通常用一个向量来表示，称为特征向量（feature vector），即每个特征向量附属于一个实例。

模型（model）指描述特征和问题之间关系的数学对象。从数据中使用算法得到模型的过程称为学习（learning）或训练（training）。

训练过程中使用的数据集又被分为以下 3 种。

- 训练集（trainning set）：通常取数据集中一部分数据作为训练集来训练模型。
- 测试集（testing set）：用来对已经学习好的模型或算法进行测试和评估的数据集。
- 验证集（validation set）：有时需要把训练集进一步拆分成训练集和验证集，验证集用于在学习过程中对模型进行调整和选择。

每个实例中描述模型输出的可能值称为标签（lable）或标记。特征是事物的固有属性，标签是根据固有属性产生的认知。

在经过一定次数的训练迭代后，模型损失不再发生变化或变化很小，说明当前训练样本已经无法改进模型，称为模型达到收敛（convergence）状态。

新的数据输入到训练好的模型中，以对其进行判断称为预测（prediction）。通过学习得到的模型适用于新样本的能力，称为泛化（generalization）能力。检验模型效果的方法称为模型评估（evaluation）。

8.2.2 机器学习算法

机器学习算法从学习方式上可分为：监督学习、无监督学习、半监督学习和强化学习。

1）监督学习（Supervised Learning）：在监督学习的方式下，从给定的训练数据集中学习出一个函数（模型参数），然后根据这个模型对未知样本进行预测。监督学习的训练集要求包括输入和输出，也可以说是特征和标签。训练集中的标签是由人标注的。属于监督学习的算法包括回归模型、决策树、随机森林和 k 邻近算法等。

2）无监督学习（Unsuperised Learning）：又称非监督学习。在非监督学习的方式下，它的输入样本并不需要标记，学习模型是为了推断出数据的一些内在结构。常见的应用场景包括关联规则的学习及聚类等，常见算法包括 k 均值算法和 DBSCAN 算法等。

3）半监督学习（Semi-supervised Learning）：在半监督学习的方式下，输入数据部分被标识，部分没有被标识，这种学习模型可以用来进行预测，但是模型首先需要学习数据的内在结构以便合理地组织数据来进行预测。应用场景包括分类和回归，算法包括一些对常用监督学习算法的延伸，这些算法首先试图对未标识数据进行建模，在此基础上再对标识的数据进行预测。如图论推理算法（Graph Inference）或拉普拉斯支持向量机（Laplacian SVM）等。

4）强化学习（Reinforcement Learning）：在强化学习的方式下，强调如何基于环境而行动，以取得最大化的预期利益。其灵感来源于心理学中的行为主义理论，即有机体如何在环境给予的奖励或惩罚的刺激下，逐步形成对刺激的预期，产生能获得最大利益的习惯性行为。常见的应用场景包括动态系统及机器人控制等。常见算法包括 Q-Learning 和时间差学习（Temporal Difference Learning）。

机器学习算法从算法功能上可分为：分类、回归、聚类和降维。

1）分类（Classification）：分类问题是监督学习的一个核心问题，它从数据中学习一个分类决策函数或分类模型（分类器），对新的输入进行输出预测，输出变量取有限个离散值。常用的方法有决策树、朴素贝叶斯、支持向量机和集成学习等。

2）回归（Regression）：回归问题用于预测输入变量（自变量）和输出变量（因变量）之间的关系，特别是当输入变量的值发生变化时，输出变量的值随之发生变化。常用方法有线性回归、岭回归和 Lasso 回归等。

3）聚类（Cluster）：聚类问题是无监督学习的问题，算法的思想是"物以类聚，人以群分"。聚类算法感知样本间的相似度，进行类别归纳，对新的输入进行输出预测，输出变量取有限个离散值。常用方法有 k 均值聚类、密度聚类、层次聚类和谱聚类等。

4）降维（Dimensionality Reduction）：降维指从高维度数据中提取关键信息，将其转换为易于计算的低维度问题进而求解。若输入和输出均已知，属于监督学习；若只有输入已知，属于无监督学习。注意在转换为低维度的样本后，应保持原始输入样本的数据分布性质，以及数据间的近邻关系不发生变化。常用方法有主成分分析（PCA）和线性判别分析（LDA）。

8.2.3 机器学习的一般流程

机器学习主要是利用历史数据，使用机器学习算法构造模型，然后对模型进行评估和优化，利用建立的模型对新数据进行预测。一般包括以下几个过程。

1）数据采集与预处理。机器学习所用的数据对整个项目至关重要，数据要有代表性，要尽量覆盖所研究的领域，并评估数据的样本量和特征等。如果数据发现问题，则需要对数据进行预处理。数据预处理包含归一化、离散化、缺失处理和去共性等。

2）数据集分割。一般需要将样本分为训练集和测试集，或再进一步分为训练集、验证集和测试集。其中训练集用来训练模型，验证集用来调整模型参数从而得到最终模型，测试集用来检验最终模型性能。

3）模型选择和训练。模型本身并没有优劣，模型选择要依据问题和数据进行分析，比如是分类问题还是回归问题，是监督学习还是无监督学习，根据问题类型和数据集大小等因素选择合适的模型。一般不存在任何情况都很好的模型，所以一般会尝试用不同模型进行训练，从中选择较优模型。

4）模型评估和优化。使用训练数据集建模后，需要用测试数据集进行测试和评估，测试模型对数据的泛化能力。模型评估可以根据分类、回归、聚类等不同问题选择不同的指标，然后利用模型评估结果对模型进行改进。

5）模型应用。使用创建好的模型，对新的数据进行预测。

8.3 安装 scikit-learn 库

scikit-learn（简称 sklearn）是一个开源的、基于 Python 语言的机器学习工具包。scikit-learn 库基于 NumPy 和 Scipy，提供了大量用于数据挖掘和分析的工具包，它包含了从数据预处理到训练模型、交叉验证、算法与可视化算法等一系列接口，可以极大地节省编写代码的时间，以及减少代码量。

Anaconda 默认集成了 scikit-learn 库，但是 Python 发行版和 PyCharm 未默认安装该库，因此在安装 Python 或 PyCharm 后，必须单独安装 scikit-learn 库。

1. Python 环境下的安装

scikit-learn 库的安装，首先需安装 NumPy，然后安装 Scipy 和 Matplotlib 库，最后安装 scikit-learn 库。通过依赖关系，逐个使用 pip install 进行安装。前面章节中已经安装好 NumPy 和 Matplotlib 库，这里先安装 SciPy。

1）下载 Scipy 安装程序。打开网址 https://pypi.org/project/scipy/，下载界面如图 8-1a 所示。找到所安装的 Python 版本所对应的 Scipy 版本，根据需要选择下载 32 bit/64 bit 安装程序，如图 8-1b 所示。将下载文件复制到 Python 安装目录下的 Scripts 目录。

2）安装 Scipy。用 cmd 命令打开"命令提示符"窗口，通过 cd 命令切换到 Python 安装目录下的 Scripts 目录，输入命令 pip install scipy - 1.4.1 - cp37 - cp37m - win_amd64.whl，如图 8-2 所示。

3）测试是否安装成功。进入 IDLE，运行 import scipy，如图 8-3 所示，如果没有错误提示，说明安装成功。

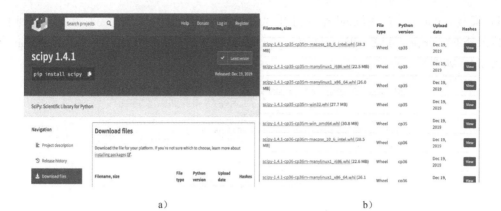

图 8-1　Scipy 安装程序下载

a）Scipy 下载界面　b）Scipy 版本列表

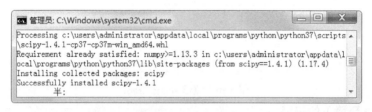

图 8-2　安装 Scipy

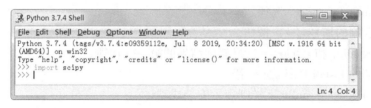

图 8-3　测试 Scipy

4）下载 scikit-learn。打开网址 https：//pypi. org/project/scikit-learn/，下载界面如图 8-4a 所示，找到相应的 scikit-learn 版本，根据需要选择下载 32 bit/64 bit 安装程序，如图 8-4b 所示。然后将下载的文件复制到 Python 安装目录下的 Scripts 目录。

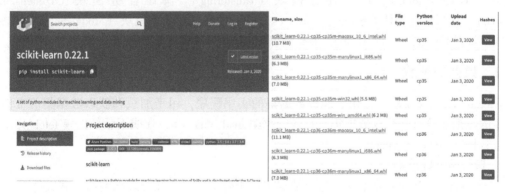

图 8-4　scikit-learn 安装程序下载

a）scikit-learn 下载界面　b）scikit-learn 版本列表

5）安装 scikit-learn。用 cmd 命令打开"命令提示符"窗口，通过 cd 命令切换到 Python 安装目录下的 Scripts 目录，输入命令：pip install scikit_learn-0.22.1-cp37-cp37m-win_amd64.whl，如图 8-5 所示。

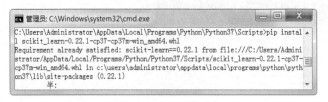

图 8-5　安装 scikit-learn

6）测试是否安装成功。进入 IDLE，输入 import sklearn as sk，如图 8-6 所示，如果没有错误提示，说明安装成功。

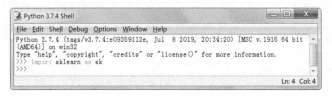

图 8-6　测试 scikit-learn

2. PyCharm 环境下的安装

1）单击 File 下面的 Settings 选项。

2）单击 Python Interpreter 选项。

3）单击最右侧的加号（+）按钮。

4）分别输入 scipy 和 sklearn，选择查询结果的第一个选项。

5）单击底部的 Install Package 按钮。

6）当底部出现 successfully 字样则表示安装成功。

8.4　scikit-learn 基本框架

scikit-learn 中有 6 个任务模块和 1 个数据导入模块：回归任务模块（Regression）、分类任务模块（Classification）、聚类任务模块（Clustering）、降维任务模块（Dimensionality reduction）、数据预处理任务模块（Preprocessing）、模型选择任务模块（Model Selection）和数据引入模块（Datasets）。使用 scikit-learn 构建机器学习基本框架的核心步骤如下。

8.4.1　数据的加载

sklearn.datasets 模块包括用于加载数据集的实用程序，用于加载和获取数据集。常使用 3 种主要的数据集接口来获取数据集：自带数据集 load_<name>、在线下载数据集 fetch_< name> 及生成数据集 make_< name>。

1. 自带标准数据集

scikit-learn 自带标准数据集，这类数据集使用时不需要从任何外部网站下载文件，其函数原型如下：

sklearn.datasets.load_<name>（[return_X_y]）

其主要参数详细说明如下。

1) return_X_y：返回值信息。数据类型为布尔值，可选参数，如果不指定该参数值，则使用默认参数值 False。

- False：函数输出为 bunch 对象，包含 data（样本特征数据）、target（标签）和 DESCR（数据集描述），同时一部分数据也包含 feature_names 和 images 等。
- True：将输出约束为只包含 data（样本特征数据）和 target（标签）。

2) name：要下载的数据集名称。

scikit-learn 共自带 7 个标准数据集，每个数据集特点如下。

（1）波士顿房价数据集

波士顿房价数据集加载方式为 load_boston（[return_X_y]），它是经典的用于回归任务的数据集。波士顿房价数据集取自卡内基梅隆大学维护的 StatLib 库。该数据集统计了 20 世纪 70 年代中期波士顿郊区房价的中位数，通过分析当时郊区的犯罪率和房产税等 13 个指标统计出房价，试图找到房价与指标的关系。

- 该数据集中共有 506 个样本数据。其中 404 个样本是训练数据，剩下的 102 个样本作为测试样本。
- 每个样本含有 13 个特征和 1 个标签，其中包含城镇犯罪率、氮氧化物浓度、住宅平均房间数、到中心区域的加权距离，以及自住房平均房价等。其具体属性如下。
  - CRIM：城镇人均犯罪率。
  - ZN：占地超过 2322 m^2 的住宅用地比例。
  - INDUS：城镇非零售商用土地的比例。
  - CHAS：查理斯河空变量（如果边界是河流，则为 1；否则为 0）。
  - NOX：氮氧化物（千万分比）。
  - RM：住宅平均房间数。
  - AGE：1940 年之前建成的自用房屋比例。
  - DIS：到波士顿 5 个中心区域的加权距离。
  - RAD：高速公路通行能力指数。
  - TAX：每 10000 美元的全值财产税率。
  - PTRATIO：按城镇划分的城镇师生比例。
  - B：B = 1000 (Bk-0.63)^2，其中 Bk 指代城镇中黑人的比例。
  - LSTAT：人口中低层次人口比例。
  - MEDV：自住房的平均房价，以千美元计。

【例 8-1】 波士顿房价数据的加载。

参考程序如下：

```
# 导入数据集 load_boston
from sklearn. datasets import load_boston
# 波士顿房价数据集加载,X 为样本特征集合,y 为样本标签集合
X, y = load_boston( return_X_y = True)
print( X. shape)
print( y. shape)
```

程序运行结果如下：

```
(506, 13)
(506,)
```

（2）鸢尾花数据集

鸢尾花数据集调用方式为 load_iris（[return_X_y]），它是经典的用于多分类任务的数据集。鸢尾花数据集最初由 Edgar Anderson 测量得到，而后在著名的统计学家和生物学家 R. A. Fisher 于 1936 年发表的文章 *The use of multiple measurements in taxonomic problems* 中被使用，用其作为线性判别分析（Linear Discriminant Analysis）的一个例子，证明分类的统计方法。鸢尾花数据集可能是模式识别、机器学习等领域中使用最多的一个数据集。数据中的两类鸢尾花记录结果是在加拿大加斯帕半岛上，于同一天的同一时间段，使用相同的测量仪器，在相同的牧场上由同一个人测量出来的。

- 该数据集中共有 150 个样本，共分为 3 类，每类 50 个样本。可以通过特征预测鸢尾花属于哪一个品种。
- 每个样本包含 4 项特征和 1 个类别标签。4 个特征值都为正浮点数，单位为 cm。其具体属性如下。
  - Sepal. Length：花萼长度。
  - Sepal. Width：花萼宽度。
  - Petal. Length：花瓣长度。
  - Petal. Width：花瓣宽度。
  - Class：iris-setosa（山鸢尾）、iris-versicolour（杂色鸢尾）和 iris-virginica（维吉尼亚鸢尾）。

（3）糖尿病数据集

糖尿病数据集调用方式为 load_diabetes（[return_X_y]），是用于回归任务的数据集。糖尿病数据集包括 442 个病人的生理数据及一年后的病情发展情况。

- 该数据集中共有 442 个样本，每个样本包含 10 个特征值和 1 个疾病发展的定性测量值。
- 每个样本的 10 个特征都已经做了均值中心化处理，取值范围为（-0.2,0.2）。标签数据取值范围介于 25 和 346 之间。其具体属性如下。
  - Age：年龄。
  - Sex：性别。
  - Body mass index：体重指数。
  - Average blood pressure：平均血压。
  - S1、S2、S3、S4、S5、S6：六次血清测量值。
  - y：基于病情进展一年后的定性测量值。

（4）手写数字数据集

手写数字数据调用方式为 load_digits（[return_X_y]），该数据集是用于分类任务或降维任务的数据集。手写数字数据集中的样本是将 32×32 像素的位图划分为 4×4 像素的非重叠块，从而生成一个 8×8 的输入矩阵。该数据集包含 1797 个样本，每个样本有 64 维特征（8×8 像素的图像）和一个 0~9 的整数的标签。其中 64 维特征中每个元素都是 0~16 范围内的整数。共有 10 个分类，每类标签分别表示 0~9 中的数字。

（5）体能训练数据集

体能训练数据集调用方式为 load_linnerud（[return_X_y]），该数据集用于多变量回归任务的数据集。体能训练数据集包含 20 个样本，每个样本有 3 个属性。其内部包含两个小数据集。

- Physiological 为对 3 个训练变量的 20 次观测，包括体重、腰围和脉搏。

- Exercise 为对 3 个生理学变量的 20 次观测，包括引体向上、仰卧起坐和立定跳远。

（6）葡萄酒数据集

葡萄酒数据集调用方式为 load_wine([return_X_y])，该数据集是用于多分类任务的数据集。葡萄酒数据集是来自 UCI 上的公开数据集，这些数据是由 3 个不同的种植者对意大利同一地区的葡萄酒进行化学分析的结果，该分析确定了葡萄酒中含有的 13 种成分的数量。

- 该数据集中有 178 个样本，共分为 3 类，每类分别有 59、71 和 48 个样本。实现对葡萄酒进行分析得到该葡萄酒的分类。
- 每个样本含有酒精度等 13 个化学成分和 1 个类别标签。其具体属性如下。
  - Alcohol：酒精。
  - Malic acid：苹果酸。
  - Ash：灰。
  - Alcalinity of ash：灰分的碱度。
  - Magnesium：镁。
  - Total phenols：总酚。
  - Flavanoids：黄酮类化合物。
  - Nonflavanoid phenols：非黄烷类酚类。
  - Proanthocyanins：原花色素。
  - Color intensity：颜色强度。
  - Hue：色调。
  - OD280/OD315 of diluted wines：稀释葡萄酒的 OD280/OD315。
  - Proline：脯氨酸。
  - Class：葡萄酒分类，取值 0、1、2。

（7）乳腺癌数据集

乳腺癌数据集调用方式为 load_barest_cancer([return_X_y])，该数据集是经典的用于二分类任务的数据集。乳腺癌数据集是美国 UCI 数据库中的美国威斯康辛州乳腺癌数据集（诊断）的副本，记录了 569 个病人从乳腺肿块的数字化图像计算得出的 30 个维度的生理指标数据，和乳腺癌恶性/良性类别。

- 数据集中有 569 个样本，其中包括 357 个良性样本和 212 个恶性样本。
- 每个样本有肿块半径等 30 个特征和 1 个诊断分类。这 30 个特征中包含 10 个基础特征，为每个图像计算这些特征的平均值、标准差和最大值（3 个最大值的平均值），从而得到 30 个特征。
  - Radius：半径，指肿块中心点离边界的平均距离。
  - Texture：纹理，灰度值的标准偏差。
  - Perimeter：周长，表示肿块大小的指标。
  - Area：面积，表示肿块大小的指标。
  - Smoothness：平滑度，半径的局部变化。
  - Compactness：密实度，周长的平方除以面积的商，再减 1。
  - Concavity：凹度，凹陷部分轮廓的程度。
  - Concave Points：凹点，凹陷轮廓的数量。
  - Symmetry：对称性。

－Fractal dimension：分形维度。

－Class：诊断分类，包括 WDBC（恶性）和 WDBC（良性）。

2. 大规模在线数据集

这类数据集需要从网络上下载，sklearn 中使用 sklearn. datasets. fetch_<name>获取该类数据集，name 表示数据集的名称。常用数据集有 Olivetti 人脸数据集（olivetti_faces）、新闻主题 20 分类数据集（20newsgroups）、加州房屋数据集（california_housing）和野外人脸识别数据集（lfw_people）等。

以新闻主题 20 分类数据集（20newsgroups）为例，说明获取在线数据集的应用。该数据集是用于文本分类、文本挖掘和信息检索研究的国际标准数据集之一，包含关于 20 个主题的大约 18000 多个新闻及其分类。该数据集分为两个子集：一个用于训练，另一个用于测试，训练集和测试集的划分基于特定日期之前和之后发布的消息。其函数原型如下：

```
sklearn. datasets. fetch_20newsgroups( data_home = None, subset ='train', ategory = None,
shuffle = True, random_state = 42, remove = ( ), download_if_missing = True,
return_X_y = False)
```

其主要参数详细说明如下。

1）data_home：指定数据集的下载和缓存文件夹。若设置为 None，则所有学习数据存储在 "~/scikit_learn_data" 子文件夹中。

2）subtrain：选择数据集。取值可以为 train、test 或 all，分别对应选择训练集、测试集和所有样本。

3）category：选取数据类别。如果不指定参数值，则使用默认参数值 None，提取所有类别出来。

4）shuffle：是否将样本打乱。数据类型为布尔型，如不指定该参数，则使用默认参数值 True。

5）random_state：用于设置随机数产生方式，若不指定该参数，则自动使用默认参数值 None。其可选值如下。

● 整数：使用给定整数作为随机数发生器的种子。为了使随机算法具有确定性（即多次运行将产生相同的结果），random_state 可以使用任意整数，常常取值为 0。

● RandomState 实例：指定随机数发生器，仅影响相同随机状态实例的其他用户。

● None：使用默认的随机状态 numpy. random。

6）remove：设置的内容将被检测到并从新闻组帖子中删除。从而防止分类器过度适合元数据。参数值为元组值，可包含如下内容。

● headers：删除新闻组的标题。

● footers：删除帖子的末尾看起来像签名的块。

● quotes：删除被另一篇文章引用的行。

7）download_if_missing：如果数据缺失，是否去下载。如不指定该参数值，则使用默认参数值 True，即数据在本地不可用时尝试从源站点下载数据；如果设置为 False，则数据不在本地可用时引发 IOError。

8）return_X_y：返回数据信息。可选参数，如不指定该参数，则使用默认参数值 False。

● False：输出包括 data（数据列表）、target（标签列表）、filenames（文件名列表）、DESCR（数据集描述）和 target_names（标签名称列表）。

● True：返回数据集限定为 data 和 target。

【例 8-2】 获取新闻主题 20 分类数据集。

参考程序如下：

```
# 新闻主题 20 分类数据集
# 导入 sklearn. datasets 模块 fetch_20newsgroups
from sklearn. datasets import fetch_20newsgroups
# 下载新闻主题 20 分类数据集
data_train = fetch_20newsgroups( subset='train')
data = data_train. data                    # 文本数据,每个元素是篇文章
target = data_train. target                # 标签
target_names = data_train. target_names    # 20 个新闻组名称
# 输出需要的信息
print(data[0])                             # 第一条新闻信息
print('类别索引和名称',target[0], target_names[target[0]])
print('样本数', len(data), target. shape)
```

程序运行结果如下：

```
Downloading 20news dataset. This may take a few minutes.
Downloading dataset from https://ndownloader. figshare. com/files/5975967 (14 MB)
From:lerxst@ wam. umd. edu (where's my thing)
Subject：WHAT car is this!?
Nntp-Posting-Host:rac3. wam. umd. edu
Organization：University of Maryland, College Park
Lines：15
    I was wondering if anyone out there could enlighten me on this car I saw
the other day. It was a 2-door sports car, looked to be from the late 60s/
early 70s. It was called aBricklin. The doors were really small. In addition,
the front bumper was separate from the rest of the body. This is
all I know. If anyone cantellme a model name, engine specs, years
of production, where this car is made, history, or whatever info you
have on this funky looking car, please e-mail.
Thanks,
- IL
    ---- brought to you by your neighborhoodLerxst ----
类别索引和名称 7 rec. autos
样本数 11314 (11314,)
```

3. 生成数据集

scikit-learn 包括各种随机样本生成器，sklearn. datasets. make_<name>可用于构建大小和复杂度受控的人工数据集。生成数据集可以用于分类任务、回归任务和聚类任务等。用于分类任务和聚类任务的函数产生样本特征向量矩阵及对应的类别标签集合。sklearn. datasets. make_<name> 中的函数如下。

1）make_blobs：多类单标签数据集，为每个类分配一个或多个正态分布的点集。

2）make_classification：多类单标签数据集，为每个类分配一个或多个正态分布的点集，提供了为数据添加噪声的方式，包括维度相关性、无效特征及冗余特征等。

3）make_gaussian-quantiles：将一个单高斯分布的点集划分为两个数量均等的点集，作为

两类。

4）make_hastie-10-2：产生一个相似的二元分类数据集，有 10 个维度。

5）make_circle 和 make_moons 产生二维二元分类数据集来测试某些算法的性能，可以为数据集添加噪声，可以为二元分类器产生一些球形判决界面的数据。

以 make_blobs 和 make_mooms 为例，看如何生成所需数据集。scikit-learn 使用 make_blobs 根据用户指定的特征数量、中心点数量和范围等来生成几类数据，这些数据可用于测试聚类算法的效果。

其函数原型如下：

```
sklearn. datasets. make_blobs( n_samples = 100, n_features = 2, centers = None,
cluster_std = 1. 0,center_box = ( -10. 0, 10. 0), shuffle = True, random_state = None)
```

其主要参数详细说明如下。

1）n_samples：生成样本的总数。数据类型为整型，默认参数值为 100。

2）n_features：每个样本的特征数目即特征维度数目。数据类型为整型，默认参数值为 2。

3）centers：生成的样本中心数，即类别数目。数据类型为整型或整型二维数组 [n_centers, n_features]，默认参数值为 3。

4）cluster_std：每个类别的方差。数据类型为浮点型，默认参数值为 1.0。例如，生成 2 类数据，其中一类比另一类具有更大的方差，可以将 cluster_std 设置为 [1.0,3.0]。

5）center_box：中心确定后的边界。数据格式为 floats（min,max），默认参数值为（-10.0, 10.0）。

6）shuffle：是否将样本打乱。数据类型为布尔值，为可选参数，若不指定该参数值，则使用默认参数值 True。

7）random_state：用于设置随机数产生方式。若不指定该参数，则自动使用默认参数值 None。其可选值如下。

- 整数：使用给定整数作为随机数发生器的种子。为了使随机算法具有确定性（即多次运行将产生相同的结果），random_state 可以使用任意整数，常常取值为 0。
- RandomState 实例：指定随机数发生器，仅影响相同随机状态实例的其他用户。
- None：使用默认的随机状态 numpy. random。

【例 8-3】 使用 make_blobs 生成数据集。

参考程序如下：

```
# 生成数据集,并绘制散点图
# 导入 matplotlib 模块的 pyplot 类
import matplotlib. pyplot as plt
# 导入 sklearn. datasets 模块的 make_blobs
from sklearn. datasets import make_blobs
# 生成数据集
# 样本总数为 150,特征数量为 2,样本中心数目缺省取值为 3,类方差为 0. 5
X,y = make_blobs( n_samples = 150,n_features = 2, cluster_std = 0. 5, shuffle = True, random_state = 0)
# 绘制生成数据集散点图
plt. scatter( X[ :, 0], X[ :, 1], c=y, s=20)
plt. show( )
```

程序运行结果如图 8-7 所示。

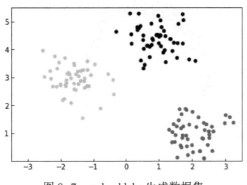

图 8-7　make_blobs 生成数据集

scikit-learn 使用 make_moons 生成数据集，为两个相交的半圆，用于聚类和分类算法。其函数原型如下：

sklearn. datasets. make_moons(n_samples = 100，shuffle = True，noise = None，
random_state = None)

其主要参数详细说明如下。

1）n_samples：生成样本的总数。数据类型为整型，默认参数值为 100。

2）shuffle：是否将样本打乱。数据类型为布尔型，若不指定该参数值，则使用默认参数值 True。

3）noise：加到数据中的高斯噪声标准差。数据类型为布尔型，若不指定该参数值，则使用默认参数值 None。

4）random_state：设置随机数产生方式。参数取值与 make_blobs 相同。

【例 8-4】 使用 make_moons 生成数据集。

参考程序如下：

```
#使用 make_moons 生成数据集并绘制数据图形
import matplotlib. pyplot as plt
#导入 sklearn. datasets 模块的 make_moons
from sklearn. datasets import make_moons
#生成数据
#样本数目为 1500,高斯噪声标准差为 0. 06,随机生成种子取值为 None
x,y = make_moons( n_samples = 1500, shuffle = True, noise = 0. 06, random_state = None)
#绘制散点图
plt. scatter( x[ :,0], x[ :,1], c=y, s=7)
plt. savefig('moons. png')
plt. show( )
```

程序运行结果如图 8-8 所示。

除了上述 3 种常用的方法外，sklearn 还可以加载其他数据集，比如可以通过 load_sample_images( )加载样本图像、使用包含的实用程序以 svmlight/libsvm 格式加载数据集、使用函数从存储库下载数据集或加载外部的数据集。

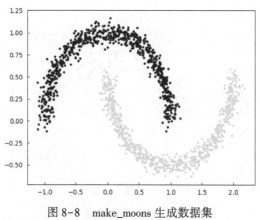

图 8-8　make_moons 生成数据集

8.4.2　模型训练和预测

模型训练前需将数据集划分为训练集与测试集，scikit-learn 中 sklearn. model_ selection 包含 rain_test_split( )方法，可以方便地将数据集拆分为 train_data 和 test_data 两个部分。理论上更合理的数据集划分方案是分成 3 个，此外还要再加一个交叉验证数据集。

sklearn 提供了很多机器学习模型可供选择（这部分内容将在第 9~12 章进行详细讲解）。

1）常用回归模型：线性回归、决策树、SVM、KNN、随机森林、AdaBoost、Bagging、GradientBoosting 和 ExtraTrees。

2）常用分类模型：决策树、SVM、KNN、朴素贝叶斯、随机森林、AdaBoost、Gradient-Boosting、Bagging 和 ExtraTrees。

3）常用聚类模型：k 均值聚类、层次聚类和 DBSCAN。

4）常用降维模型：LinearDiscriminantAnalysis 和 PCA。

scikit-learn 统一了所有模型调用的接口，可以使用 fit( )方法进行模型的训练，对训练好的模型使用测试集调用通用的 predict( )方法进行预测。使用起来比较简单。

8.4.3　模型的评估

在 scikit-learn 中，可以使用以下 3 种方法进行模型的评估。

1）各个模型均提供相应的 score 方法来进行评估。这种方法对于每一种学习器来说都是根据学习器本身的特点定制的，其方法比较简单。

2）用交叉验证 cross_val_score，或参数调试 GridSearchCV，它们都依赖 scoring 参数传入一个性能度量函数。

3）使用 sklearn. metrics 中的评估方法，metrics 有为各种问题提供的评估方法，这些问题包括分类、回归和聚类等。

本书第 13 章内容重点介绍模型评估内容。

8.4.4　模型的保存与使用

模型训练完成后，可以将模型永久化保存，这样可以在使用时直接调用，避免花大量时间再训练，可以通过两种方法保存一个模型。

1）使用 Python 的内置永久化模块（pickle）保存模型。

2）使用 joblib 对模型进行保存，可以调用 joblib. jump( )方法。对于保存好的模型，当需要使用到该模型时，可以直接使用 joblib. load( )进行加载模型。

8.5　本章小结

本章首先介绍了机器学习的定义、发展历史和应用领域。然后在介绍机器学习基本理论的基础上，介绍了不同种类的机器学习算法，以及机器学习的一般流程。最后介绍了 scikit-learn 库、scikit-learn 的安装和使用 scikit-learn 进行机器学习的基本框架的相关内容。

8.6　习题

1. 填空题

1）机器学习是一门_____的学科，涉及_____、_____、_____、_____、_____等多门学科。专门研究计算机怎样_____或_____的学习行为，以获取新的知识或技能，重新组织已有的知识结构，使之不断改善自身的性能。

2）数据集（dataset）通常以表格的形式出现，每一行是一个数据，是关于事件或对象的描述，称为_____或_____。每一列反映事件或对象在某一方面的表示或性质，称为_____。

3）机器学习算法按功能可分为：_____、_____、_____、_____。

4）scikit-learn 中识别对象是哪个类别的模块是_____，预测与对象相关联的连续值属性的模块_____，将相似对象自动分组的模块是_____，数据导入模块是_____。

2. 简答题

1）简述机器学习的应用领域。

2）机器学习分类有哪些？

3）简述数据集、训练集、测试集和验证集的概念。

4）说明机器学习的一般流程。

5）常用的数据集获取接口有哪些？

第9章 回归分析

回归分析是一种应用极为广泛的数量分析方法。它用于分析事物之间的统计关系，通过回归方程的形式描述和反应变量之间的数量变化规律，以帮助人们准确掌握自变量受其他一个或多个因变量影响的程度，进而为预测提供科学依据。在大数据分析中，回归分析是一种预测性建模技术，它研究的是因变量（目标）和自变量（预测器）之间的关系。这种技术通常用于预测分析、时间序列模型，以及发现变量之间的因果关系。

9.1 回归分析原理

回归分析（Regression Analysis）是一个监督学习过程。它是一个统计预测模型，用以描述和评估因变量与一个或多个自变量之间的关系。

1. 基本概念

回归分析是处理多变量间相关关系的一种数学方法。相关关系不同于函数关系，后者反映变量间的严格依存性，而前者则表现出一定程度的波动性或随机性，对自变量的每一个取值，因变量可以有多个数值与之相对应。在统计学上，研究相关关系可以运用回归分析和相关分析（Correlation Analysis）。

当自变量为非随机变量而因变量为随机变量时，它们的关系分析称为回归分析；当两者都是随机变量时，它们的关系分析称为相关分析。回归分析和相关分析往往不加区分。广义上说，相关分析包括回归分析，但严格地说，两者是有区别的。具有相关关系的两个变量 ξ 和 η，它们之间虽存在着密切的关系，但不能由一个变量的数值精确地求出另一个变量的值。通常选定 $\xi = x$ 时，η 的数学期望作为对应 $\xi = x$ 时 η 的代表值，因为它反映 $\xi = x$ 条件下 η 取值的平均水平。这样的对应关系称为回归关系。根据回归分析可以建立变量间的数学表达式，称为回归方程。回归方程反映自变量在固定条件下因变量的平均状态变化情况。相关分析是以某一指标来度量回归方程所描述的各个变量间关系的密切程度。相关分析常用回归分析来补充，两者相辅相成。若通过相关分析显示出变量间关系非常密切，则通过所建立的回归方程可获得相当准确的取值。

2. 可解决的问题

通过回归分析，可以解决以下问题。

1）建立变量间的数学表达式，通常称为经验公式。

2）利用概率统计基础知识进行分析，从而判断所建立的经验公式的有效性。

3）进行因素分析，确定影响某一变量的若干变量（因素）中，何者为主要，何者为次要，以及它们之间的关系。

具有相关关系的变量之间，虽然具有某种不确定性，但是通过对现象的不断观察可以探索出它们之间的统计规律，这类统计规律称为回归关系。有回归关系的理论、计算和分析称为回归分析。

3. 回归分析的一般方法

回归分析的一般方法如下所述。

1）收集数据：采用任意方法收集数据。

2）准备数据：回归需要数值型数据，标称型数据将被转成二值型数据。

3）分析数据：绘出数据的可视化二维图将有助于对数据做出理解和分析，在采用缩减法求得新回归系数之后，可以将新拟合线绘在图上作为对比。

4）训练算法：找到回归系数。

5）测试算法：使用预测值和数据的拟合度，来分析模型的效果。

6）使用算法：使用回归，可以在给定输入时预测出一个数值，这是对分类方法的提升，因为这样可以预测连续型数据而不仅仅是离散的类别标签。

9.2 多元线性回归

线性回归分析中，如果仅有一个自变量与一个因变量，且其关系大致上可用一条直线表示，则称之为简单线性回归分析。如果发现因变量 Y 和自变量 X 之间存在高度的正相关，则可以确定一条直线方程，使得所有的数据点尽可能接近这条拟合的直线。简单线性回归分析的模型如式 9-1 所示：

$$Y = a + bX \tag{9-1}$$

式中，Y 为因变量，a 为截距，b 为相关系数，X 为自变量。

由于只有一个预测变量 X，预测变量和目标形成了一个二维空间。在此空间中，模型需要拟合一条距离所有数据点最近的直线，接近度的测量方式为直线与所有数据点在垂直方向上距离的平方和，如图 9-1 所示。如果有两个预测变量 X_1 和 X_2，则空间增长到三维，现在模型需要拟合最接近三维空间中所有点的平面，如图 9-2 所示。而当有了两个以上的特征，模型拟合的就变成了较为抽象的超平面。

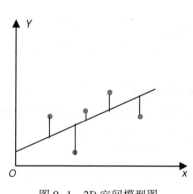

图 9-1　2D 空间模型图

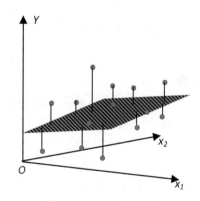

图 9-2　3D 空间模型图

当结果的影响因素有多个时，可以采用多元线性回归模型。多元线性回归分析是简单线性回归分析的推广，指的是多个因变量对多个自变量的回归分析。其中，最常用的就是只限于一个因变量但有多个自变量的情况，一般形式如式 9-2 所示：

$$Y = a + b_1 x_1 + b_2 x_2 + b_3 x_3 + \cdots + b_k x_k \tag{9-2}$$

式中，a 代表截距，b_1、b_2、b_3、$\cdots$、b_k 为回归系数。x_1、x_2、x_3、$\cdots$、x_k 为样本的 k 个特征值。

9.2.1 算法原理

给定数据集 $T = \{(\boldsymbol{x}_1, y_1), (\boldsymbol{x}_2, y_2), \cdots, (\boldsymbol{x}_N, y_N)\}$，$\boldsymbol{x}_i \in X \subseteq \mathbb{R}^n$，$y_i \in Y \subseteq \mathbb{R}$，$i = 1, 2, \cdots, N$，其中 $\boldsymbol{x}_i = (x_i^{(1)}, x_i^{(2)}, \cdots, x_i^{(n)})^{\mathrm{T}}$。则需要学习的模型如式 9-3 所示，即根据已知的数据集 T 来计算参数 $\boldsymbol{w}$ 和 b。

$$f(\boldsymbol{x}) = \boldsymbol{w} \cdot \boldsymbol{x} + b \tag{9-3}$$

对于给定的样本 $\boldsymbol{x}_i$，其预测值为 $\hat{y}_i = f(\boldsymbol{x}_i) = \boldsymbol{w} \cdot \boldsymbol{x}_i + b$。采用平方损失函数，则在训练集 T 上模型的损失函数如式 9-4 所示：

$$L(f) = \sum_{i=1}^{N} (\hat{y}_i - y_i)^2 = \sum_{i=1}^{N} (\boldsymbol{w} \cdot \boldsymbol{x}_i + b - y_i)^2 \tag{9-4}$$

目标是损失函数最小化，即找到满足如式 9-5 所示的最优 $(\boldsymbol{w}^*, b^*)$。

$$(\boldsymbol{w}^*, b^*) = \arg \min_{\boldsymbol{w}, b} \sum_{i=1}^{N} (\boldsymbol{w} \cdot \boldsymbol{x}_i + b - y_i)^2 \tag{9-5}$$

上述问题可以用最小二乘法求得解析解，令：

$$\boldsymbol{w}' = (w^{(1)}, w^{(2)}, \cdots, w^{(n)}, b)^{\mathrm{T}} = (\boldsymbol{w}^{\mathrm{T}}, b)^{\mathrm{T}} \tag{9-6}$$

$$\boldsymbol{x}_i' = (x_i^{(1)}, x_i^{(2)}, \cdots, x_i^{(n)}, 1)^{\mathrm{T}} = (\boldsymbol{x}_i^{\mathrm{T}}, 1)^{\mathrm{T}} \tag{9-7}$$

$$\boldsymbol{y} = (y_1, y_2, \cdots, y_N)^{\mathrm{T}} \tag{9-8}$$

则得到式 9-9：

$$\sum_{i=1}^{N} (\boldsymbol{w} \cdot \boldsymbol{x}_i + b - y_i)^2 = (\boldsymbol{y} - (\boldsymbol{x}_1', \boldsymbol{x}_2', \cdots, \boldsymbol{x}_N')^{\mathrm{T}} \boldsymbol{w}')^{\mathrm{T}} (\boldsymbol{y} - (\boldsymbol{x}_1', \boldsymbol{x}_2', \cdots, \boldsymbol{x}_N')^{\mathrm{T}} \boldsymbol{w}') \tag{9-9}$$

令：

$$\boldsymbol{x} = (\boldsymbol{x}_1', \boldsymbol{x}_2', \cdots, \boldsymbol{x}_N')^{\mathrm{T}} = \begin{pmatrix} \boldsymbol{x}_1^{\mathrm{T}} \\ \boldsymbol{x}_2'^{\mathrm{T}} \\ \vdots \\ \boldsymbol{x}_N^{\mathrm{T}} \end{pmatrix} = \begin{pmatrix} x_1^{(1)} & x_1^{(2)} & \cdots & x_1^{(n)} & 1 \\ x_2^{(1)} & x_2^{(2)} & \cdots & x_2^{(n)} & 1 \\ \vdots & \vdots & \ddots & \vdots & 1 \\ x_N^{(1)} & x_N^{(2)} & \cdots & x_N^{(n)} & 1 \end{pmatrix} \tag{9-10}$$

则可得到式 9-11：

$$\boldsymbol{w}'^* = \arg \min_{\boldsymbol{w}'} (\boldsymbol{y} - \boldsymbol{x} \boldsymbol{w}')^{\mathrm{T}} (\boldsymbol{y} - \boldsymbol{x} \boldsymbol{w}') \tag{9-11}$$

令 $E_{\boldsymbol{w}'} = (\boldsymbol{y} - \boldsymbol{x} \boldsymbol{w}')^{\mathrm{T}} (\boldsymbol{y} - \boldsymbol{x} \boldsymbol{w}')$，求其极小值。对 $\boldsymbol{w}'$ 求导，令导数为零，得到解析解式：

$$\frac{\partial E_{\boldsymbol{w}'}}{\partial \boldsymbol{w}'} = 2 \boldsymbol{x}^{\mathrm{T}} (\boldsymbol{x} \boldsymbol{w}' - \boldsymbol{y}) = \boldsymbol{0} \Rightarrow \boldsymbol{x}^{\mathrm{T}} \boldsymbol{x} \boldsymbol{w}' = \boldsymbol{x}^{\mathrm{T}} \boldsymbol{y} \tag{9-12}$$

当 $\boldsymbol{x}^{\mathrm{T}} \boldsymbol{x}$ 为满秩矩阵或正定矩阵时，可得：

$$\boldsymbol{w}'^* = (\boldsymbol{x}^{\mathrm{T}} \boldsymbol{x})^{-1} \boldsymbol{x}^{\mathrm{T}} \boldsymbol{y} \tag{9-13}$$

其中 $(\boldsymbol{x}^{\mathrm{T}} \boldsymbol{x})^{-1}$ 为 $\boldsymbol{x}^{\mathrm{T}} \boldsymbol{x}$ 的逆矩阵。于是学得的多元线性回归模型如式 9-14 所示：

$$f(\boldsymbol{x}_i') = \boldsymbol{x}_i'^{\mathrm{T}} \boldsymbol{w}'^* \tag{9-14}$$

当 $\boldsymbol{x}^{\mathrm{T}} \boldsymbol{x}$ 不是满秩矩阵时，如 $N < n$（样本数量小于特征种类的数量）时，则存在多个解析解。此时常见的做法是引入正则化项，如 L_1 正则化或 L_2 正则化，这种方法将在 9.3 节详细介绍。

9.2.2 实现及参数

LinearRegression 是 scikit-learn 提供的线性回归模型，其函数原型为：

```
sklearn. Linear_model. LinearRegression(fit_intercept=True, normalize=False,
copy_X=True, n_jobs=1)
```

其主要参数如下。

1）fit_intercept：指定是否需要计算 b 值。数据类型为布尔型，若不指定该参数值，则自动使用默认参数值 True，即计算 b 值。如果设置为 False，则不计算 b 值。当 $w'=(w^T,b)^T$ 时，可以设为 False。

2）normalize：是否对训练样本进行归一化处理。数据类型为布尔型，若不指定该参数值，则自动使用默认参数值 True。如果为 True，则训练样本会在回归之前被归一化。

3）copy_X：是否复制 X。数据类型为布尔型，如果设置为 True，则会复制 X。

4）n_jobs：任务并行时使用的 CPU 核心数量。数据类型为正数，如果为-1，则使用所有可用的 CPU 核心。

其主要属性如下。

1）coef_：权重向量。

2）intercept_：b 值。

其主要方法如下。

1）fit(X,y[,sample_weight])：训练模型。

2）predict(X)：用模型进行预测，返回预测值。

3）score(X, y[, sample_weight])：返回预测性能得分。设预测集为 T，真实值为 r，真实值的均值为 a，预测值为 p，则计算公式如式 9-15 所示：

$$score = 1 - \frac{\sum_T (r-p)^2}{\sum_T (r-a)^2} \tag{9-15}$$

📖 score 不超过 1，但是可能为负值（表示预测效果很差）。score 越大，预测效果越好。

【例 9-1】 使用线性回归算法分析糖尿病病人数据。

参考程序如下：

```
import numpy as np
#导入数据集模块
from sklearn import datasets
#导入 sklearn 中的线性模型类和模型验证类
from sklearn import linear_model, model_selection

#读取糖尿病病人数据集,数据集共有 442 个样本,每个样本有 10 个特征和 1 个标签
diabetes = datasets. load_diabetes()

#使用 train_test_split 函数自动随机划分训练集与测试集,其中:
# test_size 为测试集所占比例,
# random_state 为随机数种子,相同的种子值在每次运行中的划分结果相同,如不设置则以系统当前时间
    为种子
x_train, x_test, y_train, y_test = model_selection. train_test_split(diabetes. data, diabetes. target, test_size =
    0. 2, random_state=0)

#定义一个线性回归对象
lr = linear_model. LinearRegression()
```

```
#调用该对象的训练方法,主要接收两个参数:训练数据集及其样本标签
lr. fit(x_train, y_train)
#调用该对象的测试方法,主要接收一个参数:测试数据集
y_predict = lr. predict(x_test)
#返回测试集样本回归的准确率
score = lr. score(x_test, y_test)

print('w: %s, b: %. 2f' %(lr. coef_, lr. intercept_))
print('Residual sum of squares: %. 2f' %np. mean((y_predict-y_test) ** 2))
print('Accuracy: %. 2f' %score)
```

程序运行结果如下:

```
w: [ -52. 46990775 -193. 51064552  579. 4827762   272. 46404234 -504. 72401371
241. 68441866  -69. 73618783   86. 62018451  721. 95580222 26. 77887028], b: 153. 72
Residual sum of squares: 3097. 15
Accuracy: 0. 39
```

9.3 正则化回归分析

前面理论部分讲到对于多元线性回归,当 $x^T x$ 不是满秩矩阵时存在多个解析解,它们都能使得均方误差最小化,常见的做法是引入正则化项。所谓正则化,就是对模型的参数添加一些先验假设,控制模型空间,以达到使得模型复杂度较小的目的。岭回归、Lasso 回归和 ElasticNet 回归是目前较为流行的三种线性回归正则化的方法,它们的区别在于采用了不同的正则化项。

1)岭回归:正则化项为 $\alpha \|w'\|_2^2, \alpha \geqslant 0$。

2)Lasso 回归:正则化项为 $\alpha \|w'\|_1, \alpha \geqslant 0$。

3)ElasticNet 回归:正则化项为 $\alpha\rho \|w'\|_1 + \dfrac{\alpha(1-\rho)}{2} \|w'\|_2^2, \alpha \geqslant 0, 1 \geqslant \rho \geqslant 0$。

📖 正则项系数 α 的选择对回归的准确率有很大影响,可以通过多次实验逐步确定取值。

9.3.1 岭回归

岭回归(Ridge Regression)通过在损失函数中加入 $L2$ 范数惩罚项来控制线性模型的复杂程度,从而使得模型更稳健,如式 9-16 所示。

$$L_{\text{ridge}}(f) = \sum_{i=1}^{N} (w \cdot x_i + b - y_i)^2 + \alpha \|w'\|_2^2 \tag{9-16}$$

求这个最小化问题的解析解,如式 9-17 所示。

$$w'^*_{\text{ridge}} = (x^T x + \alpha I)^{-1} x^T y \tag{9-17}$$

式中,I 表示单位矩阵;惩罚项 α 是要选择的超参数,其值越大,系数越向零收缩。从上面的公式可以看出,当 α 变为零时,加性罚分消失,$L_{\text{ridge}}(f)$ 与线性回归相同。另一方面,当 α 增长到无穷大时,$L_{\text{ridge}}(f)$ 接近于零,在足够高的惩罚下,系数可以任意地收缩到接近零。

scikit-learn 中的 Ridge 类实现了岭回归模型,其函数原型为:

sklearn. linear_model. Ridge(alpha=1. 0, fit_intercept=True, normalize=False,
    copy_X=True, maxiter=None, tol=0. 001, solver=auto, random_state=None)

其主要参数如下。

1）alpha：α 值，其值越大则正则化项的占比越大。数据类型为浮点型，若不指定该参数值，则自动使用默认参数值1.0。

2）fit_intercept：指定是否需要计算 b 值。数据类型为布尔型，如果为 False，那么不计算 b 值。

3）max_iter：指定最大迭代次数。数据类型为整型，若不指定该参数值，则自动使用默认参数值 None。

4）normalize：是否训练样本归一化处理。数据类型为布尔型，若不指定该参数值，则自动使用默认参数值 False，即训练样本不会被归一化。

5）copy_X：是否复制 X。数据类型为布尔型，若不指定该参数值，则自动使用默认参数值 True，会复制 X。

6）solver：指定求解最优化问题的算法。数据类型为字符串型，若不指定该参数值，则自动使用默认参数值 auto。其可选值如下。

- auto：根据数据集自动选择算法。
- svd：使用奇异值分解来计算回归系数。
- cholesky：使用 scipy. linalg. solve 函数来求解。
- sparse_cg：使用 scipy. sparse. linalg. cg 函数来求解。
- 1sqr：使用 scipy. sparse. linalg. lsqr 函数来求解。它运算速度最快，但是可能老版本的 scipy 不支持。
- sag：使用 Stochastic Average Gradient Descent 算法，求解最优化问题。

7）tol：指定判断迭代收敛与否的阈值。数据类型为浮点型，若不指定该参数值，则自动使用默认参数值0.001。

8）random_state：用于设置随机数产生的方式。若不指定该参数值，则自动使用默认参数值 None。其可选值如下。

- 整数：该值会被作为随机数发生器的种子。
- RandomState 实例：指定随机数发生器。
- None：使用默认的随机数发生器。

其主要属性如下。

1）coef_：权重向量。

2）intercept_：b 值。

3）n_iter_：实际迭代次数。

其主要方法如下。

1）fit(X,y[, sample_weight])：训练模型。

2）predict(X)：用模型进行预测，返回预测值。

3）score(X,y[,sample_weight])：返回预测性能得分。

【例 9-2】使用岭回归算法分析波士顿房价数据。

参考程序如下：

```
import matplotlib. pyplot as plt
import numpy as np
#导入数据集模块
from sklearn import datasets
#导入 sklearn 中的线性模型类和模型验证类
from sklearn import linear_model, model_selection

#读取波士顿房价数据集
boston = datasets. load_boston( )

#使用 train_test_split 函数自动随机划分训练集与测试集,其中:
# test_size 为测试集所占比例,
# random_state 为随机数种子,相同的种子值在每次运行中的划分结果相同,如不设置则以系统当前时间
    为种子
x_train, x_test, y_train, y_test = model_selection. train_test_split( boston. data,boston. target,
                                    test_size = 0. 3,random_state = 0)

#定义一个线性回归对象
rr = linear_model. Ridge( )
#调用该对象的训练方法,主要接收两个参数:训练数据集及其样本标签
rr. fit( x_train, y_train)
#调用该对象的测试方法,主要接收一个参数:测试数据集
y_predict = rr. predict( x_test)
#返回测试集样本回归的准确率
score = rr. score( x_test, y_test)

print('w: %s, b: %. 2f %( rr. coef_, rr. intercept_) )
print('Residual sum of squares: %. 2f %np. mean( ( y_predict−y_test) ** 2) )
print('Accuracy: %. 2f %score)

#测试 alpha 在不同取值下的回归效果
scores = [ ]
alphas = [ 0. 001,0. 005,0. 01,0. 05,0. 1,0. 5,1,5,10]
for index, alpha in enumerate( alphas) :
    rr = linear_model. Ridge( alpha = alpha)
    rr. fit( x_train, y_train)
    scores. append( rr. score( x_test, y_test) )

#绘制结果图
fig = plt. figure( )
plt. plot( alphas, scores)
plt. xlabel('alpha')
plt. ylabel('score')
plt. title('Ridge')
plt. show( )
```

程序运行结果如下,绘制的结果图如图 9-3 所示。

```
w: [−1. 16677833e−01   4. 60806724e−02 −2. 04146301e−02   2. 46073456e+00
   −8. 27863912e+00   3. 88800766e+00 −1. 78040136e−02 −1. 39675196e+00
    2. 17637299e−01 −1. 16303288e−02 −9. 32674236e−01   7. 40581702e−03
   −4. 95455694e−01], b: 32. 58
Residual sum of squares: 27. 75
Accuracy: 0. 67
```

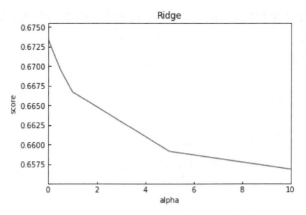

图 9-3　alpha 在不同取值下的岭回归效果图

9.3.2　Lasso 回归

Lasso 回归和岭回归的区别在于它的惩罚项是基于 $L1$ 范数，因此可以将系数控制收缩到 0，从而达到变量选择的效果。Lassoh 回归的损失函数如式 9-18 所示：

$$L_{lasso}(f) = \sum_{i=1}^{N} (\boldsymbol{w} \cdot \boldsymbol{x}_i + b - y_i)^2 + \alpha \parallel \boldsymbol{w'} \parallel_1 \qquad (9-18)$$

scikit-learn 中的 Lasso 类实现了 Lasso 回归模型，其函数原型为：

> sklearn. linear_model. Lasso(alpha = 1. 0, fit_intercept = True, normalize = False,
> precompute = False, copy_X = True, max_iter = 1000, tol = 0. 0001, warm_start = False,
> positive = False, random_state = None, selection = cyclic)

其主要参数如下。

1）alpha：α 值，其值越大则正则化项的占比越大。数据类型为浮点型，若不指定该参数值，则自动使用默认参数值 1.0。

2）fit_intercept：指定是否需要计算 b 值。数据类型为布尔型，与岭回归相同。

3）max_iter：指定最大迭代次数。数据类型为整型，与岭回归相同。

4）normalize：是否训练样本归一化处理。数据类型为布尔型，与岭回归相同。

5）copy_X：是否复制 X。数据类型为布尔型，与岭回归相同。

6）selection：指定每轮迭代时，选择权重向量的哪个分量来更新。数据类型为字符串型，若不指定该参数值，则自动使用默认参数值 cyclic。其可选值如下：

● random：更新时，随机选择权重向量的一个分量来更新。

● cyclic：更新时，从前向后依次选择权重向量的一个分量来更新。

7）tol：指定判断迭代收敛与否的阈值。数据类型为浮点型，与岭回归相同。

8）random_state：用于设置随机数产生的方式，与岭回归相同。

9）precompute：决定是否提前计算 Gram 矩阵来加速计算。数据类型为布尔型，若不指定该参数值，则自动使用默认参数值 False，即不提前计算 Gram 矩阵来加速计算。

10）warm_start：是否使用前一次训练结果继续训练。数据类型为布尔型，若不指定该参数值，则自动使用默认参数值 False，即重新开始训练。

11）positive：是否强制要求权重向量的分量都为正数。数据类型为布尔型，若不指定该参数值，则自动使用默认参数值 False，即不要求权重向量的分量都为正数。

其主要属性如下。

1) coef_：权重向量。

2) intercept_：b 值。

3) n_iter_：实际迭代次数。

其主要方法如下。

1) fit(X,y[,sample_weight])：训练模型。

2) predict(X)：用模型进行预测，返回预测值。

3) score(X,y[,sample_weight])：返回预测性能得分。

具体用法如下所示。

【例 9-3】 使用 Lasso 算法分析波士顿房价数据。

参考程序如下：

```
import matplotlib. pyplot as plt
import numpy as np
#导入数据集模块
from sklearn import datasets
#导入 sklearn 中的线性模型类和模型验证类
from sklearn import linear_model, model_selection

#读取波士顿房价数据集
boston = datasets. load_boston( )

#使用 train_test_split 函数自动随机划分训练集与测试集
x_train, x_test, y_train, y_test =model_selection. train_test_split( boston. data,boston. target,
                                             test_size=0. 3,random_state=0)

#定义一个线性回归对象
lr = linear_model. Lasso( )
#调用该对象的训练方法,主要接收两个参数:训练数据集及其样本标签
lr. fit( x_train, y_train)
#调用该对象的测试方法,主要接收一个参数:测试数据集
y_predict = lr. predict( x_test)
#返回测试集样本回归的准确率
score = lr. score( x_test, y_test)

print('w: %s, b: %. 2f '%( lr. coef_, lr. intercept_) )
print('Residual sum of squares: %. 2f '%np. mean( ( y_predict-y_test) * * 2) )
print('Accuracy: %. 2f '%score)

#测试 alpha 在不同取值下的回归效果
scores = [ ]
alphas = [ 0. 001,0. 005,0. 01,0. 05,0. 1,0. 5,1,5,10]
for index, alpha in enumerate( alphas) :
    lr = linear_model. Lasso( alpha=alpha)
    lr. fit( x_train, y_train)
    scores. append( lr. score( x_test, y_test) )
```

```
#绘制结果图
fig = plt.figure()
plt.plot(alphas, scores)
plt.xlabel('alpha')
plt.ylabel('score')
plt.title('Lasso')
plt.show()
```

程序运行结果如下，绘制的结果图如图9-4所示。

```
w: [-0.06604046  0.04833799  -0.          0.          -0.          0.86400332
   0.01220969 -0.75136746  0.20014187 -0.01394771 -0.84646329  0.00676481
  -0.73309183], b: 44.98
Residual sum of squares: 32.36
Accuracy: 0.61
```

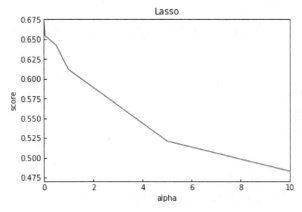

图 9-4　alpha 在不同取值下的 Lasso 回归效果图

9.3.3　ElasticNet 回归

ElasticNet（弹性网）回归是对 Lasso 回归和岭回归的融合，其惩罚项是 $L1$ 范数和 $L2$ 范数的权衡。弹性网首先是针对 Lasso 的劣势而产生的，Lasso 的变量选择过于依赖数据，因而不稳定。它的解决方案是将 Ridge Regression 和 Lasso 的惩罚结合起来，以获得两全其美的效果。弹性网旨在最大限度地减少包括 $L1$ 和 $L2$ 惩罚的损失函数，如式 9-19 所示：

$$L_{\text{enet}}(f) = \sum_{i=1}^{N} (\boldsymbol{w} \cdot \boldsymbol{x}_i + b - y_i)^2 + \alpha \left(\frac{1-\rho}{2} \|\boldsymbol{w}'\|_2^2 + \rho \|\boldsymbol{w}'\|_1 \right) \tag{9-19}$$

式中，ρ 是岭回归和 Lasso 之间的混合参数。当 ρ 为 0 时，为岭回归；当 ρ 为 1 时，为 Lasso 回归。

scikit-learn 中的 ElasticNets 类实现了该回归模型，其函数原型为：

```
sklearn.linear_model.ElasticNet(alpha=1.0, fit_intercept=True, normalize=False,
    precompute=False, copy_X=True, max_iter=1000, tol=0.0001, warm_start=False,
    positive=False, random_state=None, selection=cyclic, l1_ratio=0.5)
```

其主要参数与 Lasso 回归类似。

1）alpha：α 值，其值越大则正则化项的占比越大。数据类型为浮点型，若不指定该参数值，则自动使用默认参数值1.0。

2）l1_ratio：ρ 值。数据类型为浮点型，若不指定该参数值，则自动使用默认参数值0.5。

3）fit_intercept：指定是否需要计算 b 值。数据类型为布尔型，与 Lasso 回归相同。

4）max_iter：指定最大迭代次数。数据类型为整型，与 Lasso 回归相同。

5）normalize：是否训练样本归一化处理。数据类型为布尔型，与 Lasso 回归相同。

6）copy_X：是否复制 X。数据类型为布尔型，与 Lasso 回归相同。

7）selection：指定每轮迭代时，选择权重向量的哪个分量来更新，与 Lasso 回归相同。

8）tol：指定判断迭代收敛与否的阈值。数据类型为浮点型，与 Lasso 回归相同。

9）random_state：用于设置随机数产生的方式，与 Lasso 回归相同。

10）precompute：决定是否提前计算 Gram 矩阵来加速计算。数据类型为布尔型，与 Lasso 回归相同。

11）warm_start：是否使用前一次训练结果继续训练。数据类型为布尔型，与 Lasso 回归相同。

12）positive：是否强制要求权重向量的分量都为正数。数据类型为布尔型，与 Lasso 回归相同。

其主要属性如下。

1）coef_：权重向量。

2）intercept_：b 值。

3）n_iter_：实际迭代次数。

其主要方法如下。

1）fit(X,y[, sample_weight])：训练模型。

2）predict(X)：用模型进行预测，返回预测值。

3）score(X,y[, sample_weight])：返回预测性能得分。

【例 9-4】 使用 ElasticNet 回归分析波士顿房价数据。

参考程序如下：

```
import matplotlib. pyplot as plt
import numpy as np
#导入数据集模块
from sklearn import datasets
#导入 sklearn 中的线性模型类和模型验证类
from sklearn import linear_model, model_selection


#读取波士顿房价数据集
boston = datasets. load_boston( )
#使用 train_test_split 函数自动随机划分训练集与测试集
x_train, x_test, y_train, y_test =model_selection. train_test_split( boston. data,boston. target,
                                 test_size=0. 3,random_state=0)


#定义一个线性回归对象
en = linear_model. ElasticNet ( )
#调用该对象的训练方法,主要接收两个参数:训练数据集及其样本标签
en. fit( x_train, y_train)
#调用该对象的测试方法,主要接收一个参数:测试数据集
y_predict =en. predict( x_test)
```

```
#返回测试集样本回归的准确率
score = en. score( x_test, y_test)
print('w: %s, b: %. 2f' %( en. coef_, en. intercept_))
print('Residual sum of squares: %. 2f' %np. mean(( y_predict-y_test) ** 2))
print('Accuracy: %. 2f' %score)

#测试 alpha 在不同取值下的回归效果
scores = [ ]
alphas = [0. 001,0. 005,0. 01,0. 05,0. 1,0. 5,1,5,10]
for index, alpha in enumerate( alphas) :
    en= linear_model. ElasticNet ( alpha=alpha)
    en. fit( x_train, y_train)
    scores. append( en. score( x_test, y_test))

#绘制结果图
fig = plt. figure( )
plt. plot( alphas, scores)
plt. xlabel('alpha')
plt. ylabel('score')
plt. title('Elastic Net')
plt. show( )
```

程序运行结果如下，绘制的结果图如图 9-5 所示。

```
w: [-0. 08339105    0. 05177876   -0. 01682281    0.           -0.           0. 90684913
     0. 01220566   -0. 82997623    0. 23545919   -0. 01502096   -0. 84915979   0. 00697704
    -0. 72540205], b: 45. 19
Residual sum of squares: 31. 88
Accuracy: 0. 62
```

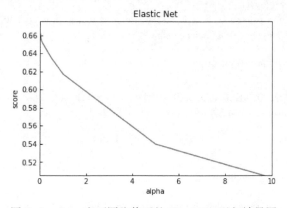

图 9-5   alpha 在不同取值下的 ElasticNet 回归效果图

9.4   案例——不同回归算法的分析对比

本案例使用 4 种回归方法对波士顿房价数据集进行分析，进一步加深对线性回归算法的认识。

参考程序如下：

```python
import matplotlib.pyplot as plt
import numpy as np
#导入数据集模块
from sklearn import datasets
#导入 sklearn 中的线性模型类和模型验证类
from sklearn import linear_model, model_selection

#读取波士顿房价数据集
boston = datasets.load_boston()

#使用 train_test_split 函数自动随机划分训练集与测试集,其中:
# test_size 为测试集所占比例,
# random_state 为随机数种子,相同的种子值在每次运行中的划分结果相同,如不设置则以系统当前时间
#   为种子
x_train, x_test, y_train, y_test = model_selection.train_test_split(boston.data, boston.target,
                                                    test_size = 0.3, random_state = 1)

#定义各种线性回归对象
lr = linear_model.LinearRegression()
rd = linear_model.Ridge()
ls = linear_model.Lasso()
en = linear_model.ElasticNet()
models = [lr, rd, ls, en]
names = ['Linear', 'Ridge', 'Lasso', 'Elastic Net']

#分别训练模型并进行回归,计算残差平方和及准确率
for model, name in zip(models, names):
    model.fit(x_train, y_train)
    y_predict = model.predict(x_test)
    score = model.score(x_test, y_test)
    print('Residual sum of squares of %s: %.2f' %(name, np.mean((y_predict-y_test) ** 2)))
    print('Accuracy of %s: %.2f' %(name, score))

#测试 alpha 在不同取值下的回归效果
scores = []
alphas = [0.0001, 0.0005, 0.001, 0.005, 0.01, 0.05, 0.1, 0.5, 1, 5, 10, 50]
for index, model in enumerate(models):
    scores.append([])
    for alpha in alphas:
        if index>0:
            model.alpha = alpha
        model.fit(x_train, y_train)
        scores[index].append(model.score(x_test, y_test))

#绘制结果图
fig = plt.figure(figsize = (10,7))
for i, name in enumerate(names):
    plt.subplot(2,2,i+1)
    plt.plot(range(len(alphas)), scores[i])
    plt.title(name)
    print('Max accuracy of %s: %.2f' %(name, max(scores[i])))
plt.show()
```

程序运行结果如下，绘制的结果如图 9-6 所示，其中纵坐标表示算法的准确率得分。

```
Residual sum of squares of Linear：19.83
Accuracy of Linear：0.78
Residual sum of squares of Ridge：19.33
Accuracy of Ridge：0.79
Residual sum of squares of Lasso：30.29
Accuracy of Lasso：0.67
Residual sum of squares of Elastic Net：27.51
Accuracy of Elastic Net：0.70
Max accuracy of Linear：0.78
Max accuracy of Ridge：0.79
Max accuracy of Lasso：0.79
Max accuracy of Elastic Net：0.79
```

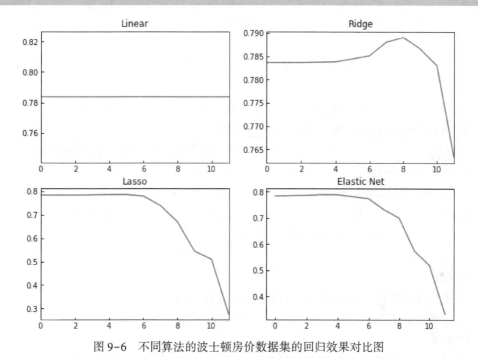

图 9-6　不同算法的波士顿房价数据集的回归效果对比图

在使用默认参数的情况下，4 种回归算法的准确率在 67%～79% 之间，其中岭回归给出了最高的准确率 79%。但在对 3 种正则化回归算法的 alpha 参数进行调整后，这 3 种算法最高均可达到 79% 的准确率，高于简单线性回归的 78%。此外，可以观察到，较大的 alpha 参数会导致模型的复杂度下降，预测的准确度也随之下降。

9.5　本章小结

本章主要介绍了回归分析的基本概念。从简单多元线性回归出发，对原理进行了详细的讲解，并在简单线性回归的基础上了讲解了岭回归、Lasso 回归与 ElasticNet 回归，并分别给出了具体实现案例。最后给出了多种回归算法在分析波士顿房价数据集时的效果比较。

9.6 习题

1. 单项选择题

1）n_iter_属性是_____。

A. 实际迭代次数　　　B. 权重向量　　　　C. b 值　　　　　　D. 其他

2）_____通过在损失函数中加入 $L2$ 范数惩罚项来控制线性模型的复杂程度，从而使得模型更稳健。

A. ElasticNet 回归　　B. 多元线性回归　　C. Lasso 回归　　D. 岭回归

3）_____是岭回归和 Lasso 之间的混合参数。

A. ρ　　　　　　　　B. μ　　　　　　　　C. α　　　　　　　D. β

4）弹性网首先是针对_____的劣势而产生的。

A. ElasticNet 回归　　B. 多元线性回归　　C. Lasso 回归　　D. 岭回归

5）当_____变量为非随机变量而_____变量为随机变量时，它们的关系分析称为回归分析。

A. 自、因　　　　　　B. 自、自　　　　　　C. 因、因　　　　　D. 因、自

6）fit（X,y[，sample_weight]）是_____方法。

A. 训练模型　　　　　　　　　　　　B. 用模型进行预测，返回预测值

C. 返回预测性能得分　　　　　　　　D. 其他

7）弹性网旨在最大限度地减少包括_____惩罚的损失函数。

A. $L1$ 和 $L2$　　　　B. $L2$　　　　　　　C. $L1$　　　　　　　D. 其他

8）_____是对 Lasso 回归和岭回归的融合。

A. ElasticNet 回归　　B. 多元线性回归　　C. Lasso 回归　　D. 岭回归

2. 问答题

1）简述线性回归算法和正则化回归算法的思想及区别。

2）简述岭回归、Lasso 回归和 ElasticNet 回归算法的异同。

3. 编程题

1）编写程序，某种水泥在凝固时放出的热量 Y（cal/g）与水泥中 4 种化学成分 X_1、X_2、X_3 和 X_4 有关，现测得 13 组数据，如表 9-1 所示，希望从中选出主要的变量，建立 Y 与它们的线性回归方程（分别使用线性回归、岭回归和 Lasso 回归）。

表 9-1　数据表

序号	X_1	X_2	X_3	X_4	Y
1	7	26	6	60	78.5
2	1	29	15	52	74.3
3	11	56	8	20	104.3
4	11	31	8	47	87.6
5	7	52	6	33	95.9
6	11	55	9	22	109.2
7	3	71	17	6	102.7

序号	X_1	X_2	X_3	X_4	Y
8	1	31	22	44	72.5
9	2	54	18	22	93.1
10	21	47	4	26	115.9
11	1	40	23	34	83.8
12	11	66	9	12	113.3
13	10	68	8	12	109.4

2) 编写程序，数据为某路口的交通流量监测数据，记录某年每月的车流量，如表9-2所示。根据已有的数据使用岭回归模型代替一般的线性模型，对车流量的信息进行回归。

表9-2　数据表

序　号	月　份	交 通 流 量
1	1	3100
2	2	2000
3	3	2100
4	4	700
5	5	700
6	6	1200
7	7	500
8	8	1100
9	9	1000
10	10	1200
11	11	500
12	12	1200

第 10 章　分 类 算 法

分类是一个有监督的学习过程，类别的种类是已知的，分类过程是指将样本归到对应的类别之中。分类可以是二类别问题，也可以是多类别问题。与回归问题相比，分类问题的输出不是连续值而是离散值，用来指定样本属于哪个类别。分类问题在现实中应用非常广泛，比如，垃圾邮件识别、手写数字识别、人脸识别和语音识别等。本章主要介绍 5 种分类算法的原理，以及基于 scikit-learn 库的算法实现。

10.1　k 近邻算法

k 近邻算法（k Nearest Neighbor，KNN）是所有机器学习算法中理论最简单、最容易理解的算法。由于它是一种监督学习，所以使用算法时必须有已知类别的训练样本集。k 近邻算法的输入为一个样本的特征向量，然后测量待分类样本与训练样本之间的距离，最后依据到它最近的 k 个训练样本所属的类别对其进行分类。

10.1.1　算法原理

在使用本算法前，必须保证训练样本集中每个数据都存在标签，即知道训练集中每个样本与其所属类别的对应关系。输入没有标签的新样本后，将新样本的每个特征与训练集中样本对应的特征进行比较，然后依据训练集中相似样本的类别确定新样本的类别标签。一般来说，只选择训练集中前 k 个最相似的样本，这就是 k 近邻算法中 k 的意义。最后，选择 k 个最相似样本中出现次数最多的分类，作为新数据的分类。如果 $k=1$，那么新样本会被直接分配到最近邻的类别中。

k 近邻算法的基本流程如下。

1）计算已知训练集中的样本与待分类样本之间的距离。

2）按照距离递增次序排序。

3）选取与待分类样本距离最小的 k 个样本。

4）确定该 k 个样本所在类别的出现频率。

5）返回该 k 个样本出现频率最高的类别作为待分类样本的预测类别。

📖 k 值的选择会对 k 近邻算法的结果产生较大影响。若 k 值较小，则相当于用较小邻域中的训练样本进行预测，结果对邻近的样本非常敏感，若邻近的样本刚好是噪声点，则会出现预测错误。若 k 值较大，则相当于用较大邻域中的样本进行预测，结果的误差会相对变大。

实际应用中，k 值一般选择一个相对较小的值。通常会对多个 k 值进行测试，并评估预测的准确度，最后选择误差最小的 k 值。由于 k 近邻算法必须保存全部数据集，如果训练数据集很大，则会耗费大量的存储空间。此外，由于必须对数据集中每个样本的特征计算距离值，实际使用时可能非常耗时。另一方面是它无法给出任何数据的基础结构信息，因此也无法知晓平

均实例样本和典型实例样本具有什么特征。k 近邻算法的优点是精度高、对异常值不敏感、无数据输入假定。缺点是计算复杂度和空间复杂度都较高。

10.1.2　实现及参数

scikit-learn 中实现 k 近邻分类算法的类如下：

> sklearn. neighbors. KNeighborsClassifier（n_neighbors = 5，weights = 'uniform'，
> algorithm = 'auto'，leaf_size = 30，p = 2，metric = 'minkowski'，
> metric_params = None，n_jobs = 1，**kwargs）

其主要参数如下。

1）n_neighbors：使用的近邻数。数据类型为整型，若不指定该参数值，则自动使用默认参数值 5。

2）weights：对近邻进行投票的加权方法。数据类型为字符串型，若不指定该参数值，则自动使用默认参数值 uniform。其可选值包括以下几个。

- uniform：均匀权重，即所有邻居的投票权重相等。
- distance：权重量点与其距离成反比，即距离越近的邻居投票的权重越大。
- callable：用户定义函数，要求该函数的输入为一个距离数组，返回相同形状的权重数组。

3）algorithm：用来计算最近邻的算法。数据类型为字符串型，若不指定该参数值，则自动使用默认参数值 auto，即自动选择最适合算法。其可选值包括以下几个。

- brute：使用暴力搜索。即计算待分类样本与每个训练样本在每个特征上的距离。对于 d 维度中的 n 个样本来说，这个方法的复杂度是 $O(dn^2)$。对于小数据样本，暴力搜索是可以接受的；然而，随着样本数 n 的增长，暴力搜索计算量过大，效率较低。
- kd_tree：使用 k-d 树算法。k-d 树算法是针对暴力搜索效率低下而提出的基于树结构的搜索，其基本思想是：若 A 点距离 B 点非常远，B 点距离 C 点非常近，可知 A 点与 C 点距离很远，而不需要准确计算它们的距离。通过这种方式，近邻搜索的计算成本可以降低至 $O(dn\log(n))$ 以下，可以显著改善暴力搜索在大样本数时的表现。k-d 树是每个结点均为 k 维数值点的二叉树，其上的每个结点代表一个超平面，该超平面垂直于当前划分维度的坐标轴，并在该维度上将空间划分为两部分，一部分在其左子树，另一部分在其右子树。即若当前结点的划分维度为 d，其左子树上所有点在 d 维的坐标值均小于当前值，右子树上所有点在 d 维的坐标值均大于或等于当前值。k-d 树的构造非常快，因为只需沿数据轴执行分区，无需计算距离。一旦构建完成，查询点的最近距离计算复杂度仅为 $O(\log(n))$。虽然 k-d 树的方法对于低维度近邻搜索非常快，当 d 增长到很大时，效率则会变得很低。
- ball_tree：使用球树算法。k-d 树沿坐标轴分割数据，而球树则沿着一系列球体来分割数据，即使用球体而不是矩形划分区域。虽然球树构建数据结构的时间花费大于 k-d 树，但在高维数据上表现得很高效。球树将数据递归地划分为由质心 c 和半径 r 定义的结点，每个结点本质上是一个空间，包含了若干个样本点，每个空间内有一个独一无二的中心点，这个中心点可能是样本点中的某一个，也可能是该空间的质心。每个结点记录了它所包含的所有样本点到中心点的最大距离。
- auto：将尝试根据传递的样本特征来确定最合适的算法。

4）leaf_size：k-d 树或球树的叶结点规模。数据类型为整型，若不指定该参数值，则自动

使用默认参数值 30。该参数影响构造和查询树的速度，以及存储树所需的内存，其最优值取决于问题的性质。更大的 leaf_size 可更快地构建树，因为需要创建更少的结点。当 leaf_size 为 1 时，构造树的时间最慢，但查询速度快。当 leaf_size 接近训练集大小时，其本质上接近暴力搜索。

5）metric：用来计算样本间距离的方法。数据类型为字符串型，若不设置该参数值，则自动使用默认参数值 minkovski，即闵氏距离。用户也可以使用自定义函数计算该距离。

6）p：闵氏距离的参数，数据类型为整型。若不指定该参数值，则自动使用默认参数值 2。当 $p=1$ 时，等价于使用曼哈顿距离；当 $p=2$ 时，则为使用欧氏距离。

7）metric_params：距离度量函数的附加关键字参数。数据类型为字典型，若不指定该参数值，则自动使用默认参数值 None。

8）n_jobs：要为邻居搜索进行并行作业的线程数量。数据类型为整型，若不指定该参数值，则自动使用默认参数值 1。若设置为 -1，则线程数量为 CPU 核心数。

其主要方法如下。

1）fit(X, y)：训练模型，以 X 为训练数据，y 为训练集的标签。

2）kneighbors([X, n_neighbors, return_distance])：返回样本 X 的 k 近邻点，其中 n_neighbors 为 k 值，return_distance 为布尔值。若 return_distance 为 True，则同时返回样本 X 到这些近邻点的距离。

3）kneighbors_graph([X, n_neighbors, mode])：计算 X 的 k 近邻连接图。

4）predict(X)：预测并返回测试集 X 的标签。

5）prodict_proba(X)：返回样本为每种类别的概率。

6）score(X, y)：返回给定测试数据 X 和标签 y 上的预测准确率，即比较预测标签与实际标签相同的样本个数占总样本数的比例。

【例 10-1】使用 k 近邻算法进行分类。

参考程序如下：

```
# 导入内置数据集模块
from sklearn import datasets
# 导入 sklearn. neighbors 模块中 k 近邻类
from sklearn. neighbors import KNeighborsClassifier
# 读取鸢尾花数据集,该数据集共有 150 个样本,每个样本有 4 个特征和 1 个标签
iris = datasets. load_iris( )
# 获取数据集的特征部分
iris_x = iris. data
# 获取数据集的标签部分
iris_y = iris. target
# 选取 140 个样本作为训练数据集
x_train = iris_x[ :-10]
# 选取上述样本的标签作为训练数据集的标签
y_train = iris_y[ :-10]
# 选取剩余的 10 个样本作为测试数据集
x_test = iris_x[ -10:]
# 选取剩余的 10 个样本对应的标签作为测试数据集的标签
y_test = iris_y[ -10:]
# 定义一个 knn 分类器对象
knn = KNeighborsClassifier( n_neighbors = 5)
# 调用该对象的训练方法,主要接收两个参数:训练数据集及其样本标签
```

```
knn. fit( x_train, y_train)
# 调用该对象的测试方法,主要接收一个参数;测试数据集
y_predict = knn. predict( x_test)
# 计算各测试样本基于概率的预测
probility = knn. predict_proba( x_test)
# 返回与测试样本距离最近的 5 个样本的序号
neighbor_sample = knn. kneighbors( x_test, 5, False)
# 返回测试集样本映射到指定分类标记上的准确率
score = knn. score( x_test, y_test)
# 输出测试的结果
print('y_predict = ', y_predict)
# 输出原始测试数据集的正确标签,以进行对比
print('y_test = ', y_test)
# 输出准确率计算结果
print('accuracy = ', score)
# 输出最近邻居
print('neighbor samples of test samples = ',neighbor_sample)
# 输出样本在每个类别的概率
print('probility = ',probility)
```

程序运行结果如下:

```
iy_predict = [ 2 2 2 2 2 2 2 2 2 2 ]
y_test = [ 2 2 2 2 2 2 2 2 2 2 ]
accuracy = 1.0
neighbor samples of test samples = [ [ 120 112 104 124 139 ]
  [ 139 112 110 115 120 ]
  [ 101 113 121 83 127 ]
  [ 120 124 104 102 112 ]
  [ 120 124 136 104 100 ]
  [ 139 112 115 110 132 ]
  [ 123 111 126 72 83 ]
  [ 110 111 116 137 115 ]
  [ 136 115 110 137 124 ]
  [ 127 138 101 70 83 ] ]
probility = [ [ 0.          0.          1.        ]
  [ 0.          0. 13333333 0. 86666667 ]
  [ 0.          0. 26666667 0. 73333333 ]
  [ 0.          0.          1.        ]
  [ 0.          0.          1.        ]
  [ 0.          0. 06666667 0. 93333333 ]
  [ 0.          0. 33333333 0. 66666667 ]
  [ 0.          0. 06666667 0. 93333333 ]
  [ 0.          0.          1.        ]
  [ 0.          0. 2        0. 8       ] ]
```

📖 使用 k 近邻算法时, 改变 k 的值、改变训练样本、改变训练样本的数目, 都会对算法的准确率产生影响。
如果感兴趣可以改变这些变量值,观察准确率的变化。

10.1.3 k 近邻回归

k 近邻回归是用 k 近邻思想解决回归问题的方法, 用在数据标签为连续变量的情况下, 分

配给测试数据的标签是由它最近邻标签的均值计算得到的。

scikit-learn 提供了两种不同的 k 近邻回归：KNeighborsRegressor 基于每个测试样本的 k 个最近邻计算，其中 k 是用户指定的整数值；而 RadiusNeighborsRegressor 基于每个测试样本的固定半径 r 内的邻点计算，其中 r 是用户指定的浮点数值。下面以 KNeighborsRegressor 为例进行介绍。

scikit-learn 中实现 k 近邻回归算法的类如下：

```
sklearn. neighbors. KNeighborsRegressor ( n_neighbors = 5 , weights = 'uniform',
            algorithm = 'auto', leaf_size = 30, p = 2, metric = 'minkowski',
            metric_params = None, n_jobs = 1, ** kwargs )
```

其主要参数与方法基本与 k 近邻分类算法相同，只有预测性能得分的计算方法有差异，具体计算方法如下。

score(X , y)：返回预测性能得分。设预测集为 T，真实值为 r，真实值的均值为 a，预测值为 p，则计算公式如式 10-1 所示：

$$score = 1 - \frac{\sum_T (r - p)^2}{\sum_T (r - a)^2} \tag{10-1}$$

📖 score 值不超过 1，值越大表示预测效果越好，可能为负值，表示预测效果太差。

【例 10-2】 使用最近邻回归算法进行回归。

参考程序如下：

```
#导入 sklearn. neighbors 模块中 KNN 类
from sklearn. neighbors import KNeighborsRegressor
#导入 matplotlib 模块的 pyplot 类
import matplotlib. pyplot as plt
#导入 numpy 模块
import numpy as np
#生成训练数据集
x_train = 10 * np. random. rand( 50, 1)
y_train = np. sin( x_train). ravel( )
#为 y 添加噪声
y_train += 0. 5 * np. random. rand( 50) - 1
#定义一个最近邻回归器对象
knn = KNeighborsRegressor( n_neighbors = 5)
#调用该对象的训练方法
knn. fit( x_train, y_train)
#返回对拟合数据的准确率
score = knn. score( x_train, y_train)
#生成测试数据
x_test = np. linspace( 0, 10, 1000) [ :, np. newaxis]
#调用预测方法
y_predict = knn. predict( x_test)
#绘制拟合曲线
plt. figure( )
#绘制训练样本
plt. scatter( x_train, y_train, c = 'r', label = 'train', s = 20)
#绘制拟合曲线
```

```
plt. plot( x_test, y_predict, c='b', label='test', linewidth=2)
plt. title('KNeighborsRegressor')
plt. show( )
#输出准确率
print('accuracy =', score)
```

程序运行结果如下，绘制的结果图如图 10-1 所示。

accuracy = 0.9171940587032044

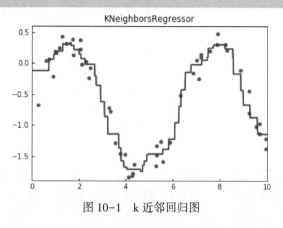

图 10-1　k 近邻回归图

📖 k 近邻分类算法和回归算法参数的意义和实例方法几乎完全相同。区别在于回归分析和分类决策的不同。
KNeighborsClassifier 将待预测样本点最近邻的 k 个训练样本点中出现次数最多的分类作为待预测样本点的
分类。KNeighborsRegressor 将待预测样本点最近邻的 k 个训练样本点的平均值作为待预测样本点的值。

10.2　朴素贝叶斯算法

贝叶斯分类是基于贝叶斯定理的分类算法，其原理是通过样本的先验概率，利用贝叶斯公式计算出其后验概率，即该样本属于某一类别的概率，最终选择具有最大后验概率的类别作为该样本的类别。

10.2.1　相关概念

在介绍朴素贝叶斯算法原理之前，本节先介绍贝叶斯定理等相关的概念，以便读者更好地理解朴素贝叶斯算法。

1. 贝叶斯定理

1）随机事件：指在随机试验中，可能出现也可能不出现，而在大量重复试验中具有某种规律性的事件（简称事件）。随机试验中的每一个可能出现的试验结果称为这个试验的一个样本点，即一个随机事件。全体样本点组成的集合称为这个试验的样本空间，记作 Ω。样本空间可能有各种形式，比如，{'正面','反面'}、{'优','良','差'}，其中每个元素为一个事件。随机事件 A 发生的概率表示为 $P(A)$。

2）条件概率：表示在事件 B 发生的情况下事件 A 发生的概率，记作 $P(A|B)$。条件概率的意义为：当给定条件发生变化后，会导致事件发生的可能性发生变化。

3）全概率公式：假设$B_1, B_2, B_3, \cdots, B_n$是样本空间的一个划分，即两两互斥且$\sum\limits_{j=1}^{n} P(B_j) = 1$，则对于任意一个事件$A$，有全概率公式如式 10-2 所示。

$$P(A) = \sum_{j=1}^{n} P(A \mid B_j) \, P(B_j) \tag{10-2}$$

4）贝叶斯公式：由集合运算的可交换性，即$P(A \cap B) = P(A \mid B) P(B) = P(B \mid BA) P(A) = P(B \cap A)$，可得到公式 10-3，再由全概率公式可得公式 10-4。这里$P(B_i)$称为先验概率，即根据数据分析或历史经验得到的概率；$P(B_i \mid A)$称为后验概率，是依据试验信息进行修正后的概率。

$$P(B \mid BA) = \frac{P(A \mid B) P(B)}{P(A)} \tag{10-3}$$

$$P(B_i \mid A) = \frac{P(A \mid B_i) \, P(B_i)}{\sum\limits_{j=1}^{n} P(A \mid B_j) \, P(B_j)} \tag{10-4}$$

2. 随机变量

一般意义上，概率是针对某一随机事件而言的，为了更深入地研究随机试验的结果，引入随机变量的概念，随机变量的基本思想是把随机试验的结果数量化，从而可用一个变量去描述随机事件。对于随机事件中出现的某一事件可以用变量的形式去表示。比如，{'正面', '反面'}可以表示为{1,0}、{'优', '良', '差'}可以表示为{1,2,3}。

假设X是一随机变量，可能取值为$x_1, x_2, \cdots x_k$，并且取各个值对应的概率分别为$p_1, p_2, \cdots, p_k$，即$P(X = x_i) = p_i, i = 1, 2, \cdots, k$，该式称为随机变量$X$的概率分布。

通过随机变量来描述某一随机事件时，有时仅用一个维度上的变量表示是不够的，比如，描述平面的某一个点的位置就需要x和y两条轴（即两个维度）去表示，如果是描述空间中某个点可能需要x、y和z三个维度表示。因此，把一个需要从n个维度表示的随机变量称为n维随机变量。

10.2.2　算法原理

朴素贝叶斯算法（Naive Bayes）就是根据贝叶斯公式来对样本进行分类，通过已知条件计算样本分别属于各个类别的概率，然后把样本判别为概率最大的那一类。

在分类算法中，贝叶斯公式可以表达成式 10-5 的形式，其中$P(Y = c_k)$为先验概率。

$$P(Y = c_k \mid X = x_i) = \frac{P(X = x_i \mid Y = c_k) P(Y = c_k)}{\sum P(X = x_i \mid Y = c_k) P(Y = c_k)} \tag{10-5}$$

若要计算样本属于一个类别的概率，首先需要计算$P(Y = c_k)$和$P(X = x_i \mid Y = c_k)$。这两个值可以通过训练集求得，在具体的求取过程中需要使用极大似然估计法。极大似然估计是一种概率论在统计中的应用，指已知某个随机样本满足某种概率分布，但是其中的具体参数无法确定，只能通过若干次试验，观察其结果，利用结果推出参数的大概值，并把这个结果作为估计值。

这里把训练集中的所有值当成是若干次试验后得到的结果，然后利用极大似然估计思想，以式 10-6 和式 10-7 为$P(Y = c_k)$和$P(X = x_i \mid Y = c_k)$估值，其中N为训练样本总数，I为该类别出现的次数。

$$P(Y=c_k)=\frac{I(Y=c_k)}{N},\quad k=1,2,\cdots,m \tag{10-6}$$

$$P(X=x_i\,|\,Y=c_k)=\frac{I(X=x_i,Y=c_k)}{I(Y=c_k)},\quad k=1,2,\cdots,m \tag{10-7}$$

式 10-7 仅描述了一维特征的情况，若样本有多维特征，此时则需使用式 10-8，其中 X_j 表示样本的第 j 个特征。

$$P(X_j=x_i\,|\,Y=c_k)=\frac{I(X_j=x_i,Y=c_k)}{I(Y=c_k)},\quad k=1,2,\cdots,m \tag{10-8}$$

由于朴素贝叶斯算法对条件概率做了独立性假设，即在分类确定的条件下，用于分类的特征是条件独立的，即 $P(\boldsymbol{X}=\boldsymbol{x}\,|\,Y=c_k)=\prod_{j=1}^{n}P(X_j=x_i\,|\,Y=c_k)$。因此在 n 维特征的情况下，朴素贝叶斯算法的计算公式如式 10-9 所示。

$$P(Y=c_k\,|\,\boldsymbol{X}=\boldsymbol{x})=\frac{P(Y=c_k)\prod_{j=1}^{n}P(X=x_i\,|\,Y=c_k)}{\sum_{k=1}^{m}P(Y=c_k)\prod_{j=1}^{n}P(X=x_i\,|\,Y=c_k)} \tag{10-9}$$

由于分母相同，因此朴素贝叶斯分类器可以表示为：

$$y=f(\boldsymbol{x})=\mathrm{argmax}P(Y=c_k)\prod_{j=1}^{n}P(X_j=x_i\,|\,Y=c_k) \tag{10-10}$$

朴素贝叶斯算法的优点是在数据较少的情况下仍然有效，可以处理多类别问题，特征值可以离散也可以连续，缺点是对缺失和噪声数据不太敏感。

10.2.3　实现及参数

朴素贝叶斯分类一共有 3 种方法，分别是高斯朴素贝叶斯、多项分布贝叶斯和伯努利朴素贝叶斯，3 种分类方法对应 3 种不同的数据分布类型。

高斯分布又叫正态分布，其计算公式如式 10-11 所示，即随机变量 X 服从数学期望为 μ，方差为 σ^2 的数据分布，如图 10-2 所示。当数学期望 $\mu=0$，方差 $\sigma=1$ 时称为标准正态分布。

$$P(X_j\,|\,Y=c_k)=\frac{1}{\sqrt{2\pi\sigma_k^2}}\exp\left(-\frac{(X_j-\mu_k)^2}{2\,\sigma_k^2}\right) \tag{10-11}$$

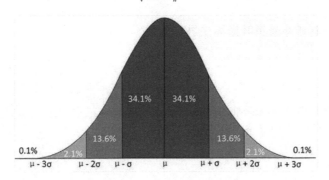

图 10-2　正态分布概率图

伯努利分布又称 "0-1 分布" "两点分布"，是二项分布的特殊情况，其计算公式如式 10-12 所示，要求特征的取值为 $X_j\in\{0,1\}$ 且 $P(X_j=1\,|\,y=c_k)=p$。之所以是特殊的二项分布，

是因为二项分布是多重伯努利实验的概率分布。举例来说，伯努利分布是只扔一次硬币正面反面的概率，而二项分布是扔多次硬币后得到正面反面的概率。

$$P(X_j|Y=c_k)=p\,X_j+(1-p)(1-X_j) \tag{10-12}$$

多项分布则是二项分布的推广，二项分布的随机结果值只有两个（如投硬币的结果），多项分布是指随机结果值有多个（如掷骰子的结果），其计算公式如式10-13所示。多项模型朴素贝叶斯和伯努利模型朴素贝叶斯常用在文本分类问题中，高斯分布的朴素贝叶斯主要用于连续变量中，且假设连续变量是服从正态分布的。

$$P(X_j=x_i|Y=c_k)=\frac{I(X_j=x_i,Y=c_k)+\alpha}{I(Y=c_k)+\alpha m}, \quad k=1,2,\cdots,m \tag{10-13}$$

scikit-learn 中分别实现了3种朴素贝叶斯分类器。

1. 高斯朴素贝叶斯

高斯朴素贝叶斯分类算法假设特征的条件概率满足高斯分布，其在 scikit-learn 中的实现类如下：

```
sklearn. native_bayes. GaussianNB（priors = None）
```

其主要参数 priors：先验概率大小。若不指定该参数值，模型则根据样本自己计算（利用极大似然法）。

其主要属性如下。

1）class_prior_：样本属于每个类别的概率。数据类型为数组，长度为类别数量。

2）class_count：每个类别包含的训练样本的数量。数据类型为数组，长度为类别数量。

3）theta_：每个类别中每个特征的均值。数据类型为数组，形状为（类别数量，特征数量）。

4）sigma_：每个类别中每个特征的方差。数据类型为数组，形状为（类别数量，特征数量）。

其主要方法如下。

1）fit(X, y)：训练模型，以 X 为训练数据，y 为训练集的标签。

2）partial_fit(X, y)：追加训练模型，主要用于大规模数据集的训练。可以将大型训练集划分为多个较小的训练集，然后调用本方法逐次进行训练。

3）predict(X)：预测并返回测试集 X 的标签。

4）prodict_proba(X)：返回样本为每种类别的概率。

5）score(X, y)：返回给定测试数据 X 和标签 y 上的预测准确率，与 k 近邻分类算法相同。

【例 10-3】 使用高斯朴素贝叶斯算法进行分类。

参考程序如下：

```
#导入 numpy 模块
import numpy as np
#导入 sklearn. naive 模块中 GaussianNB 类
from sklearn. naive_bayes import GaussianNB
#定义训练数据集
x_train = np. array（[［-1，-1］,［-2，-2］,［-3，-3］,［-4，-4］,［-5，-5］,［1，1］,
    ［2，2］,［3，3］]）
#定义训练数据集的标签
y_train = np. array（[1，1，1，1，1，2，2，2]）
#定义测试数据集
x_test = [［-6，-6］,［-4，-4］,［-3，-3］,［4，5］]
```

```
#定义测试数据集的标签
y_test = [1 , 1 , 2 , 2]
#定义一个高斯朴素贝叶斯分类器对象
gnb = GaussianNB ()
#调用该对象的训练方法,主要接收两个参数:训练数据集及其样本标签
gnb. fit (x_train , y_train)
#调用该对象的测试方法,主要接收一个参数:测试数据集
y_predict = gnb. predict (x_test)
#返回测试样本在各类标记预测概率值
y_predict_proba = gnb. predict_proba (x_test)
#返回测试样本在各类标记预测概率值对应的对数值
y_predict_log_proba = gnb. predict_log_proba (x_test)
#返回测试集样本映射到指定分类标记上的准确率
score = gnb. score (x_test , y_test)
#返回测试集样本映射到指定分类标记上的准确率,并为测试样本设置权重
score_weighted = gnb. score (x_test , y_test , sample_weight = [0.3 , 0.2 , 0.4 , 0.1])
#输出测试的结果
print('y_predict = ', y_predict)
#输出原始测试数据集的正确标签,以方便对比
print('y_test = ', y_test)
#输出测试样本在各类标记预测概率值
print('y_predict_proba = ', y_predict_proba)
#输出相应预测概率值的对数值
print('y_predict_log_proba = ', y_predict_log_proba)
#输出未加权准确率
print('score = ', score)
#输出加权准确率
print('score_weighted = ', score_weighted)
#查看其他相关参数
print('sigma = ', gnb. sigma_)
print('theta = ', gnb. theta_)
print('class_count = ', gnb. class_count_)
print('class_prior = ', gnb. class_prior_)
```

程序运行结果如下:

```
y_predict = [1 1 1 2]
y_test = [1, 1, 2, 2]
y_predict_proba = [[1.00000000e+00 3.29099984e-40]
   [1.00000000e+00 1.04837819e-23]
   [1.00000000e+00 9.31600280e-17]
   [5.13191647e-09 9.99999995e-01]]
y_predict_log_proba = [[0.00000000e+00 -9.09122123e+01]
   [0.00000000e+00 -5.29122127e+01]
   [0.00000000e+00 -3.69122129e+01]
   [-1.90877867e+01 -5.13191623e-09]]
score = 0.75
score_weighted = 0.6
sigma = [[2.00000001 2.00000001]
   [0.66666667 0.66666667]]
theta = [[-3. -3. ]
   [2.   2. ]]
class_count = [5. 3.]
class_prior = [0.625 0.375]
```

2. 多项式朴素贝叶斯

多项式朴素贝叶斯分类算法假设特征的条件概率满足多项式分布，其在 scikit-learn 中的实现类如下：

```
sklearn. native_bayes. MultinomialNB ( alpha = 1.0 , fit_prior = True , class_prior = None )
```

其主要参数如下。

1）alpha：先验平滑因子，即式 10-13 中的 α。数据类型为浮点型，若不指定该参数值，则自动使用默认参数值 1.0，表示拉普拉斯平滑。等于 0 时，式 10-13 变化为式 10-7，即极大似然估计。

2）fit_prior：是否去学习类的先验概率。数据类型为布尔型，若不指定该参数值，则自动使用默认参数值 True，此时每个类别的先验概率相同，等于类别标记个数除以各类别标记个数之和。若设置为 False，即不学习先验概率，以均匀分布代替，此时各个类别的先验概率相同，都等于全部类标记总数分之一。

3）class_prior：各个类别的先验概率。数据类型为数组，如果指定该参数值，则模型不再根据数据获取先验概率而是使用传入的值。

其主要属性如下。

1）feature_count_：训练过程中，每个类别的每个特征遇到的样本数。数据类型为数组，形状为（类别数量，特征数量）。

2）class_count：每个类别包含的训练样本的数量。数据类型为数组，长度为类别数量。

3）class_log_prior_：每个类别平滑后的先验概率。

4）intercept_：朴素贝叶斯对应的线性模型，其值和 class_log_prior_相同。

5）feature_log_prob_：特征类别的对数概率（条件概率）。

6）coef_：朴素贝叶斯对应的线性模型，其值和 feature_log_prob 相同。

其主要方法如下。

1）fit(X, y)：训练模型，以 X 为训练数据，y 为训练集的标签。

2）partial_fit(X, y)：追加训练模型，主要用于大规模数据集的训练。可以将大型训练集划分为多个较小的训练集，然后调用本方法进行训练。

3）predict(X)：预测并返回测试集 X 的标签。

4）prodict_proba(X)：返回样本为每种类别的概率。

5）score(X, y)：返回给定测试数据 X 和标签 y 上的预测准确率。

【例 10-4】使用多项式朴素贝叶斯算法进行分类。

参考程序如下：

```python
#导入 numpy 模块
import numpy as np
#导入 sklearn. naive 模块中 MultinomialNB 类
from sklearn. naive_bayes import MultinomialNB
#定义训练数据集
x_train = np. array ( [ [ 1 , 2 , 3 , 4 ] , [ 1 , 3 , 4 , 4 ] , [ 2 , 4 , 5 , 5 ] , [ 2 , 5 , 6 , 5 ] , [ 3 , 4 , 5 , 6 ] , [ 3 , 5 , 6 , 6 ] ] )
#定义训练数据集的标签
y_train = np. array ( [ 1 , 1 , 4 , 2 , 3 , 3 ] )
#定义测试数据集
x_test = [ [ 1 , 3 , 5 , 6 ] , [ 3 , 4 , 5 , 4 ] ]
```

```
#定义测试数据集的标签
y_test = [ 1 , 1 ]
#定义一个多项式朴素贝叶斯分类器对象
mnb = MultinomialNB ( )
#调用该对象的训练方法,主要接收两个参数:训练数据集及其样本标签
mnb. fit ( x_train , y_train)
#调用该对象的测试方法,主要接收一个参数:测试数据集
y_predict =mnb. predict ( x_test  )
#返回测试样本在各类标记预测概率值
y_predict_proba = mnb. predict_proba ( x_test )
#返回测试样本在各类标记预测概率值对应的对数值
y_predict_log_proba = mnb. predict_log_proba ( x_test )
#返回测试集样本映射到指定分类标记上的准确率
score =mnb. score ( x_test , y_test)
#输出测试的结果
print('y_predict = ', y_predict)
#输出原始测试数据集的正确标签,以方便对比
print('y_test = ', y_test)
#输出未加权准确率
print('score = ', score)
#输出测试样本在各类标记预测概率值
print('y_predict_proba = ', y_predict_proba)
#输出相应预测概率值的对数值
print('y_predict_log_proba = ', y_predict_log_proba)
#查看其他相关参数
print('intercept = ',mnb. intercept_)
print('class_log_prior = ',mnb. class_log_prior_)
print('coef = ', mnb. coef_)
print('feature_log_prob = ', mnb. feature_log_prob_)
print('class_count = ',mnb. class_count_)
print('feature_count = ',mnb. feature_count_)
```

程序运行结果如下:

```
y_predict = [1 3]
y_test = [1, 1]
score = 0. 5
y_predict_proba = [[0. 46636256 0. 12866085 0. 26107719 0. 1438994 ]
   [0. 25044463 0. 18372474 0. 37746933 0. 1883613]]
y_predict_log_proba = [[−0. 76279192 −2. 05057544 −1. 34293917 −1. 93864081]
   [−1. 38451741 −1. 69431663 −0. 97426595 −1. 66939338]]
intercept = [−1. 09861229 −1. 79175947 −1. 09861229 −1. 79175947]
class_log_prior = [−1. 09861229 −1. 79175947 −1. 09861229 −1. 79175947]
coef = [[−2. 15948425 −1. 46633707 −1. 178655   −1. 06087196]
   [−1. 99243016 −1. 29928298 −1. 1451323   −1. 29928298]
   [−1. 79175947 −1. 43508453 −1. 25276297 −1. 17272026]
   [−1. 89711998 −1. 38629436 −1. 2039728   −1. 2039728 ]]
feature_log_prob = [[−2. 15948425 −1. 46633707 −1. 178655   −1. 06087196]
   [−1. 99243016 −1. 29928298 −1. 1451323   −1. 29928298]
   [−1. 79175947 −1. 43508453 −1. 25276297 −1. 17272026]
   [−1. 89711998 −1. 38629436 −1. 2039728   −1. 2039728 ]]
class_count = [2. 1. 2. 1. ]
feature_count = [[ 2.   5.   7.   8. ]
```

```
[ 2.  5.  6.  5. ]
[ 6.  9. 11. 12. ]
[ 2.  4.  5.  5. ]]
```

3. 伯努利朴素贝叶斯

伯努利朴素贝叶斯分类算法假设特征的条件概率满足二项分布，其在 scikit-learn 中的实现类如下：

sklearn. native_bayes. BernoulliNB（ alpha = 1.0，binarize = 0.0，fit_prior = True，class_prior = None）

其主要参数如下。

1）alpha：先验平滑因子。数据类型为浮点型，与多项式朴素贝叶斯中一致。

2）binarize：样本特征二值化的阈值。数据类型为浮点型，若不指定该参数值，则模型会认为所有特征都已经是二值化形式了。若输入具体的值，则模型会把大于该值的特征值设为1，小于的设为0。

3）fit_prior：是否去学习类的先验概率，与多项式朴素贝叶斯中一致。

4）class_prior：各个类别的先验概率，与多项式朴素贝叶斯中一致。

其主要属性如下。

1）feature_count_：训练过程中，每个类别的每个特征遇到的样本数。

2）class_count_：每个类别包含的训练样本的数量。

3）class_log_prior_：每个类别平滑后的先验概率。

4）feature_log_prob_：特征类别的对数概率（条件概率）。

其主要方法如下。

1）fit(X, y)：训练模型，以 X 为训练数据，y 为训练集的标签。

2）partial_fit(X, y)：追加训练模型，主要用于大规模数据集的训练。可以将大型训练集划分为多个较小的训练集，然后调用本方法进行训练。

3）predict(X)：预测并返回测试集 X 的标签。

4）prodict_proba(X)：返回样本为每种类别的概率。

5）score(X, y)：返回给定测试数据 X 和标签 y 上的预测准确率。

【例 10-5】 使用伯努利朴素贝叶斯算法进行分类。

参考程序如下：

```
#导入 numpy 模块
import numpy as np
#导入 sklearn. naive 模块中的 BernoulliNB 类
from sklearn. naive_bayes import BernoulliNB
#定义训练数据集
x_train = np. array（[[1,2,3,4]，[1,3,4,4]，[2,4,5,5]]）
#定义训练数据集的标签
y_train = np. array（[1,1,2]）
#定义测试数据集
x_test = [[1,3,5,6]，[3,4,5,4]]
#定义测试数据集的标签
y_test = [1,1]
#定义一个伯努利朴素贝叶斯分类器对象
```

```
nnb = BernoulliNB ( alpha = 2.0 , binarize = 3.0 )
#调用该对象的训练方法,主要接收两个参数:训练数据集及其样本标签
nnb. fit ( x_train , y_train )
#调用该对象的测试方法,主要接收一个参数:测试数据集
y_predict = nnb. predict ( x_test )
#返回测试样本在各类标记预测概率值
y_predict_proba = nnb. predict_proba ( x_test )
#返回测试样本在各类标记预测概率值对应的对数值
y_predict_log_proba = nnb. predict_log_proba ( x_test )
#返回测试集样本映射到指定分类标记上的准确率
score = nnb. score ( x_test , y_test )
#输出测试的结果
print('y_predict = ', y_predict)
#输出原始测试数据集的正确标签,以方便对比
print('y_test = ', y_test)
#输出未加权准确率
print('score = ', score)
#输出测试样本在各类标记预测概率值
print('y_predict_proba = ', y_predict_proba)
#输出相应预测概率值的对数值
print('y_predict_log_proba = ', y_predict_log_proba)
#查看其他相关参数
print('class_log_prior = ',nnb. class_log_prior_)
print('feature_log_prob = ', nnb. feature_log_prob_)
print('class_count = ',nnb. class_count_)
print('feature_count = ',nnb. feature_count_)
```

程序运行结果如下:

```
y_predict = [1 1]
y_test = [1, 1]
score = 1.0
y_predict_proba = [[0.77423351 0.22576649]
  [0.53339023 0.46660977]]
y_predict_log_proba = [[-0.25588176 -1.48825404]
  [-0.62850199 -0.76226198]]
class_log_prior = [-0.40546511 -1.09861229]
feature_log_prob = [[-1.09861229 -1.09861229 -0.69314718 -0.40546511]
  [-0.91629073 -0.51082562 -0.51082562 -0.51082562]]
class_count = [2. 1.]
feature_count = [[0. 0. 1. 2.]
  [0. 1. 1. 1.]]
```

📖 高斯朴素贝叶斯主要处理连续型变量的数据,它的模型假设是每一个维度都符合高斯分布(正态分布)。多项式朴素贝叶斯主要用于离散特征分类,例如,文本分类单词统计,以出现的次数作为特征值。伯努利朴素贝叶斯类似于多项式朴素贝叶斯,也主要用于离散特征分类,和多项式朴素贝叶斯的区别是多项式朴素贝叶斯以出现的次数为特征值,伯努利朴素贝叶斯为二进制或布尔型特性。

10.3 决策树

决策树(Decision Tree)是一种基于树状图的层次模型,是最早的机器学习算法之一。

1979 年，J. R. Quinlan 提出了 ID3 算法原型，并于 1983 年和 1986 年对 ID3 算法进行了总结和简化，正式确立了决策树的理论。决策树可以是二叉树也可以是多叉树，每个非叶结点表示对一个特征的判断，每个分支代表该特征在某个值域上的输出，而每个叶结点存放一个类别。树状模型更加接近人的思维方式，可以产生可视化的分类规则，产生的模型具有可解释性，其拟合出来的函数其实是分区间的阶梯函数。决策树可以用于解决分类问题，也可以用于解决回归问题，本节主要介绍其在分类问题上的应用。

10.3.1 算法原理

决策树按照样本的特征将样本空间划分成一些局部区域，并对每一个区域指定一个统一的类别。对于数据集中的任何一个样本，决策树将根据此样本的特征判断它所属的区域，并将该区域的类别作为样本的类别，以实现一个分类过程。

决策树一般采用二叉树结构。在二叉树中，根结点和中间结点都含有指向它的左孩子结点和右孩子结点的指针，而叶结点则不具有任何孩子结点。在决策树中，根结点和每个中间结点都存储了一个特征下标 j 和一个阈值 θ，而每个叶结点存储一个类别。对于给定的样本 $x = \{x_1, x_2, \cdots, x_m\}$，决策树从根结点开始自顶向下搜索。在每一个中间结点位置，设该结点的特征下标为 j，阈值为 θ。如果 $x_j \leqslant \theta$，则进入该结点的左子树，否则进入该结点的右子树。以此方法持续向下搜索，直至抵达一个叶结点，并以该叶结点存储的类别作为样本的类别。

构造决策树的关键是进行最优特征划分，即确定根结点和每个中间结点对应的特征及其判断阈值。最优特征划分的方法有很多，一般使用自顶向下递归分治法，并采用不回溯的贪心策略，其基本思想是基于信息熵构造一棵熵值下降最快的树，到叶子结点处熵值为 0。

决策树算法的基本结构为一个递归过程，其主要目标是按某种规则，生长出决策树的各个分支结点，并根据终止条件结束算法，主要包含以下步骤。

1）输入需要分类的数据集和类别标签。

2）计算最优特征：根据某种分类规则得到最优划分特征，并创建特征的划分结点。每种决策树之所以不同，一般都是因为最优特征选择的标准有所差异，不同的标准导致生成不同类型的决策树。例如，ID3 决策树的最优特征选择依据信息增益、C4.5 决策树依据信息增益率、CART 算法依据结点方差的大小等。

3）划分数据集：按照该特征的每个取值划分数据集为若干部分。

4）根据划分结果构建出新的结点，作为决策树生长出的新的分支。

5）检验是否终止。

6）将划分的新结点包含的数据集和类别标签作为输入，递归执行上述各步骤。

10.3.2 最优特征选择函数

如何选择最优划分属性，一般而言，随着划分过程不断进行，希望决策树的分枝结点所包含的样本尽可能属于同一类别，即结点的"纯度"越来越高。对于一个由多维特征构成的数据集，能够优选出某个特征作为根结点，以及选择出特征集中无序度最大的列特征作为划分结点是非常重要的。为了衡量一个事物特征取值的有（无）序程度，可以使用信息熵。信息熵用来衡量一个随机变量出现的期望值，一个变量的信息熵越大，那么它蕴含的情况就越多，即需要更多的信息才能完全确定它。

对于随机变量集 $S = \{s_1, s_2, \cdots s_n\}$，若任意的一个随机变量 $s_i, i = \cdots 1, 2, \cdots n$ 其发生概率为

p_i，那么信息熵计算公式如式 10-14 所示。

$$H = -\sum_{i=1}^{n} p_i \log_2 p_i \tag{10-14}$$

显然，对于两分类问题，有 $p_1 + p_2 = 1$，其信息熵函数计算公式如式 10-15 所示。

$$H = -p_1 \times \log_2 p_1 - p_2 \log_2 p_2 = -p_1 \times \log_2 p_1 - (1-p_1) \times \log_2 (1-p_1) \tag{10-15}$$

假定随机变量有两个类别 $\{c_1, c_2\}$，元素总数为 16 个，其中类别 c_1 有 3 个元素，类别 c_2 有 13 个元素，则该随机变量的熵为：$(-3/16) \log_2 (3/16) - (13/16) \log_2 (13/16) = -0.1875 \times (-2.4150) - 0.8125 \times (-0.29956) = 0.6962$。

在决策树中，信息熵不仅能用来度量类别的不确定性，还可以用来度量具有不同特征的数据样本的不确定性。如果某个特征列向量的信息熵越大，则该向量的不确定性就越大，即其混乱程度就越大，就应该优先考虑从该特征向量入手进行划分。

首先，用信息熵度量类别标签对样本整体的不确定性。设 S 是数据样本集合，其类别标签 $C = \{c_1, c_2, \cdots c_n\}$，样本分类的信息熵计算公式如式 10-16 所示：

$$I(s_1, s_2, \cdots s_n) = -\sum_{i=1}^{m} p_i \log_2 p_i \tag{10-16}$$

式中，$P_i = \dfrac{\text{count}(c_i)}{\text{length}(S)}$ 是任意样本属于类别 c_i 的概率，$\text{count}(c_i)$ 表示样本集 S 中类别 c_i 的元素个数，$\text{length}(S)$ 表示样本集 S 的元素总数，即样本总数。

然后，使用信息熵度量每个特征不同取值的不确定性。假定特征 $A = \{a_1, a_2, \cdots a_v\}$ 有 v 个不同的取值，那么使用特征 A 就可以将样本集 S 划分为 v 个互不相交的子集 $\{S_1^A, S_2^A, \cdots S_v^A\}$，其中 $S_j^A = \{s | s \in S, s^A = a_j\}, j = 1, 2, \cdots v$。如果选择 A 做最优划分特征，那么划分的子集就是样本集 S 结点中生长出来的决策树分支。由特征 A 划分的子集的信息熵计算公式如式 10-17 和式 10-18 所示。

$$E(A) = \sum_{j=1}^{v} \frac{\text{length}(S_j^A)}{\text{length}(S)} I(s_{1j}, s_{2j}, \cdots s_{mj}) \tag{10-17}$$

$$I(s_{1j}, s_{2j}, \cdots s_{mj}) = -\sum_{i=1}^{m} p_{ij} \log_2 p_{ij} \tag{10-18}$$

式中，$\text{length}(S_j^A)$ 表示子集 S_j^A 中的元素个数；$P_{ij} = \text{count}(c_i)/\text{length}(S_j^A)$ 是 S_j^A 中的样本属于类别 c_i 的概率。

在信息熵概念的基础上，下面介绍信息增益和信息增益率。

1. 信息增益

ID3 决策树算法使用信息增益确定决策树分支的划分依据，每次选择信息增益最大的特征作为结点。信息增益即决策树某个分支上整个数据集信息熵与当前结点信息熵的差值，计算公式如式 10-19 所示。

$$\text{Gain}(A) = I(s_1, s_2, \cdots s_m) - E(A) \tag{10-19}$$

对样本集 S 中的每个特征（未选取的特征）进行上述计算，具有最高信息增益的特征就可选做给定样本集 S 的测试特征。使用选定的样本特征，创建决策树的一个结点，并据此划分样本，依据划分结果对特征的每个值创建分支。

ID3 算法可用于划分标称型数据集，没有剪枝的过程，为了去除过度数据匹配的问题，可通过裁剪来合并相邻的无法产生大量信息增益的叶子结点（如设置信息增益阈值）。信息增益偏向于具有大量值的特征，也就是说在训练集中，某个特征所取的不同值的个数越多，就越有可能将它作为分裂特征。另外，ID3 只能处理离散数据。

2. 信息增益率

ID3 算法存在一个问题，就是偏向于多值属性，例如，如果存在唯一标识属性 ID，则 ID3 会选择它作为分裂属性，这样虽然使得划分充分纯净，但这种划分对分类几乎毫无用处。1993 年，Quinlan 将 ID3 改进为 C4.5 算法。C4.5 算法改进了 4 个方面，第一是用信息增益率来选择属性，克服了用信息增益选择属性时偏向选择取值多的属性的不足。第二是在树的构造过程中进行剪枝。第三是能处理非离散的数据。第四是能处理不完整的数据。C4.5 算法使用信息增益率（Gain Ratio）代替信息增益，进行特征选择，克服了信息增益选择特征时偏向于特征值个数较多的不足的问题。C4.5 算法首先定义了"分裂信息"，计算公式如式 10-20 所示。

$$\text{split}_{\text{info}_A}(D) = -\sum_{j=1}^{v} \frac{|S_j|}{|S|} \log_2 \left(\frac{|S_j|}{|S|} \right) \tag{10-20}$$

其中，S_1 到 S_v 分别是特征 A 的不同取值构成的样本子集。信息熵增益率计算公式如式 10-21 所示。

$$\text{Gain}_{\text{Ratio}(A)} = \frac{\text{Gain}(A)}{\text{split}_{\text{info}_A}(D)} \tag{10-21}$$

C4.5 选择具有最大信息熵增益率的属性作为分裂属性，是 ID3 的一个改进算法。它继承了 ID3 算法的优点，在树构造过程中进行剪枝，能够完成对连续属性的离散化处理，也能够对不完整数据进行处理。C4.5 算法产生的分类规则易于理解、准确率较高，但效率低，这是因为在树的构造过程中，需要对数据集进行多次的顺序扫描和排序。

10.3.3 实现及参数

sklearn.tree 提供了分类决策树的实现方法，库函数为 DecisionTreeClassifier，其构造函数如下：

```
sklearn.tree.DecisionTreeClassifier( criterion = 'gini', splitter = 'best', max_depth = None,
min_samples_split = 2, min_samples_leaf = 1, min_weight_fraction_leaf = 0.0,
max_features = None, random_state = None, max_leaf_nodes = None, class_weight
= None, presort = False)
```

其主要参数如下。

1）criterion：特征选择标准。数据类型为字符串型，若不指定该参数值，则自动使用默认参数值 gini。其可选值如下。

- gini：表示以 gini 系数作为切分的评价准则。
- entropy：表示以信息熵作为切分的评价准则。

2）splitter：特征划分点选择标准。数据类型为字符串型，若不指定该参数值，则自动使用默认参数值 best。其可选值如下。

- best：表示依据选用的 criterion 标准，选用最优划分属性来划分该结点，一般用于训练样本数据量不大的场合，因为选择最优划分属性需要计算每种候选属性下划分的结果。
- random：则表示最优的随机划分属性，一般用于训练数据量较大的场合，可以减少计算量。

3）max_features：划分结点以寻找最优划分特征时，设置允许搜索的最大特征个数。数据类型为整型、浮点型、字符串型或 None。注意：如果已经考虑了 max_features 个特征，但还是没有找到一个有效的划分，那么会继续寻找下一个特征，直到找到一个有效的划分为止。若不指定该参数值，则自动使用默认参数值 None。其可选值如下。

- auto：根据特征数量自动选择。
- sqrt：选择 sqrt(n_features) 个特征。
- log2：选择 log2(n_features) 个特征。
- None：选取所有 n_features 个特征。
- 浮点型值（0~1）：选择 int(max_features * n_features) 个特征。
- 整型值：选择 max_features 个特征。

4）max_depth：决策树的最大深度。数据类型为整型或 None，若不指定该参数值，则自动使用默认参数值 None，表示不对决策树的最大深度做约束，直到每个叶子结点上的样本均属于同一类，或少于 min_samples_leaf 参数指定的叶子结点上的样本个数。也可以指定一个整型数值，代表树的最大深度。在样本数据量较大时，可以通过设置该参数提前结束树的生长，改善过拟合问题。

5）min_samples_split：内部结点再切分需要的最小样本数。数据类型为整型或浮点型，若不指定该参数值，则自动使用默认参数值 2。若设置为整数，则该值表示最少样本数。若设置为 0~1 的浮点数，则最少样本数为 min_samples_split * n_samples 向上取整。

6）min_samples_leaf：设置叶子结点上的最小样本数。数据类型为整型或浮点型，若不指定该参数值，则自动使用默认参数值 1。若设置为整数，则该值表示最少样本数。若设置为 0~1 的浮点数，则最少样本数为 min_samples_split * n_samples 向上取整。

7）min_weight_fraction_leaf：每一个叶子结点上样本的权重和的最小值。数据类型为浮点型，若不指定该参数值，则自动使用默认参数值 0.0，表示不考虑权重的问题。若样本中存在较多的缺失值，或样本类别分布偏差很大时，会引入样本权重，此时就要谨慎设置该参数。

8）max_leaf_nodes：决策树的最大叶子结点个数。数据类型为整型或 None，若不指定该参数值，则自动使用默认参数值 None，表示不加限制。该参数与 max_depth 等参数一起，限制决策树的复杂度。

9）class_weight：样本数据中每个类的权重。值有 Banlanced 和 None 可选。若不指定该参数值，则自动使用默认参数值 None。上述参数的具体意义如下。

- None：即不施加权重。用户可以用字典型或者字典列表型数据指定每个类的权重。
- Banlanced：此时系统会按照输入的样本数据自动计算每个类的权重，计算公式为：$n_{samples}/(n_{classes} * np.\,bincount(y))$，其中 $n_{samples}$ 表示输入样本总数，$n_{classes}$ 表示输入样本中类别总数，$np.\,bincount(y)$ 表示计算属于每个类的样本个数。可以看到，属于某个类的样本个数越多，该类的权重越小。

10）random_state：随机种子的设置。若不指定该参数值，则自动使用默认参数值 None，即使用当前系统时间作为种子，每次随机结果不同。

11）min_impurity_decrease：结点不纯度（基尼系数，信息增益）最小减少程度。数据类型为浮点型，若不指定该参数值，则自动使用默认参数值 0.0。

12）min_impurity_split：结点划分的最小不纯度。数据类型为浮点型，该值限制了决策树的增长，如果某结点的不纯度（基尼系数，信息增益）小于这个阈值，则该结点不再生成子结点。

13）persort：是否进行预排序。数据类型为布尔型，若不指定该参数值，则自动使用默认参数值 False。在处理大数据集时，如果设为 True 可能会减慢训练的过程。当使用一个小数据集或限制了最大深度的情况下，可以加速训练过程。

其主要属性如下。

1）classes_：分类的标签值。

2）features_importances：给出了特征的重要程度。该值越高，则该特征越重要。

3）max_features_：max_features 的推断值。

4）n_classes_：给出了分类的数量。

5）n_features_：当执行 fit 后，特征的数量。

6）n_outputs_：当执行 fit 后，输出的数量。

7）tree_：一个 Tree 对象，即底层的决策树。

其主要方法如下。

1）fit(X,y)：训练模型，以 X 为训练数据，y 为训练集的标签。

2）predict(X)：用模型进行预测，返回预测值。

3）predict_log_proba(X)：返回一个数组，数组的元素依次是 X 预测为各个类别的概率的对数值。

4）predict_proba(X)：返回一个数组，数组的元素依次是 X 预测为各个类别的概率值。

5）score(X, y[, sample_weight])：返回在(X, y)上预测的准确率。

【例 10-6】 使用分类决策树算法进行分类。

参考程序如下：

```
#导入内置数据集模块
from sklearn import datasets
#导入 sklearn. tree 模块中的决策树类
from sklearn. tree import DecisionTreeClassifier
#导入鸢尾花的数据集,数据集共有 150 个样本,每个样本有 4 个特征和 1 个标签
iris = datasets. load_iris( )
#获取数据集的特征部分
iris_x = iris. data
#获取数据集的标签部分
iris_y = iris. target
#选取后 120 个样本作为训练数据集
x_train = iris_x[30:]
#选取上述样本的标签作为训练数据集的标签
y_train = iris_y[30:]
#选取前 30 个样本作为测试数据集
x_test = iris_x[:30]
#选取前 30 个样本对应的标签作为测试数据集的标签
y_test = iris_y[:30]
#定义一个决策树分类器对象
dtc = DecisionTreeClassifier ( )
#调用该对象的训练方法,主要接收两个参数:训练数据集及其样本标签
dtc. fit( x_train, y_train)
#调用该对象的测试方法,主要接收一个参数:测试数据集
y_predict =dtc. predict( x_test)
#返回测试集样本映射到指定分类标记上的准确率
score =dtc. score( x_test, y_test)
```

```
#输出测试的结果
print('y_predict = ', y_predict)
#输出原始测试数据集的正确标签,以方便对比
print('y_test = ', y_test)
#输出准确率计算结果
print('accuracy = ', score)
```

程序运行结果如下:

```
y_predict = [0. 0. 0. 0. 0. 0. 0. 0. 0. 0. 0. 0. 0. 0. 0. 0. 0. 0. 0. 0. 0. 0. 0. 0. 0. 0. 0. 0. 0. 0. 0. 0. 0. 0. 0. 0. 0.]
y_test = [0 0 0 0 0 0 0 0 0 0 0 0 0 0 0 0 0 0 0 0 0 0 0 0 0 0 0 0 0 0 0 0 0 0]
accuracy = 1.0
```

10.4 分类与回归树

分类与回归树(Classification And Regression Tree,CART)算法是目前决策树算法中最为成熟的一类算法,它既可用于分类,也可用于回归。预测时,CART 使用最小方差(Squared Residuals Minimization)来判定最优划分,确保划分之后的子树与样本点的误差方差最小。然后将数据集划分成多个子集,利用线性回归建模,如果每次划分后的子集仍然难以拟合就继续划分。这样创建出来的预测树,每个叶子结点都是一个线性回归模型。这些线性回归模型反映了样本集中蕴含的模式,也称为模型树。因此,CART 不仅支持整体预测,也支持局部模式的预测,并有能力从整体中找到模式,或根据模式组合成一个整体。整体与模式之间的相互结合,对于预测分析非常有价值。因此,CART 决策树算法在预测中的应用非常广泛。

CART 算法主要由以下两步组成。

1)决策树生成:基于训练数据集生成决策树,生成的决策树要尽量大。

2)决策树剪枝:用验证数据集对已生成的树进行剪枝,并选择最优子树,这时用损失函数最小作为剪枝的标准。

10.4.1 算法原理

CART 算法的主要流程如下。

1)输入需要分类的数据集和类别标签。

2)使用最小方差判定回归树的最优划分,并创建特征的划分结点。

3)划分结点,使用二分数据集子函数将数据集划分为两部分。

4)根据二分数据的结果,构建出新的左、右结点,作为树生长出的两个分支。

5)检验是否符合递归的终止条件。

6)将划分的新结点包含的数据集和类别标签作为输入,递归执行上述步骤。

其中涉及两个关键概念——最小方差和剪枝策略。

1. 最小余方差法

回归树中,数据集均为连续型的,连续数据的处理方法与离散数据不同,离散数据是按每个特征的取值来划分的,而连续特征则要计算出最优划分点。CART 采用最小方差法来划分结点,算法描述如下。

1）先令最佳方差为无限大：bestVar=inf。

2）遍历所有特征列及每个特征列的所有样本点，在每个样本点上二分数据集。

3）计算二分数据总方差 currentVar，若 currentVar<bestVar，则 bestVar=currentVar。

4）返回计算的最优分支特征列、分支特征值，以及左右分支子数据集。

2. 剪枝策略

CART 算法把叶子结点设定为一系列的分段线性函数，这些函数是对源数据曲线的一种模拟，每个线性函数都称为一个模型树，由于使用了连续型数据，CART 可以生长出大量的分支树，避免了过拟合的问题，预测树采用了剪枝的方法。剪枝的方法有很多，主流的方法有两类：先剪枝和后剪枝。

先剪枝给出一个预定义的划分阈值，当结点的划分子集某个标准低于预定义的阈值时，子集划分将终止。但是选取适当的阈值比较困难，过高会导致过拟合，而过低会导致欠拟合，因此需要人工反复地训练样本才能得到很好的效果。预剪枝也有优势，由于它不必生成整棵决策树，且算法简单，效率高，适合大规模问题的粗略估计。

后剪枝也称为悲观剪枝。后剪枝是指在完全生成的决策树上，根据一定的规则标准，剪掉树中不具备一般代表性的子树，使用叶子结点取而代之，进而形成一棵规模较小的新树。后剪枝递归估算每个内部结点所覆盖样本结点的误判率，也就是计算决策树内部结点的误判率。如果内部结点低于这个误判率就将其变成叶子结点，该叶子结点的类别标签由原内部结点的最优叶子结点所决定。

10.4.2　实现及参数

sklearn. tree 提供了 CART 算法的实现方法，库函数为 DecisionTreeRegressor，其构造函数如下：

```
sklearn. tree. DecisionTreeRegressor( criterion = 'mse', splitter = 'best', max_depth = None,
    min_samples_split = 2, min_samples_leaf = 1, min_weight_fraction_leaf = 0. 0,
    max_features = None, random_state = None, max_leaf_nodes = None,
    min_impurity_decrease = 0. 0 , min_impurity_split = None, presort = False)
```

其与分类决策树不同的主要参数如下。

1）criterion：特征选择标准。数据类型为字符串型，若不指定该参数值，则自动使用默认参数值 mse。其可选参数如下。

- mse：平均平方误差即均方差，使用终端结点的平均值进行特征选择标准和最小化 L2 的损失。
- mae：平均绝对误差，使用终端结点的中位数最大限度地减少 L1 的损失。
- friedman_mse：费尔德曼均方误差，这种指标使用基于费尔德曼改进评分的均方差作为评价准则。

2）min_impurity_decrease：结点不纯度（均方差，绝对差）最小减少程度。数据类型为浮点型，若不指定该参数值，则自动使用默认参数值 0.0。

3）min_impurity_split：结点划分的最小不纯度。数据类型为浮点型。这个值限制了决策树的增长，如果某结点的不纯度（均方差，绝对差）小于这个阈值，则该结点不再生成子结点。

其主要属性如下。

1）feature_importances_：给出了特征的重要程度。该值越高，则该特征越重要。

2）max_features：max_features 的推断值。

3）n_features_：当执行 fit 之后，特征的数量。

4）n_outputs_：当执行 fit 之后，输出的数量。

5）tree_：一个 Tree 对象，即底层的决策树。

其主要方法如下。

1）fit(X, y[, sample_weight, check_input, ...])：训练模型。

2）predict(X[, check_input])：用模型进行预测，返回预测值。

3）score(X, y[, sample_weight])：返回预测性的准确率。

【例 10-7】使用分类与回归树算法进行分类。

```
#导入 sklearn. tree 模块中的类
from sklearn. tree import DecisionTreeRegressor
#导入 matplotlib 模块的 pyplot 类
import matplotlib. pyplot as plt
#导入 numpy 模块
import numpy as np
#生成训练数据集
x_train = 10 * np. random. rand(50, 1)
y_train = np. sin(x_train). ravel()
#为 y 添加噪声
y_train += 0. 5 * np. random. rand(50) - 1
#定义一个回归器对象
dtr = DecisionTreeRegressor()
#调用该对象的训练方法
dtr. fit(x_train, y_train)
#返回对拟合数据的准确率
score = dtr. score(x_train, y_train)
#生成测试数据
x_test = np. linspace(0, 10, 1000)[:, np. newaxis]
#调用预测方法
y_predict = dtr. predict(x_test)
#绘制拟合曲线
plt. figure()
#绘制训练样本
plt. scatter(x_train, y_train, c='r', label='train', s=20)
#绘制拟合曲线
plt. plot(x_test, y_predict, c='b', label='test', linewidth=1)
plt. title('DecisionTreeRegressor')
plt. show()
#输出准确率
print('accuracy =', score)
```

程序运行结果如下，绘制结果图如图 10-3 所示。

```
accuracy = 1. 0
```

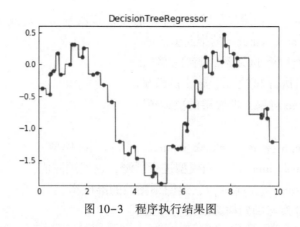

图 10-3　程序执行结果图

10.5　支持向量机

支持向量机（Support Vector Machine，SVM）通常用来解决二分类问题，但实际应用中支持向量机也可推广到多分类问题上。其核心思想是：训练阶段在特征空间中寻找一个超平面，它能将训练样本中的正例和负例分离在它的两侧，预测时以该超平面作为决策边界判断输入实例的类别。

10.5.1　算法原理

1. 间隔与支持向量

假设数据集中的样本 (x_i, y_i) 有两种类别，分别称为正例（$y_i = +1$）和负例（$y_i = -1$）。如果特征空间内存在某个平面能将正例和负例完全正确地分隔到它的两侧，这个平面称为分隔超平面。如图 10-4 所示，a、b、c 为 3 个分隔超平面，这样的分隔方式可以有无数种。寻找最优分隔超平面的原则为分隔超平面要尽可能远离两类数据点，即实现两类数据点到分隔超平面的距离 d 最大，这段距离的 2 倍称为间距（Margin）。那些离分隔超平面最近的点称为支持向量（Support Vector），如图 10-5 所示，虚线穿过的向量即为支持向量。SVM 算法目标即找到能使数据正确分类、并且间距最大的分隔超平面。这样的超平面既有较强的分隔能力、又有较强的抗噪能力。

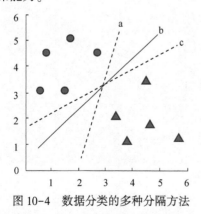

图 10-4　数据分类的多种分隔方法

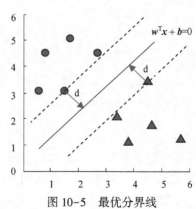

图 10-5　最优分界线

假设空间 R 中有一个超平面，可用如下方程表示：

$$w^{\mathrm{T}}x + b = 0 \text{JY}$$

(10-22)

空间中的点 x 与超平面的相对位置可以依据以下公式进行判断：

$$\begin{cases} w^T x + b > 0, & y_i = +1 \\ w^T x + b < 0, & yi = -1 \end{cases} \qquad (10\text{-}23)$$

根据点到直线的距离公式，支持向量 x_i 到分隔超平面的距离为：

$$d = \frac{|w^T x_i + b|}{\|w\|} \qquad (10\text{-}24)$$

由于支持向量 x_i 在 $w^T x + b = 1$ 和 $w^T x + b = -1$ 上，所以间距 $2d = 2/\|w\|$ 最大，即求解 $2/\|w\|$ 最大，为求解方便可转化为要找到合适参数使 $1/\|w\|^2$ 最小。对于类别 $y_i \in \{-1, +1\}$，选出的超平面要能把数据正确分类，必须满足约束条件：$y_i = -1$ 时，$w^T x + b \leq 1$；$y_i = +1$ 时，$w^T x + b \geq 1$。即数据集满足：

$$y_i(w^T x_i + b) \geq 1 \qquad (10\text{-}25)$$

SVM 最优化问题即为在满足公式 10-25 的约束条件下，求解：

$$\min\left(\frac{1}{2}\|w\|^2\right) \qquad (10\text{-}26)$$

以上的约束最优化问题为凸二次规划问题，求解该问题可得到最大间隔超平面。求解凸二次规划问题，可先利用拉格朗日乘子法求解极值。

📖 利用拉格朗日乘子法求解极值，SVM 具体如何使用该方法求解，这里不再展开。

2. 线性不可分问题

如果特征空间内存在某个超平面能将数据全部正确地分隔到它的两侧，则称数据集为线性可分数据集；如果不存在，则称数据集为线性不可分数据集。在现实问题中，数据集通常是线性不可分的，如图 10-6 所示。这就导致无法找到最大间距的分隔超平面，使得其中所有样本点都满足 $y_i(w^T x_i + b) \geq 1$。

解决这个问题的办法是引入一个参数，称为松弛变量 ξ_i，放宽约束条件：

$$y_i(w^T x_i + b) \geq 1 - \xi_i \qquad (10\text{-}27)$$

可以把 ξ_i 理解为数据样本 x_i 违反最大间距规则的程度。针对正常样本，$\xi_i = 0$；而部分违反最大间距规则样本，$\xi_i > 0$。对每一个 ξ_i 进行一个代价为 C 的"惩罚"，C 称为惩罚系数，然后 SVM 优化目标函数变为满足公式 10-27 约束条件下求解：

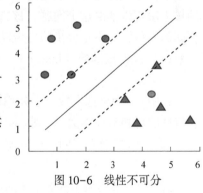

图 10-6　线性不可分

$$\min\left(\frac{1}{2}\|w\|^2\right) + C \sum_{i=1}^{m} \xi_i \qquad (10\text{-}28)$$

式中，m 为数据集的个数。惩罚系数 C 越大，对错误分类的惩罚越重；C 较小时，允许部分点违反最大间距规则。松弛因子的引入就是为了纠正过拟合问题，让支持向量机对噪声数据有更强的适应性，即出现噪声样本时，仍然保持分隔超平面不变。

3. 非线性分类问题

前面提到的支持向量机只能用于处理线性分类问题，但有时还会面对非线性分类问题。如图 10-7 中的数据集，在 R^2 空间中无法用一条直线（线性）将数据集中的正例和负例正确地分隔开，但可以用一条圆形曲线（非线性）分隔。这种使用非线性模型（超曲面）进行分类的问题称为非线性分类问题。

　　求解分隔超曲面往往要比求解分隔超平面困难很多，因此面对一个非线性分类问题时，希望能将其转化为一个线性问题，从而降低求解难度。转化问题的方法是使用某种非线性变换 ϕ，将原来空间中的数据集映射到空间 H（通常是更高维的）中。以图 10-7 中的数据集为例，非线性变换函数为：

$$\phi(x)=(x_1,x_2,x_1^2+x_2^2) \tag{10-29}$$

　　变换 ϕ 为原数据增加了一个维度，大小为 $\|x\|^2$。映射后的数据集在 R^3 空间上的情形如图 10-8 所示。可以看出，映射到 R^3 空间后，原非线性分类问题变成了线性分类问题，此时再应用线性支持向量机算法，便可求得图中的最优分隔超平面。

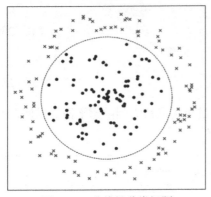
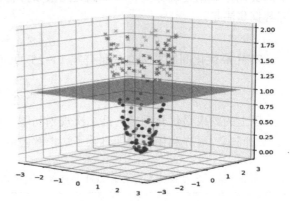

图 10-7　非线性分类问题　　　　　　图 10-8　非线性分类问题数据映射到高维空间

10.5.2　核函数

　　虽然可以利用非线性变换处理非线性分类问题，但如果映射后的空间 H 维度非常高，将导致进行非线性变换所使用的存储空间和计算资源开销过大，有时甚至是无法实现的。但是利用核方法可以解决这个问题。核方法的核心思想是：利用核函数直接计算映射到空间 H 后实例间的内积，而不是分步骤先做映射再做内积。下面是几种常用的核函数。

　　（1）线性核函数（Linear Kernel）

$$K(x,y)=x^{\mathrm{T}}\cdot y+c \tag{10-30}$$

　　式中，c 为可选参数。主要用于线性可分的情况，线性核函数参数少，运算速度较快，适合特征数量相对样本数量非常多时。

　　（2）多项式核（Polynomial Kernel）

$$K(x,y)=(\gamma x^{\mathrm{T}}\cdot y+c)^d \tag{10-31}$$

　　式中，γ 表示调节参数；d 为多项式的次数。当多项式阶数高时复杂度会很高，正交归一后的数据可优先选择此核函数。

　　（3）高斯核（Gaussian Kernel）

$$K(x,y)=\exp\left(-\frac{\|x-y\|^2}{2\gamma^2}\right) \tag{10-32}$$

　　式中，γ 为高斯核的带宽，γ^2 越大，高斯核函数越平滑，即模型的偏差和方差大，泛化能力差，容易过拟合；γ^2 越小，高斯核函数变化剧烈，模型对噪声样本比较敏感。高斯核函数灵活性较强，大多数情况都有较好性能，在不确定用哪种核函数时可以优先选则高斯核函数。

（4）Sigmoid 核（Sigmoid Kernel）

$$K(x,y)=\tanh\left(\gamma x^{\mathrm{T}}\cdot y+c\right) \tag{10-33}$$

式中，tanh 为双曲正切函数；γ 表示调节参数；c 为可选参数，一般取 $1/n$，其中 n 为数据维度。

10.5.3　实现及参数

在前面章节中已经介绍过，当把离散的数值用连续值代替，算法也可扩展到回归问题，所以 SVM 也可以处理回归问题。scikit-learn 中 SVM 算法的实现都包含在 sklearn. svm 中，包含分类封装类 SVC 和回归封装类 SVR。

scikit-learn 中实现 SVM 分类算法的 SVC 类如下：

```
sklearn. svm. SVC( C = 1. 0, kernel = 'rbf', degree = 3, gamma = 'scale', coef0 = 0. 0, shrinking = True,
probability = False, tol = 0. 001, cache_size = 200, class_weight = None, verbose = False,
max_iter = -1, decision_function_shape = 'ovr', break_ties = False, random_state = None)
```

其主要参数如下。

1）C：惩罚系数。数据类型为浮点型，值严格大于 0，常选用 C = 1.0。

2）kernel：核函数。参数值有 linear、poly、rbf、sigmoid、precomputed 或可调用核函数等，为可选参数。若不指定该参数值，则自动使用默认参数值 rfb。上述参数的具体意义如下。

- linear：核函数选用线性核函数。
- poly：核函数选用多项式核函数。
- rbf：核函数选用高斯核函数。
- sigmoid：核函数选用 sigmoid 核函数。
- precomputed：提供计算好的核矩阵。

3）degree：多项式核函数阶数。数据类型为整型，若不指定该参数值，则自动使用默认参数值 3。仅当 kernel 参数选用 poly 时有效，其他核函数下该参数无效。

4）gamma：指定核函数的系数。数据类型为浮点型或可选 scale、auto。当核函数参数 kernel 为 poly、rbf 和 sigmoid 时，指定系数 γ。若不指定该参数值，则自动使用默认参数值 scale。上述参数的具体意义如下。

- scale：使用 $1/(n_{features}*X.var())$ 作为系数 γ 值。
- auto：使用 $1/n_{features}$ 作为系数 γ 值。

5）coef0：核函数自由项。数据类型为浮点型，若不指定该参数值，则自动使用默认参数值 0.0。只有当核函数 kernel 参数为 poly 和 sigmoid 时有效。

6）shrinking：是否使用缩小的启发方式。数据类型为布尔型，若不指定该参数值，则自动使用默认参数值 True。

7）probability：是否启用概率估计。数据类型为布尔型，若不指定该参数值，则自动使用默认参数值 False。这必须在调用 fit( ) 之前启用，并且会使 fit( ) 方法速度变慢。

8）tol：停止训练的误差精度。数据类型为浮点型，若不指定该参数值，则使用默认参数值 0.001。

9）cache_size：指定训练所需要的内存。数据类型为浮点型，以 MB 为单位，若不指定该参数值，则使用默认参数值 200 MB。

10）class_weight：样本数据中每个类的权重。数据类型为字典、balanced 或 None，若不指定该参数值，则自动使用默认参数值 None。上述参数的具体意义如下。

- None：则默认所有类别权重均为 1。
- balanced：此时系统会按照输入的样本数据自动计算每个类的权重，计算公式为：$n_{samples}/(n_{classes}*np.bincount(y))$。其中 $n_{samples}$ 表示输入样本总数，$n_{classes}$ 表示输入样本中类别总数，$np.bincount(y)$ 表示计算属于每个类的样本个数。可以看到，属于某个类的样本个数越多时，该类的权重越小。

11）verbose：是否启用详细输出。数据类型为布尔型，若不指定该参数值，则自动使用默认参数值 False。

12）max_iter：最大迭代次数。数据类型为整型，若不指定该参数值，则自动使用默认参数值-1，表示不限制迭代次数。

13）decision_function_shap：指定决策函数的形状。有 ovo、ovr 参数值可选，若不指定该参数值，则自动使用默认参数值 ovr。上述参数的具体意义如下。

- ovr：使用 one-vs-rest 准则。训练时依次把某个类别的样本归为一类，其他剩余的样本归为另一类。其他类的分类模型以此类推，即一共由 $n_{classes}$ 个二分类 SVM 组合成一个多分类 SVM。
- ovo：使用 one-vs-one 准则。每次在所有的类样本中选择两类样本，对每个分类定义一个二分类 SVM，一共由 $n_{classes}*(n_{classes}-1)/2$ 个二分类 SVM 组合成一个 SVM。

14）random_state：随机种子的设置。若不指定该参数值，则自动使用默认参数值 None，即使用当前系统时间作为种子，每次随机结果也会不同。

其主要属性如下。

1）support_：支持向量的下标。

2）support_vectors_：支持向量集。

3）n_support：每个分类的支持向量数。

4）dual_coef_：分类决策函数中每个支持向量的系数。

5）coef_：每个特征的系数，仅在线性核下有效。

6）intercept_：决策函数中常数项。

其主要方法如下。

1）fit(X, y)：训练模型，以 X 为训练数据，y 为训练集的标签。

2）predict(X)：预测并返回测试集 X 的标签。

3）decision_function(X)：评估样本中决策函数。

4）score(X, y)：返回给定的测试集(X, y)上预测的准确率。

【例 10-8】 使用 SVC 算法对鸢尾花数据集进行分类。

参考程序如下：

```
#导入 svm
from sklearn import svm
#导入内置数据集模块并读取鸢尾花数据集
from sklearn import datasets
iris = datasets. load_iris ( )
x_train = iris. data
y_train = iris. target
#定义 svc 分类器对象
clf_linear = svm. SVC( C=1. 0, kernel='linear')          # 线性核
```

```
clf_poly = svm. SVC(C=1. 0, kernel='poly', degree=3)          # 多项式核(阶数=3)
clf_rbf = svm. SVC(C=1. 0, kernel='rbf', gamma=0. 5)          # 高斯核(gamma=0. 5)
clf_rbf2 = svm. SVC(C=1. 0, kernel='rbf', gamma=0. 1)         # 高斯核(gamma=0. 1)
#训练模型并输出其准确性
clfs = [clf_linear, clf_poly, clf_rbf, clf_rbf2]
titles = ['Linear Kernel:',
            'Polynomial Kernel with Degree=3:',
            'Gaussian Kernel with gamma=0. 5:',
            'Gaussian Kernel with gamma=0. 1:']
for clf, i in zip(clfs, range(len(clfs))):
    #调用各 svc 对象的训练方法,主要接收两个参数:训练数据集及其样本标签
    clf. fit(x_train, y_train)
    #输出各模型准确率
    print (titles[i] , clf. score ( x_train , y_train ))
```

程序运行结果如下:

```
Linear Kernel: 0. 9933333333333333
Polynomial Kernel with Degree=3: 0. 9733333333333334
Gaussian Kernel with gamma=0. 5: 0. 98
Gaussian Kernel with gamma=0. 1: 0. 98
```

10. 6　案例——多分类器分类数据

使用 k 近邻算法、高斯朴素贝叶斯算法、决策树算法和支持向量机算法对葡萄酒数据集进行分类,并对分类数据进行可视化。为了能够以二维坐标轴显示分类结果,只选择葡萄酒数据的前两个特征。

参考程序如下:

```
import numpy as np
import matplotlib. pyplot as plt
from itertools import product
from sklearn import datasets
from sklearn. neighbors import KNeighborsClassifier
from sklearn. naive_bayes import GaussianNB
from sklearn. tree import DecisionTreeClassifier
from sklearn. svm import SVC
#加载数据
wine = datasets. load_wine ( )
x_train = wine. data [ : , [ 0 , 2 ] ]
y_train = wine. target
#定义分类器对象,均使用默认参数
knn = KNeighborsClassifier ( )
gnb = GaussianNB ( )
dtc = DecisionTreeClassifier ( )
svm = SVC ( )
#训练分类器
knn. fit ( x_train , y_train )
gnb. fit ( x_train , y_train )
dtc. fit ( x_train , y_train )
svm. fit ( x_train , y_train )
#测试并输出准确率
```

```
print（'KNN：', knn. score（x_train , y_train））
print（'GaussianNB：', gnb. score（x_train , y_train））
print（'Decision Tree：', dtc. score（x_train , y_train））
print（'Support Vector Machine：', svm. score（x_train , y_train））
#获取测试点范围
x_min , x_max = x_train[:,0]. min()−1 , x_train [:,0]. max()+1
y_min , y_max = x_train [ : , 1 ]. min（）− 1 , x_train [ : , 1 ]. max（）+ 1
#生成测试点
xx , yy = np. meshgrid（np. arange（x_min , x_max , 0.1）, np. arange（y_min , y_max , 0.1））
#设置子图
f , axe =plt. subplots（2 , 2 , sharex = 'col' , sharey = 'row' , figsize =（10 , 8））
#测试全部测试点并将分类结果作为颜色参数绘制结果图
for idx,clf , tt in zip（product([0,1],[0,1]), [ knn , gnb , dtc , svm] , [ 'KNN' , 'GaussianNB' , 'Deci-
    sion Tree' , 'Support Vector Machine' ] ）:
    Z =clf. predict（np. c_[ xx. ravel（）, yy. ravel（）] ）
    Z = Z. reshape（xx. shape）
    axe [ idx [ 0 ], idx [ 1 ] ]. contourf（xx , yy , Z , alpha = 0.4）
    axe [ idx [ 0 ], idx [ 1 ] ]. scatter（x_train [ : , 0 ], x_train [ : , 1 ], c = y_train , s = 20 ,
        edgecolor = 'k' ）
    axe [ idx [ 0 ], idx [ 1 ] ]. set_title（tt）
plt. show（）
```

程序运行结果如下，绘制结果图如图 10-9 所示。

KNN：0. 7640449438202247
GaussianNB：0. 7528089887640449
Decision Tree：1. 0
Support Vector Machine：0. 7471910112359551

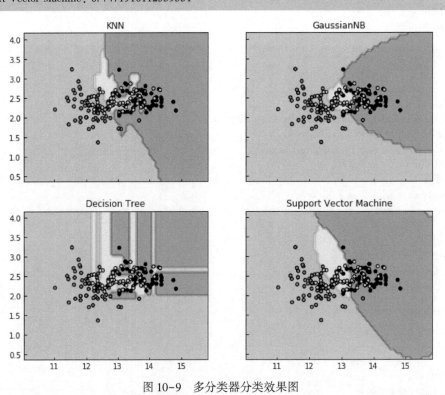

图 10-9 多分类器分类效果图

10.7 本章小结

本章主要介绍了 k 近邻算法、朴素贝叶斯算法、决策树算法、分类与回归树算法及支持向量机算法，讲解了其算法原理及在 scikit-learn 中的实现，并在每节给出了相应的示例。最后通过一个案例比较了多个分类器在处理葡萄酒数据集时的效果。需要注意的是，很多算法的原理不但可以在分类问题中使用，也可以用于解决回归问题，只是在评价准则上稍有不同，如 scikit-learn 中的 KNeighborsClassifier 与 KNeighborsRegressor、DecisionTreeClassifier 与 Decision-TreeRegressor、SVM 与 SVR 等。

10.8 习题

1. 单项选择题

1) _____有多个特征，但每个特征都假设是一个二元变量。

A. 伯努利朴素贝叶斯　　B. 多项式分布贝叶斯　　C. 高斯朴素贝叶斯　D. k 近邻

2) _____采用测量不同特征值之间的距离方法进行分类。

A. k 近邻　　　　　　　B. 朴素贝叶斯　　　　　C. k 均值　　　　　D. DBSCAN

3) _____适用数据范围是数值型和标称型。

A. k 均值　　　　　　　B. 朴素贝叶斯　　　　　C. k 近邻　　　　　D. DBSCAN

4) 一个常见的_____应用是文档分类。

A. 朴素贝叶斯　　　　　B. DBSCAN　　　　　　C. k 近邻　　　　　D. 其他

5) 伯努利朴素贝叶斯对象有_____属性。

A. class_log_prior_　　B. feature_log_prob_　　C. class_count_　　D. 以上都是

6) $P(A|B)=P(AB)/P(B)$ 表示在事件_____发生的情况下事件_____发生的概率。

A. B、A　　　　　　　　B. A、B　　　　　　　　C. A、A　　　　　D. B、B

7) _____算法的优点是在数据较少的情况下仍然有效，可以处理多类别问题。

A. 朴素贝叶斯　　　　　B. k 近邻　　　　　　　C. DBSCAN　　　　D. abels

8) 决策树的主要方法_____。

A. fit(X, y[, sample_weight, check_input, ...])　　　　B. predict_log_proba(X)

C. score(X, y[, sample_weight])　　　　　　　　　　　D. 以上都是

9) 支持向量机通常用来解决_____分类问题，但实际应用中支持向量机也可推广到_____分类问题上。

A. 二、多　　　　　　　B. 二、二　　　　　　　C. 多、多　　　　　D. 多、二

10) 核函数有_____。

　A. 线性核函数　　　　　B. 多项式核　　　　　　C. 高斯核　　　　　D. 以上所有

2. 问答题

1) 简述 k 近邻算法和朴素贝叶斯算法的思想。

2) 简述 SVM 原理并说明常用核函数及其特点。

3. 编程题

1) 编写程序，用 k 近邻算法分类一个电影是爱情片还是动作片，数据集实例如表 10-1

所示。某电影打斗镜头为49，接吻镜头为51，其电影类别是什么？

表10-1 电影数据集实例

电影名称	打斗镜头	接吻镜头	电影类型
1	1	101	爱情片
2	5	89	爱情片
3	108	5	动作片
4	115	8	动作片

2）编写程序，用朴素贝叶斯算法进行分类，数据集实例如表10-2所示。

表10-2 样本数据集实例

编 号	描 述 属 性				类 别 属 性
	年 龄	收 入	是否为学生	信 誉	购买计算机
1	≤30	高	否	中	否
2	≤30	高	否	优	否
3	31~40	高	否	中	是
4	>40	中	否	中	是
5	>40	低	是	中	是
6	>40	低	是	优	否
7	31~40	低	是	优	是
8	≤30	中	否	中	否
9	≤30	低	是	中	是
10	>40	中	是	中	是
11	≤30	中	是	优	是
12	31~40	中	否	优	是
13	31~40	高	是	中	是
14	>40	中	否	优	否

3）编写程序，用决策树算法进行分类，图书销量数据集实例如表10-3所示。

表10-3 样本数据集实例

序 号	数 量	页 数	是否促销	评 价	销 量
1	多	100	是	B	高
2	少	50	是	A	低
3	多	50	是	B	低
4	多	120	否	B	低
5	多	40	否	A	高
6	多	140	是	A	高
7	少	130	是	B	低
8	少	50	是	A	高
9	多	160	是	B	高
10	少	50	否	B	低
11	多	30	否	B	高
12	少	170	是	B	低
13	多	60	否	A	高
14	多	100	否	A	高

第 11 章 聚 类 算 法

聚类是一种无监督学习，在不必事先给出类别划分标准的情况下，聚类能够从样本特征出发，自动将数据聚合为多个类别。随着聚类方法和参数设置的不同，得到的结果也会有所差异。不同研究者对于同一组数据进行聚类分析，所得到的类别数量也未必一致。在实际应用中，聚类可以作为一个独立的工具获得数据的分布状况，便于我们观察数据的特征，并集中对特定类别进行进一步分析。聚类还可以作为其他算法的预处理步骤。本章主要介绍聚类的概念，三种不同类型聚类算法的原理，以及基于 scikit-learn 库的算法实现。

11.1 聚类的不同思想

聚类是将具有某些相同特征或性质的事物聚合到一个类别之中的过程。对于一个给定的集合，依照某种相似度评价标准，聚类算法可以将集合中的元素聚合成一个或多个不相交的子集（也称作簇），使得每个子集中的元素具有相似性，而不同子集间的元素具有相异性。由于聚类之前这些子集并不存在，即聚类产生的类别是未预先定义的，因此聚类是一种无监督学习，其训练样本是无标记的。而分类则不同，分类算法的训练样本已标记了预先定义好的类别，属于监督学习。

聚类的方法众多，但是其中大部分的流行程度及应用领域相对有限。依照其主要思想，可以划分为 4 类。

1）质心聚类。基于质心的聚类（Centroid-based）是最常见的聚类思想，主要算法有 k-Means、k-Medoids 和 CLARANS。此类聚类方法的主要思想为：给定要构建的类别数 k，首先选定 k 个初始聚类中心，并依据数据集中的每个对象与每个初始聚类中心的距离创建一个初始划分；然后，根据划分结果重新计算聚类中心，再把对象调整到最近聚类中心对应的类别中；迭代上述过程，直至达到某些条件。例如，当聚类中心距上次迭代没有变化或变化不明显时，聚类过程将结束。

尽管质心聚类思想简单，适用范围广，但该类方法需要猜测最佳类别数 k，或需要进行初步计算以指定该值。另外，因为优先级设置在类别的中心，而不是边界，所以每个集群边界的划分容易被忽略。

2）层次聚类（Hierarchy-based）。层次聚类对给定的数据集进行逐层分解，直到满足某种条件为止，主要算法有 Agglomerative Clutsering、CURE 和 CHAMELEON 等。层次聚类可采用"自底向上"或"自顶向下"的方案，其主要思想为：在"自底向上"的方案中，初始时数据集中的每一个对象都被视作一个单独的类别，然后把那些相互邻近的类别合并为一个新类别，直到所有对象都在一个类别或满足某个终止条件为止。"自顶向下"的方案较少使用，它首先将所有对象置于同一个类别中，然后逐渐细分为越来越小的类别，直到每个对象自成一类，或满足某个终止条件。

层次聚类可以返回树形结构的聚类结果，该结果展示了数据的结构，但也存在一些缺点：其算法结构较为复杂，且不适用于几乎没有层次的数据集。另外，由于存在大量的迭代，所以整个处理过程中浪费了很多不必要的计算时间，导致此类方法的计算性能较差。

3）密度聚类（Density-based）。密度聚类涵盖基于领域中样本数量的聚类方法，主要算法有 DBSCAN、OPTICS 和 DENCLUE 等。其主要思想为：逐步检查数据集中的每个样本，如果其邻域内的样本点总数小于某个阈值，那么定义该点为低密度点；反之，如果大于该阈值，则称其为高密度点。如果一个高密度点在另外一个高密度点的邻域内，就直接把这两个高密度点划分为一个类别；如果一个低密度点在一个高密度点的邻域内，则将该低密度点加入距离它最近的高密度点的类别中；不在任何高密度点邻域内的低密度点，被划入异常点类别，直到最终处理整个数据集。

密度聚类确定的类别可以具有任意形状，因此较为精确。此外，该算法无需人为设定类别数，所以性能较为稳定。尽管如此，密度聚类也有一些缺点：当数据集中的样本密度频繁变化时，该类方法的聚类结果较差。另外，当样本间的距离变化较大时，设置邻域的大小也变得较为困难。

4）网格聚类。网格聚类将数据集的样本空间量化为有限数目的单元，通过这些单元形成一种网格结构，所有的聚类操作都在该结构上进行，主要算法有 STING、Clique 和 WaveCluster 等。其主要思想为：将数据空间按某种特征（属性）分割成许多相邻的区间（网格），以网格为基本单位，创建网格单元的集合。然后，依据样本值所处的特征区间，将每个样本划分到相应的网格单元。

网格聚类的主要优点是其处理时间独立于数据集中的样本数，而仅依赖于量化空间中每一维的单元数。此外，网格结构有利于并行处理和增量更新。但是，网格聚类的输入参数（如单元数）对聚类结果影响较大，而且这些参数较难设置。当单元数量过多时，计算性能会有较大下降。

11.2　k 均值算法

k 均值算法（k-Means Algorithm）是一种迭代求解的聚类算法，属于质心聚类的一种。其主要思想为，在给定 k 值和 k 个初始类别中心的情况下，把每个样本分到离其最近的类别中心所代表的类别中，待所有样本分配完毕，根据一个类别内的所有样本重新计算该类别的中心，然后再迭代进行样本分配和更新类别中心的步骤，直至类别中心的位置变化很小，或达到指定的迭代次数。

11.2.1　算法原理

假定给定数据集 X，其中包含 n 个样本 $x_1, x_2, x_3, \cdots, x_n$，其中每个样本具有 m 个特征。k 均值算法的目标是将 n 个样本依据样本间的相似性聚集到指定的 k 个类别中，每个样本属于且仅属于一个到类别中心距离最短的类别中。

算法的基本流程如下。

1）将 X 中各样本每个维度的特征值转换为数值型。

2）设置类别数 k，初始化 k 个初始聚类中心 $\{C_1, C_2, C_3, \cdots, C_k\}$，其中 $1 < k \leqslant n$。初始聚类中心可以随机生成，也可以从 X 中随机或依照某种特定策略选取。

3）计算每一个样本到每一个聚类中心的距离，一般常用欧氏距离。

4）依次比较每一个样本到每一个聚类中心的距离，将样本分配到距离最近的聚类中心的类别中，得到 k 个类别 $\{S_1, S_2, S_3, \cdots, S_k\}$。

5）当所有样本都归类完毕，调整聚类中心的位置。把聚类中心重新设置为该类别中所有样本的中心位置，聚类中心的各维度的值为类别中所有样本相应维度值的平均值。

6）重复以上 3）～ 4）步骤直至聚类中心不再发生变化或达到结束条件。

k 均值聚类算法容易理解，当类别中样本近似高斯分布时，效果比较好，并且算法运行速度较快。但该算法需要指定类别数量 k 的值，而 k 值的选定是比较困难的，通常都需要经过多次试验才能找到最好的值。此外，该算法对初始中心点敏感，不适合发现非凸形状的聚类或大小差别较大的聚类，而且特殊值和离群值对模型的影响比较大。

11.2.2 实现及参数

scikit-learn 模块提供了 k 均值聚类算法，其函数原型如下：

```
sklearn. cluster. KMeans( n_clusters = 8, init = 'k-means++', n_init = 10, max_iter = 300,
tol = 0. 0001, precompute_distances = 'auto', verbose = 0, random_state = None, copy_x = True,
n_jobs = 1, algorithm = 'auto')
```

其主要参数如下。

1）n_clusters：类别数量，即 k 值。数据类型为整型，若不指定该参数值，则自动使用默认参数值 8。

2）init：初始聚类中心的选择方法。数据类型为字符串型，若不指定该参数值，则自动使用默认参数值 k-means++。其可选参数如下。

- random：随机从数据中选择 k 个样本作为初始聚类中心。
- ndarray：指定初始聚类中心，传入一个 k 行的数组，其中每一行是一个被选定作为初始聚类中心的样本。
- k-means++：使用随机方法选取第一个初始聚类中心，在选取了 n 个（$0<n<k$）初始聚类中心后，距离前 n 个聚类中心越远的点会有越大的概率被选为第 $n+1$ 个初始聚类中心。这种方法可以加快算法的收敛速度。其实现过程如下：首先，从数据集中随机选取一个样本作为初始聚类中心 c_1。其次，计算每个样本与当前已有聚类中心之间的最短距离（即与最近的一个聚类中心的距离），用 $D(x)$ 表示；接着计算每个样本被选为下一个聚类中心的概率 $\dfrac{D(x)^2}{\sum_{x \in X} D(x)^2}$；最后，按照轮盘法选出下一个聚类中心。重复上一步直到选出 k 个聚类中心，之后的过程与经典 k 均值算法中第 2）～4）步相同。

📖 k 均值算法总能够收敛，但是其收敛情况高度依赖于初始化的均值。有可能收敛到局部极小值。因此通常都是用多组初始均值来计算若干次，选择其中最优的那一次。而 k-means++ 方法选择初始值可以在一定程度上解决这个问题。

3）n_init：使用不同初始聚类中心运行算法的次数。数据类型为整型，若不指定该参数值，则自动使用默认参数值 10，即使用不同的初始聚类中心运行算法 10 次，从中选择最好的聚类结果。由于 k 均值算法的结果受初始值影响较大，因此从多次运行结果中取最好的结果可以提升聚类质量。

4）max_iter：指定单轮 k 均值算法中的最大迭代次数，到达最大迭代次数后算法自动终止。数据类型为整型，若不指定该参数值，则自动使用默认参数值 300。

5）tol：最小容忍误差，当误差小于该值就会结束迭代，数据类型为浮点型。若不指定该参数值，则自动使用默认参数值 0.0001。

6）precompute_distances：是否需要提前计算样本之间的距离。数据类型为字符串型，若不指定该参数值，则自动使用默认参数值 auto。其可选值如下。

- auto：当样本数×质心数>12 M 的时候，就不会提前进行计算。
- true：总是提前计算。
- false：总是不提前计算。

7）copy_x：是否创建副本，在提前计算距离的情况下才生效。数据类型为布尔型，若不指定该参数值，则自动使用默认参数值 True，即在源数据的副本上提前计算距离，而不会修改源数据；若设置为 False，则会修改源数据用于节省内存。

8）verbose：是否输出日志，数据类型为整型。其可选值如下。

- 0：不输出日志信息。
- 1：每隔一段时间输出一次日志信息。
- 大于 1：输出日志信息更频繁。

9）n_jobs：进行并行化计算所使用的线程数量，数据类型为整型。若不指定该参数值，则自动使用默认参数值 1。若设置为-1，则表示使用所有可用线程。此参数与上文中的 n_init 参数对应，设置多线程后，n_init 设置的使用不同初始聚类中心运行算法的次数会被并行执行。

10）algorithm：核心算法的选择。数据类型为字符串型，若不指定该参数值，则自动使用默认参数值 auto。其可选值如下。

- full：使用普通 k 均值算法。
- elkan：使用 elkan k 均值算法。
- auto：根据数据样本的稀疏性（稀疏一般指含有大量缺失值）来选择核心算法。如果数据是稠密的，就选择 elkan，否则使用 full。

在普通 k 均值算法每轮迭代时，都需要计算所有的样本点到所有聚类中心的距离，会比较耗时。elkan k 均值利用了三角形两边之和大于第三边、两边之差小于第三边的三角形性质来减少距离的计算。对于一个样本点 x 和两个质心 μ_{j1}，μ_{j2}，如已预先计算出这两个质心之间的距离 $d(j_1,j_2)$，若计算发现 $2d(x,j_1) \leqslant d(j_1,j_2)$，则可知 $d(x,j_1) \leqslant d(x,j_2)$，无需再计算 $d(x,j_2)$。类似地，对于一个样本点 x 和两个质心 μ_{j1}，μ_{j2}，可得 $d(x,j_2) \geqslant \max \left\{0, d(x,j_1) - d(j_1,j_2)\right\}$。利用上述两个规律，elkan k 均值比普通 k 均值算法速度有很大的提高。但如果样本的特征是稀疏的或是有缺失值，则此方法不再适用，因为此时某些距离无法计算。

11）random_state：用于设置随机数产生的方式。数据类型可以为整型、RandomState 实例或 None。若不指定该参数值，则自动使用默认参数值 None。若设置为整型值，则该值会被作为随机数发生器的种子。若设置为 None 则使用 numpy_random 作为随机数发生器。

其主要属性如下。

1）cluster_centers_：输出类别的均值向量。

2）labels_：输出每个样本所属的类别标记。

3）inertia_：输出每个样本距离它们各自最近的类别中心的距离之和。

其主要方法如下。

1）fit(X[，y])：训练模型。

2）fit_ predict(X[，y])：训练模型并预测每个样本所属类别。等价于先调用 fit 方法，后调用 predict 方法。

3）predict(X)：预测样本所属类别。

4) score(X[，y])：输出计算聚类误差，计算方式为样本到聚类中心的距离平方和的相反数。

【例 11-1】使用 k 均值算法实现聚类。

参考程序如下：

```
# 导入 sklearn 中的 cluster 模块
from sklearn import cluster
# 导入数据生成模块
from sklearn.datasets import samples_generator
from sklearn.preprocessing import StandardScaler
# 导入 matplotlib 模块的 pyplot 类
import matplotlib.pyplot as plt
# 定义数据集的质心点
centers = [[3,1],[-1,4],[0,-3],[-4,3]]
# 使用 make_blobs 函数以质心点为中心生成球状数据，
# 其中 n_samples 为样本数量，
# centers 为质心点列表，
# n_features 为特征数量，
# cluster_std 为生成样本与质心距离的标准差
# random_state 为随机种子,设定后每次运行生成的随机数相同
X, labels = samples_generator.make_blobs(n_samples=1000,centers=centers,n_features=2,
                   cluster_std=1,random_state=0)
# 定义一个 kmeans 聚类器对象,设置类别数量为 4
km = cluster.KMeans(n_clusters=4, init='k-means++', max_iter=10, n_init=1)
# 调用该对象的聚类方法
km.fit(X)
# 准备绘制聚类结果
plt.figure()
plt.title('Kmeans k=4')
plt.xlabel('Feature 1')
plt.ylabel('Feature 2')
colors = ['r','g','b','c']
markers = ['o','s','D','+']
# 为聚类结果中的每个类别使用一种颜色和形状绘制散点图
for i, j in enumerate(km.labels_):
    plt.scatter(X[i][0], X[i][1], color=colors[j], marker=markers[j], s=5)
plt.show()
```

程序运行结果如下，绘制的结果如图 11-1 所示。

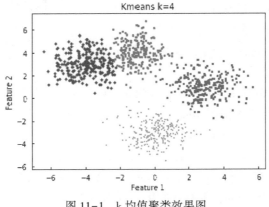

图 11-1　k 均值聚类效果图

11.3 DBSCAN 算法

基于密度的聚类算法能够发现任意形状的聚类，也可以用于寻找数据中的噪声。密度聚类可以通过样本分布的紧密程度决定，也就是说同一聚类的样本之间是紧密相连的。所有紧密相连的样本点被低密度区域分割，算法的目的就是过滤低密度区域的样本点，即噪声数据，从而发现高密度区域的样本点。DBSCAN 为密度聚类中较为常用的算法。

11.3.1 算法原理

DBSCAN（Density-Based Spatial Clustering of Applications with Noise）算法利用参数 ε 和 m 描述样本点的紧密程度。对于任一样本点，在其周围半径 ε 的区域范围（称为该点的 ε 邻域）内所包含的样本点数量 m（包括其自身）就是该点的密度。根据密度的不同，DBSCAN 算法将样本点分为 3 类。

1）核心点：该点的 ε 邻域内至少包括 m 个样本点。

2）边界点：该点的 ε 邻域内包括的样本点个数少于 m，但在某核心点的 ε 邻域内。

3）噪声点：既不是核心点也不是边界点。

如果一个样本点 x_2 处于一个核心点 x_1 的 ε 邻域内，则称样本点 x_2 从样本 x_1 直接密度可达。给定一组样本点 $x_1, x_2, x_3, \cdots, x_n$，如果样本点 x_i 从 x_{i-1} 直接密度可达，则 x_n 从 x_1 密度可达。对于样本点 x_1 和 x_2，如果存在核心点 x_3，使得 x_1、x_2 均从 x_3 密度可达，则称 x_1 和 x_2 密度相连。

DBSCAN 的聚类是一个不断生长的过程。先找到一个核心点，从整个核心点出发，找出它的直接密度可达的样本，再从这些样本出发，找它们直接密度可达的样本。重复上述过程，直至最后没有可寻找的样本，那么一个类别的建立就完成了。因此可以认为，类别是所有密度可达的点的集合。DBSCAN 的核心思想是，从某个选定的核心点出发，不断向密度可达的区域扩张，从而得到一个包含核心点和边界点的最大化区域，区域中任意两点密度相连。

图 11-2 展示了 DBSCAN 算法发现聚类的过程。首先，将所有点标记为核心点、边界点及噪声点。比如，依据之前所述数据样本分类的定义，A 及其周围 3 个点为核心点，点 B 和 C 为边界点，而点 N 为噪声点。然后，将任意两个距离小于 ε 的核心点归为同一个聚类，并且将任意核心点的邻域内的边界点也放到与之相同的聚类中。从这个过程来看，DBSCAN 算法的本质是寻找聚类并不断扩展聚类的过程。

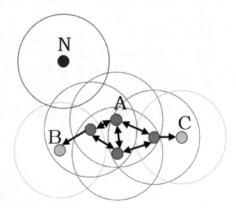

图 11-2 DBSCAN 算法原理图

对于样本集 $D = \{x_1, x_2, \cdots, x_n\}$，邻域参数（$\varepsilon$, m），DBSCAN 算法流程如下。

1）初始化核心样本集合 $\Omega = \phi$，聚类族数 $k = 0$，未访问样本集合 $\Gamma = D$，类别划分 $C = \phi$。

2）对于 $j = 1, 2, \cdots, n$，按下面的步骤找出所有的核心样本。

● 通过距离度量方式，找到样本 x_j 的 ε 邻域样本集 $N_\varepsilon(x_j)$。

● 如果样本集的样本个数满足 $|N_\varepsilon(x_j)| \geq m$，则将样本 x_j 加入核心样本集合 $\Omega = \Omega \cup \{x_j\}$。

3）如果核心样本集合 $\Omega = \phi$，则算法结束，否则转入步骤 4）。

4）在核心样本集合 Ω 中，随机选择一个核心样本 o，初始化当前类别核心样本队列 $\Omega_{cur}=\{o\}$，初始化类别序号 $k=k+1$，初始化当前类别样本集合 $C_k=\{o\}$，更新未访问样本集合 $\Gamma=\Gamma-\{o\}$。

5）如果当前类别核心样本队列 $\Omega_{cur}=\phi$，则当前聚类 C_k 生产完毕，更新类别划分 $C=\{C_1,C_2,\cdots,C_k\}$，更新核心样本集合 $\Omega=\Omega-C_k$，转入步骤3）。否则，更新核心样本集合 $\Omega=\Omega-C_k$。

6）在当前类别核心样本队列 Ω_{cur} 中取出一个核心样本 o，通过邻域距离阈值找出其所有 ε 领域样本集 $N_\varepsilon(o')$，令 $\Delta=N_\varepsilon(o')\cap\Gamma$，更新当前类别样本集合 $C_k=C_k\cup\Delta$，更新未访问样本集合 $\Gamma=\Gamma-\Delta$，更新 $\Omega_{cur}=\Omega_{cur}\cup(N_\varepsilon(o')\cap\Omega)$，转步骤5）。

DBSCAN 算法的优点是不需要指定类别的数量，聚类的形状可以是任意的，能找出数据中的噪声，对噪声不敏感，算法应用参数少，只需要 4 个，且聚类结果几乎不依赖于结点的遍历顺序。缺点是如果样本集较大时，聚类收敛时间较长，此时可以在搜索最近邻时，建立 kd 树或球树进行规模限制来改进算法。

11.3.2 实现及参数

scikit-learn 模块提供了 DBSCAN 聚类算法，其函数原型如下：

```
sklearn. cluster. DBSCAN( eps = 0. 5, min_samples = 5, metric = 'euclidean', algorithm = 'auto',
 leaf_size = 30, p = None)
```

其主要参数如下。

1）eps：邻域的半径值 ε。数据类型为整型，若不设置该值，则自动使用默认参数值 0.5。

2）min_samples：要成为核心样本的必要条件，即邻域内的最小样本数 m。数据类型为整型，若不设置该值，则自动使用默认参数值 5。

3）metric：设置距离计算方法。数据类型为字符串型或可调用对象，若不设置该值，则自动使用默认参数值 euclidean，即欧氏距离。若设置为字符串，则值必须在 metrics.pairwise. calculate_distance 中指定。

4）algorithm：最近邻搜索算法参数。数据类型为字符串型，可选值为 auto、ball_tree（球树）、kd_tree（kd 树）和 brute（暴力搜索）。若不设置该值，则自动使用默认参数值 auto，即自动选择。

5）leaf_size：当 algorithm 使用 kd_tree 或 ball_tree 时，树的叶结点大小。数据类型为整型。该参数影响构建树、搜索最近邻的速度，同时影响存储树的内存。

其主要属性如下。

1）core_sample_indices_：核心样本在原始训练集中的位置。

2）labels_：每个样本所属类别的标记。对于噪声样本，其类别标记为-1。

3）components_：核心样本的一份副本。

其主要方法如下。

1）fit(X[, y, sample_weight])：训练模型。

2）fit_predict(X[, y, sample_weight])：训练模型并预测每个样本所属的类别标记。

【例 11-2】使用 DBSCAN 算法实现聚类。

参考程序如下：

```
# 导入 sklearn 中的 cluster 模块
from sklearn import cluster
```

```
# 导入数据生成模块
from sklearn.datasets import samples_generator
# 导入 matplotlib 模块的 pyplot 类
import matplotlib.pyplot as plt

# 使用 make_moons 和 make_circles 函数分别生成半月状和环状数据
# 其中 n_samples 为样本数量,每个类别有 n_samples/2 个样本
# factor 表示内环和外环的距离比,
# noise 为噪声量,
X1, labels = samples_generator.make_moons(n_samples = 1000, noise = 0.1)
X2, labels = samples_generator.make_circles(n_samples = 1500, factor = 0.2, noise = 0.1)

# 准备绘制聚类结果
plt.figure(figsize = (15,5))
colors = ['m','y','b','c']
markers = ['o','s','D','+']

# 定义一个 DBSCAN 聚类器对象
db = cluster.DBSCAN(eps = 0.15, min_samples = 10)
# 调用该对象的聚类方法
db.fit(X1)
plt.subplot(121)
plt.title('DBSCAN')
plt.xlabel('Feature 1')
plt.ylabel('Feature 2')
# 为聚类结果中的每个类别使用一种颜色和形状绘制散点图
for i, j in enumerate(db.labels_):
    plt.scatter(X1[i][0], X1[i][1], color = colors[j], marker = markers[j], s = 5)
db.fit(X2)
plt.subplot(122)
plt.title('DBSCAN')
plt.xlabel('Feature 1')
plt.ylabel('Feature 2')
# 为聚类结果中的每个类别使用一种颜色和形状绘制散点图
for i, j in enumerate(db.labels_):
    plt.scatter(X2[i][0], X2[i][1], color = colors[j], marker = markers[j], s = 5)
plt.show()
```

程序运行结果如图 11-3 和图 11-4 所示。

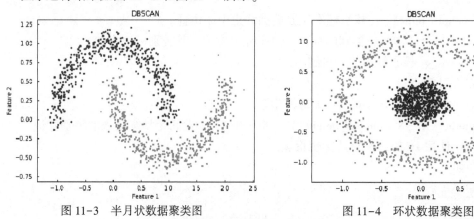

图 11-3　半月状数据聚类图　　　　图 11-4　环状数据聚类图

11.4　Agglomerative 聚类

层次聚类（Hierarchical Clustering）可在不同层次上对数据集进行划分，形成树状的聚类结构。Aggregative 聚类是一种常用的层次聚类算法。

11.4.1　算法原理

Agglomerative 聚类（Aggregative Clustering）的原理为：最初将每个样本看成一个类别，然后将这些类别根据某种规则逐步合并，直到达到预设的类别个数。其算法流程如下。

1）将每个样本归为一类，共得到 n 类，每类仅包含一个样本。类与类之间的距离为其所包含的样本之间的距离。

2）找到距离最接近的两个类合并成一类，于是总类别数减少 1。

3）重新计算新类与所有旧类之间的距离。

4）重复步骤 2）和步骤 3），直到最后合并成一个类为止（此类包含了 n 个样本）。

其中，关键步骤是要完成各类别之间的距离计算。初始时每个样本点自成一类，因此类之间的距离就是两点之间的距离。随着聚类中样本点增多，可以使用以下方法计算类别之间的距离，比如最小距离法、最大距离法、平均距离法、离差平方和法（Ward 方差和最小）等。

假设有两个类 $U = \{u_0, u_1, \cdots, u_{|U|-1}\}$ 和 $V = \{v_0, v_1, \cdots, v_{|V|-1}\}$，且聚类 U 是由类 S 和类 T 合并而成，V 是样本空间中 U 以外的任何一个聚类，即 $U = S \cup T, S \cap T = \phi, U \cap V = \phi$。

以下是计算新类 U 和旧类 V 之间距离 $d(U, V)$ 的几种方法。

1）最小距离法：两类之间的距离用它们之间最近两点的距离表示，又叫单连接法。这种方法认为最近两点的距离越小，其所属的两个类间的相似度就越大。缺点是会使两个距离较远的类别合并到一起，仅仅因为其中个别点距离较近，而形成松散的聚类。其计算公式见式 11-1。

$$d(U, V) = \min_{i,j}(\mathrm{dist}(u_i, v_j)) \tag{11-1}$$

2）最大距离法：两类之间的距离用它们之间最远点的距离表示，又叫完全连接法。和最小距离法类似，此方法会因为其中个别点距离太远，而使两个距离较近的类别无法合并到一起。其计算公式见式 11-2。

$$d(U, V) = \max_{i,j}(\mathrm{dist}(u_i, v_j)) \tag{11-2}$$

3）平均距离法：两类之间的距离用它们之间所有点的平均距离表示，其中 $|U|$ 表示聚类 U 中的样本点个数，计算公式见式 11-3。

$$d(U, V) = \sum_{i,j} \frac{\mathrm{dist}(u_i, v_j)}{|U \cdot |V|} \tag{11-3}$$

4）离差平方和法：该方法认为如果分类正确，同类样本的离差平方和应当较小，不同类间的离差平方和较大，其距离公式计算见式 11-4，其中 $n = |S| + |T| + |V|$。

$$d(U, V) = \sqrt{\frac{|V| + |S|}{n}\mathrm{dist}(V, S)^2 + \frac{|V| + |T|}{n}\mathrm{dist}(V, T)^2 + \frac{|S| + |T|}{n}\mathrm{dist}(S, T)^2}$$

$$\tag{11-4}$$

11.4.2　实现及参数

scikit-learn 模块提供了 Agglomerative 聚类算法，其函数原型如下：

$$\text{sklearn.cluster.AgglomerativeClustering}\,(\,\text{n\_clusters}=2,\ \text{affinity}=\text{'euclidean'},$$
$$\text{memory}=\text{Memory}(\,\text{cachedir}=\text{None}),\ \text{connectivity}=\text{None},\ \text{compute\_full\_tree}=\text{'auto'},$$
$$\text{linkage}=\text{'ward'},\ \text{pooling\_func}=<\text{function mean}>\,)$$

其主要参数如下。

1）n_clusters：指定待聚类数量或目标类别数。数据类型为整型，若不设置该值，则自动使用默认参数值2。

2）affinity：样本点之间距离的计算方式。数据类型为字符串型或可调用对象，若不设置该值，则自动使用默认参数值 euclidean，即欧氏距离。可选值为 l1、l2、manhattan（曼哈顿距离）、cosine（余弦距离）和 pre-computed（预先设定好的距离）。如果参数 linkage 取值为 ward，则 affinity 必须为 euclidean。

3）memory：设置缓存聚类树计算结果的目录路径，通过 Memory 函数的 cachedir 属性指定。数据类型为字符串型或 None，若不设置该值，则自动使用默认参数值 None，即不缓存。

4）connectivity：用于指定连接矩阵，即每个样本的可连接样本。数据类型为数组、可调用对象或 None，若不设置该值，则自动使用默认参数值 None。可以使用 kneighbors_graph 方法计算返回的矩阵结果。

5）compute_full_tree：是否在构造第 n_clusters 个树时终止。数据类型为布尔型或字符串型，若不设置该值，则自动使用默认参数值 auto，即自动确定。该参数可以减少计算时间，如果值为 True，会继续训练到生成完整树为止。

6）linkage：样本点的合并标准，即指定计算两个集合之间距离的方式。数据类型为字符串型，若不设置该值，则自动使用默认参数值 ward。其可选值如下。

- ward：离差平方和法。
- complete：最大距离法。
- average：平均距离法。

7）pooling_func：指定一个可调用对象。输入一组特征的值，返回一个数值。

其主要属性如下。

1）labels_：每个样本点的类别标记。

2）n_leaves_：分层树的叶子结点数量。

3）n_components_：连接图中连通分量的估计值。

4）children_：每个非叶结点的孩子结点数量。

其主要方法如下。

1）fit(X[, y])：训练模型。

2）fit_predict(X[, y])：训练模型并预测每个样本所属的类别标记。

【例11-3】使用 Agglomerative 算法实现聚类。

参考程序如下：

```
# 导入 numpy 模块
import numpy as np
# 导入 sklearn 中的 cluster 模块
from sklearn import cluster
# 导入数据生成模块
from sklearn.datasets import samples_generator
```

```
# 导入 matplotlib 模块的 pyplot 类
import matplotlib.pyplot as plt
# 随机生成聚类数据集
X = np.random.randn (500,2)
# 定义一个 Agglomerative 聚类器对象,设置类别数量为4
ac = cluster.AgglomerativeClustering (n_clusters=4, linkage='ward')
# 调用该对象的聚类方法
ac.fit(X)
# 准备绘制聚类结果
plt.figure( )
plt.title('Agglomerative Clustering')
plt.xlabel('Feature 1')
plt.ylabel('Feature 2')
colors=['m','y','b','c']
markers=['o','s','D','+']
# 为聚类结果中的每个类别使用一种颜色和形状绘制散点图
for i, j in enumerate(ac.labels_):
    plt.scatter(X[i][0], X[i][1], color=colors[j], marker=markers[j], s=5)
plt.show( )
```

程序运行结果如图 11-5 所示。

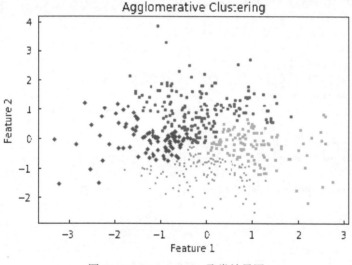

图 11-5　Agglomerative 聚类效果图

11.5　案例——聚类不同分布形状数据

分别生成半月状和环状数据,使用 k 均值算法、DBSCAN 算法和 Agglomerative 聚类算法对不同形状数据集进行聚类,并对聚类结果进行可视化比较。

参考程序如下:

```
# 导入 sklearn 中的 cluster 模块
from sklearn import cluster
import numpy as np
```

```python
# 导入数据生成模块
from sklearn.datasets import samples_generator
from sklearn.preprocessing import StandardScaler
# 导入 matplotlib 模块的 pyplot 类
import matplotlib.pyplot as plt

# 使用 make_moons 和 make_circles 函数分别生成半月状和环状数据
# 其中 n_samples 为样本数量，每个类别有 n_samples/2 个样本
# factor 表示内环和外环的距离比
# noise 为噪声量
X1, labels = samples_generator.make_moons(n_samples=1000, noise=0.1)
X2, labels = samples_generator.make_circles(n_samples=1500, factor=0.2, noise=0.1)
X3, labels = samples_generator.make_blobs(n_samples=1000, centers=[[3,1],[-1,4],[0,-3],[-4,3]], n_
    features=2, cluster_std=1, random_state=0)
X4 = np.random.randn(500,2)
# 准备绘制聚类结果
plt.figure(figsize=(12,8))
colors = ['r','g','b','c']
markers = ['o','s','D','+']

# 定义一个 DBSCAN 聚类器对象
db = cluster.DBSCAN(eps=0.15, min_samples=10)
# 调用该对象的聚类方法
for index, data in enumerate([X1, X2, X3, X4]):
    db.fit(data)
    plt.subplot(3,4,index+1)
    # 为聚类结果中的每个类别使用一种颜色和形状绘制散点图
    for i, j in enumerate(db.labels_):
        plt.plot(data[i][0], data[i][1], color=colors[j], marker=markers[j])

# 定义一个 Kmeans 聚类器对象
km = cluster.KMeans(n_clusters=2, init='k-means++', max_iter=10, n_init=1)
# 调用该对象的聚类方法
for index, data in enumerate([X1, X2, X3, X4]):
    if index>1:
        km.n_clusters = 4
    km.fit(data)
    plt.subplot(3,4,index+5)
    # 为聚类结果中的每个类别使用一种颜色和形状绘制散点图
    for i, j in enumerate(km.labels_):
        plt.plot(data[i][0], data[i][1], color=colors[j], marker=markers[j])

# 定义一个 Agglomerative 聚类器对象
ac = cluster.AgglomerativeClustering(n_clusters=2, linkage='ward')
for index, data in enumerate([X1, X2, X3, X4]):
    if index>1:
        ac.n_clusters = 4
    ac.fit(data)
    plt.subplot(3,4,index+9)
    # 为聚类结果中的每个类别使用一种颜色和形状绘制散点图
    for i, j in enumerate(ac.labels_):
        plt.plot(data[i][0], data[i][1], color=colors[j], marker=markers[j])
plt.show()
```

程序运行结果如图 11-6 所示。

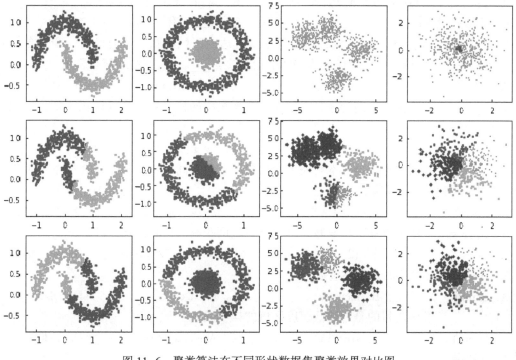

图 11-6　聚类算法在不同形状数据集聚类效果对比图

11. 6　本章小结

本章主要介绍了聚类的不同思想，并介绍了最具代表性的 k 均值算法、DBSCAN 算法及 Agglomerative 算法的原理、scikit-learn 实现及参数。k 均值聚类算法容易理解，当类别中的对象近似高斯分布时，效果比较好，并且算法运行速度较快。DBSCAN 算法的优点是不需要指定类别的数量，聚类的形状可以是任意的，能找出数据中的噪声，对噪声不敏感，算法应用参数少。Agglomerative 算法可在不同层次上对数据集进行划分，形成一个树状的聚类结构。最后，通过一个案例对比了上述聚类算法在不同形状数据集上的聚类表现。

11. 7　习题

1. 单项选择题

1）关于 k 均值和 DBSCAN 的比较，以下说法不正确的是_____。

A. k 均值丢弃被它识别为噪声的样本，而 DBSCAN 一般聚类所有样本。

B. k 均值可以发现不是明显分离的聚类，即便聚类有重叠也可以发现，但是 DBSCAN 会合并有重叠的类别。

C. k 均值很难处理非球形的聚类和不同大小的聚类，DBSCAN 可以处理不同大小和不同形状的聚类。

D. k 均值聚类基于质心，而 DBSCAN 基于密度。

2）在 k 均值算法中，以下哪个选项可用于获得全局最优聚类结果_____。

A. 尝试为不同的质心初始化运行算法　　　B. 找到集群的最佳数量

C. 调整迭代的次数　　　　　　　　　　　D. 以上所有

3）"从某个选定的核心点出发，不断向密度可达的区域扩张，从而得到一个包含核心点和边界点的最大化区域，区域中任意两点密度相连"是_____算法的核心思想。

A. k 均值　　　　B. DBSCAN　　　　C. Agglomerative　　　　D. 其他

4）_____聚类优点是其处理时间独立于数据集中的样本数，而仅依赖于量化空间中每一维的单元数。

A. 质心　　　　B. 层次　　　　C. 密度　　　　D. 网格

5）_____算法缺点是当样本集较大时，聚类收敛时间较长，但可以在搜索最近邻时建立的 kd 树或球树进行规模限制来改进。

A. k 均值　　　　B. DBSCAN　　　　C. Agglomerative　　　　D. 其他

6）Aggregative 算法的 affinity 参数计算样本点之间距离的计算方式，可以是_____。

A. 11　　　　B. 12　　　　C. cosine（余弦距离）　　　　D. 以上都是

7）Aggregative 算法的参数不包括_____。

A. affinity　　　　B. memory　　　　C. linkage　　　　D. labels

8）_____算法的目的是过滤低密度区域的样本点。

A. k 均值　　　　B. DBSCAN　　　　C. Agglomerative　　　　D. 其他

2. 问答题

1）简述 k 均值算法的思想及优缺点。

2）简述 DBSCAN 算法的思想及优缺点。

3. 编程题

1）编写程序，使用 make_blobs 函数以坐标（5，2）、（-3，2）、（-2，-4）和（2，-3）为中心生成球状数据集，其中样本数量为 2000，特征数量为 2，标准差为 1。使用 k 均值算法进行聚类（预期聚类数量为 4），并可视化聚类结果。

2）编写程序，使用 make_moons 函数生成半月状数据，其中样本数量为 2000，噪声值为 0.15。使用 DBSCAN 算法进行聚类并可视化聚类结果。

第 12 章　集 成 学 习

在监督学习中，传统方式是按照选定的学习算法，使用某个给定的训练数据集进行训练，得到一个特定的学习器模型，然后用它预测未知的样本。其目标是学习出一个稳定的且在各个方面表现都较好的模型，但实际情况往往没有这么理想，有时只能得到多个在某些方面表现较好的弱模型。而集成学习则可以组合多个弱模型以期得到一个更好、更全面的强模型，集成学习潜在的思想是：即便某一个弱分类器得到了错误的预测，其他的弱分类器也可以将错误纠正回来。因此，集成学习（Ensemble Learning）是指利用多个独立的基学习器（也称为个体学习器或弱学习器）来进行学习，组合某输入样例在各个基学习器上的输出，并由它们按照某种策略共同决定输出。

12.1　集成学习理论

集成学习是一种功能十分强大的机器学习方法，其基本思想是先通过一定的规则生成一定数量的基学习器，再采用某种集成策略将这些基学习器的预测结果组合起来，从而形成最终的结论。集成学习不是一个单独的机器学习算法，而是将多种或多个弱学习器组合成一个强学习器，从而有效地提升分类效果。

集成学习主要包括 3 个部分：个体的生成方法、基学习器（个体学习器）和结论的合（集）成方法。一般而言，集成学习中的基学习器可以是同质的"弱学习器"，也可以是异质的"弱学习器"。目前，同质基学习器的应用最为广泛，同质基学习器使用最多的模型是 CART 决策树和神经网络。同质基学习器按照基学习器之间是否存在依赖关系又可以分为两类。

1. 串行集成方法

参与训练的基学习器按照顺序执行。串行集成方法的原理是利用基学习器之间的依赖关系，对之前训练中错误标记的样本赋以较高的权重值，以提高整体的预测效果，其代表算法是 Boosting 算法。

2. 并行集成方法

参与训练的基学习器并行执行。并行集成方法的原理是利用基学习器之间的独立性，由于基学习器之间不存在强依赖关系，通过平均可以显著降低错误率，其代表算法是随机森林算法。

根据集成学习的用途不同，结论合成的方法也各不相同。当集成学习用于分类时，集成的输出通常由各基学习器的输出投票产生。通常采用绝对多数投票法（某分类成为最终结果，当且仅当有超过半数的基学习器输出结果为该分类）或相对多数投票法（某分类成为最终结果，当且仅当输出结果为该分类的基学习器的数目最多）。理论分析和大量实验表明，后者优于前者。当集成学习用于回归时，集成的输出通常是由各学习器的输出通过简单平均或加权平均产生，采用加权平均可以得到比简单平均更好的泛化能力。

12.2 随机森林

随机森林（Random Froest）就是通过集成学习的思想将多棵决策树组合在一起，它的基学习器是决策树。一棵决策树就是一个分类器，那么对于一个输入样本，N 棵决策树就会有 N 个分类结果。随机森林集成了所有分类投票结果，将投票次数最多的类别作为最终的输出。随机森林采用装袋（Bagging）思想，Bagging 是一种自助抽样（Bootstrap Sampling）的投票方法。给定包含 n 个样本的训练集 D，先从 D 中随机抽取一个样本并放入采样数据集 D_s 中，再将样本放回 D 中。重复上述过程 n 次，则可以得到一个包含 n 个样本的采样数据集 D_s。

12.2.1 算法原理

随机森林的生成过程如下。

1）抽样产生每棵决策树的训练数据集。随机森林从原始训练数据集中产生 n 个训练子集（假设要随机生成 n 棵决策树）。训练子集中的样本存在一定的重复，主要是为了在训练模型时，每一棵树的输入样本都不是全部的样本，使森林中的决策树不至于产生局部最优解。

2）构建 n 棵决策树（基学习器）。每一个训练子集生成一棵决策树，从而产生 n 棵决策树组成的森林，每棵决策树不需要剪枝处理。由于随机森林在进行结点分裂时，随机地选择 m 个特征（一般取 $m = \log_2 M, m \ll M$，其中 M 是数据集特征总数）参与比较，而不是像决策树将所有特征都参与特征指标的计算。这样减少了决策树之间的相关性，提升了决策树的分类精度，从而达到结点的随机性。

3）生成随机森林。使用第 2）步 n 棵决策树对测试样本进行分类，随机森林将每棵子树的结果汇总，以简单多数的原则决定该样本的类别。

由于从原始训练集中随机产生 n 个训练子集用于随机生成 n 棵决策树，且在构建具体的决策树过程中随机地选择 m 个属性，随机森林的这两个随机性设置可以很大程度上降低过拟合出现的概率。虽然随机森林中的每一棵树分类的能力都很弱，但是多棵树组合起来就变得十分强大。

12.2.2 实现及参数

scikit-learn 中提供了随机森林分类器，其函数原型如下：

```
sklearn. ensemble. RandomForestClassifier( n_estimators = 10, criterion = 'gini', max_depth = None,
min_samples_split = 2, min_samples_leaf = 1, min_weight_fraction_leaf = 0. 0, max_features = 'auto',
max_leaf_nodes = None, bootstrap = True, oob_score = False, n_jobs = 1, random_state = None,
verbose = 0, warm_start = False )
```

其主要参数如下。

1）n_estimators：随机森林中树的数量。数据类型为整型，若不指定该参数值，则自动使用默认参数值 10。

2）criterion：特征选择标准。数据类型为字符串型，若不指定该参数值，则自动使用默认参数值 gini。其可选值如下。

● gini：表示切分的评价准则时的 gini 系数。

● entropy：表示切分的评价准则时的信息熵。

3）max_depth：决策树的最大深度。数据类型为整型或 None，与决策树中一致。

4）min_samples_split：子数据集再切分需要的最小样本数。数据类型为整型或浮点型，与决策树中一致。

5）min_samples_leaf：叶子结点上的最小样本数。数据类型为整型或浮点型，与决策树中一致。

6）min_weight_fraction_leaf：叶子结点最小的样本权重和。数据类型为浮点型，与决策树中一致。

7）max_features：划分结点以寻找最优划分特征时，设置允许搜索的最大特征个数。数据类型为整型、浮点型、字符串型或 None，与决策树中一致。

📖 增加 max_features 一般能提高模型的性能，因为在每个结点上，有更多的选择可以考虑。然而这样会降低随机森林中树的多样性。此外，增加 max_features 会降低算法的速度。因此，需要适当地平衡和选择最佳 max_features。

8）max_leaf_nodes：最大叶子结点数。数据类型为整型或 None，与决策树中一致。限制最大叶子结点数，可以防止过拟合。

9）bootstrap：建立决策树时，是否使用有放回抽样。数据类型为布尔型，若不指定该参数值，则自动使用默认参数值 True，即放回抽样。

10）oob_score：估计泛化误差时是否使用袋外样本（out-of-bag samples）。数据类型为布尔型，若不指定该参数值，则自动使用默认参数值 False，即不使用袋外样本。

11）n_jobs：用于拟合和预测的并行作业数量。数据类型为整型，若不指定该参数值，则自动使用默认参数值 1。如果值为-1，则并行工作的数量被设置为 CPU 核的数量。

12）random_state：随机种子的设置。数据类型为整型，若不指定该参数值，则自动使用默认参数值 None，即使用当前系统时间作为种子，每次随机结果不同。

13）verbose：控制决策树建立过程的冗余度。数据类型为整型，若不指定该参数值，则自动使用默认参数值 0。

14）warm_start：数据类型为布尔型。若不指定该参数值，则自动使用默认参数值 False。当被设置为 True 时，调用之前的模型，用来拟合完整数据集或添加更多的基学习器，反之则创建一个全新的随机森林。

其主要属性如下。

1）estimators_：决策树实例的数组，存放所有训练过的决策树。

2）classes_：类别标签。

3）n_classes_：类别的数量。

4）n_features_：训练时使用的特征数量。

5）n_outputs_：训练时输出的数量。

6）features_importances：特征的重要程度。该值越高，则该特征越重要。

7）oob_score_：训练数据使用包外估计时的得分。

其主要方法如下。

1）fit(X, y[, sample_weight])：训练模型。

2）predict(X)：用模型进行预测，返回预测值。

3）predict_log_proba(X)：返回一个数组，数组的元素依次是 X 预测为各个类别的概率的对数值。

4）predict_proba(X)：返回一个数组，数组的元素依次是 X 预测为各个类别的概率值。

5）score(X, y[, sample_weight])：返回在(X, y)上预测的准确率。

【例 12-1】 对随机森林分类器和决策树分类器进行比较。

参考程序如下：

```python
# 导入内置数据集模块
from sklearn.datasets import load_breast_cancer
# 导入 sklearn 模块中的决策树分类器类和随机森林分类器类
from sklearn.tree import DecisionTreeClassifier
from sklearn.ensemble import RandomForestClassifier
# 导入 sklearn 模块中的模型验证类
from sklearn.model_selection import train_test_split,cross_val_score
import matplotlib.pyplot as plt
# 导入乳腺癌数据集
cancer = load_breast_cancer()
# 使用 train_test_split 函数自动分割训练集与测试集,其中 test_size 为测试集所占比例
x_train, x_test, y_train, y_test = train_test_split(cancer.data,cancer.target,test_size=0.3)
# 定义一个决策树分类器对象用于做比较
dt = DecisionTreeClassifier(random_state=0)
# 定义一个随机森林分类器对象
rf = RandomForestClassifier(random_state=0)
dt.fit(x_train,y_train)
rf.fit(x_train,y_train)
score_dt = dt.score(x_test,y_test)
score_rf = rf.score(x_test,y_test)
# 输出准确率
print('Single Tree : ', score_dt)
print('Random Forest : ', score_rf)


dt_scores = []
rf_scores = []
# 使用 cross_val_score 进行交叉验证
# 其中,cv 为份数,即将数据集划分为 n 份,依次取每一份做测试集,其他 n-1 份做训练集
# 返回每次测试准确率评分的列表
for i in range(10):
    rf_score = cross_val_score(RandomForestClassifier(n_estimators=25),cancer.data, cancer.target,cv=
10).mean()
    rf_scores.append(rf_score)
    dt_score = cross_val_score(DecisionTreeClassifier(),cancer.data, cancer.target, cv=10).mean()
    dt_scores.append(dt_score)


# 绘制评分对比曲线
plt.figure()
plt.title('Random Forest VS Decision Tree')
plt.xlabel('Index')
plt.ylabel('Accuracy')
plt.plot(range(10),rf_scores,label = 'Random Forest')
plt.plot(range(10),dt_scores,label = 'Decision Tree')
plt.legend()
```

```
plt.show( )

# 观察弱分类器数量对分类准确度的影响
rf_scores = [ ]
for i in range( 1,50):
    rf = RandomForestClassifier( n_estimators = i)
    rf_score = cross_val_score( rf, cancer.data, cancer.target,cv = 10).mean( )
    rf_scores.append( rf_score)

plt.figure( )
plt.title( 'Random Forest')
plt.xlabel( 'n_estimators')
plt.ylabel( 'Accuracy')
plt.plot( range( 1,50),rf_scores)
plt.show( )
```

程序运行结果如下，绘制的结果图如图 12-1 和图 12-2 所示。

```
Single Tree：0. 9181286549707602
Random Forest：0. 9473684210526315
```

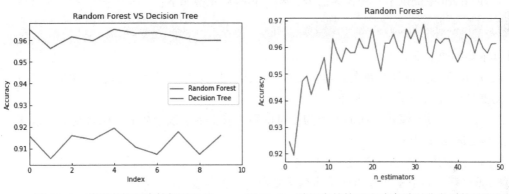

图 12-1 随机森林和决策树对比图　　图 12-2 随机森林算法准确率随弱分类器数量变化图

12.3 投票法

投票法（Voting）是集成学习中针对分类问题的一种结合策略。基本思想是选择所有基学习器中投票数量最多的类别。基学习器的输出一般有两种类型，一种是直接输出类别标签，另一种是输出类别的概率。使用前者进行分类称为硬投票（Majority/Hard voting），使用后者进行分类称为软投票（Soft voting）。

假设某机器学习模型有 L 个基学习器 $M = \{M_1, M_2, \cdots, M_L\}$，用 d_j 表示基学习器 M_j 在给定的任意输入向量 x 上的估计值，即 $d_j = M_j(x), j = 1, 2, \cdots, L$。若输入向量 x 存在多种表示 $\{x_1, x_2, \cdots, x_L\}$，即每个基学习器的输入各不相同，$M_j$ 在输入 x_j 上的预测 $d_j = M_j(x_j)$，最终的预测值可由每个基学习器的预测计算得出计算公式见式 12-1，其中 $f(\ )$ 是一个组合函数，ϕ 表示其参数。

$$y = f(d_1 d_2, \cdots d_L \mid \phi) \tag{12-1}$$

若每个基学习器有 k 个输出，即基学习器 M_j 的输出 $d_j \in \{d_{j1}, d_{j2}, \cdots, d_{jk}\}$。当它们组合时，

得到预测值 $y \in \{y_1, y_2, \cdots, y_k\}$，其中：

$$y_i = \sum_{j=1}^{L} w_j d_{ij}, w_j \geq o \qquad (12-2)$$

$$\sum_{1}^{L} w_j = 1 \qquad (12-3)$$

在多分类 $\{c_1, c_2, \cdots, c_k\}$ 问题中，设基学习器 $d_j, j=1, 2, \cdots, L$ 的权重为 w_j，将目标判别为 c_i 的概率为 d_j。假设 $w_j = P(M_j)$ 和 $d_{ij} = P(c_i \mid x, M_j)$，则：

$$P(c_i | x) \sum_{j=1}^{L} P(c_i \mid x, M_j) P(M_j) \qquad (12-4)$$

Handen 和 Salamon 在 1990 年给出了如下结论，给定成功概率高于 0.5（比随机猜测好）的一组独立的两类分类器，使用多数表决，预测准确率随投票分类器个数的增加而提高。

假定 d_j 是独立同分布的，其期望值为 $E(d_j)$，方差为 $\mathrm{Var}(d_j)$，那么当 $w_j = 1/L$ 时，输出的期望值和方差的计算公式见式 12-5 和式 12-6。

$$E(y) = E\left(\sum_{j=1}^{L} \frac{1}{L} d_j\right) = \frac{1}{L} \times L \times E(d_j) = E(d_j) \qquad (12-5)$$

$$\mathrm{var}(y) = E\left(\sum_{j=1}^{L} \frac{1}{L} d_j\right) = \frac{1}{L^2} \mathrm{var}\left(\sum_{j=1}^{L} d_j\right) = \frac{1}{L} \mathrm{var}(d_j) \qquad (12-6)$$

从上述推导过程可以看到，期望值没有改变，但方差随着独立投票数量的增加而下降。

scikit-learn 中提供了一种投票法分类器，其函数原型如下：

```
sklearn. ensemble. Votingclassifier( estimators, voting = 'hard', weights = None, n_jobs = 1)
```

其主要参数如下。

1）estimators：预测器列表，其中元素为元组，形式为（预测器名称，预测器对象）。每个预测器必须有 fit 函数进行训练。

2）voting：投票模式。数据类型为字符串型，若不指定该参数值，则自动使用默认参数值 hard。其可选参数如下。

● hard：使用多数规则表决预测的类标签。

● soft：基于各个基学习器的预测概率之和预测类标签。

3）weights：不同预测器的权重。数据类型为整型列表或 None，若不指定该参数值，则自动使用默认参数值 None。

4）n_jobs：用于拟合和预测的并行运行的工作（作业）数量。数据类型为整型，若不指定该参数值，则自动使用默认参数值 1。如果值为-1，那么工作数量被设置为核的数量。

其主要方法如下。

1）fit(X, y[, sample_weight])：训练模型。

2）predict(X)：用模型进行预测，返回预测值。

3）score(X, y[, sample_weight])：返回在 (X, y) 上预测的准确率。

【例 12-2】 使用投票法进行样本分类。

参考程序如下：

```
# 导入内置数据集模块
from sklearn.datasets import load_breast_cancer
# 导入 sklearn 模块中的分类器类
from sklearn.ensemble import VotingClassifier
from sklearn.neighbors import KNeighborsClassifier
from sklearn.tree import DecisionTreeClassifier
```

```
from sklearn.naive_bayes import GaussianNB
# 导入 sklearn 模块中的模型验证类
from sklearn.model_selection import train_test_split,cross_val_score
import matplotlib.pyplot as plt
# 导入乳腺癌数据集
cancer = load_breast_cancer()
x_train, x_test, y_train, y_test = train_test_split(cancer.data, cancer.target, test_size=0.3, random_state=0)

# 定义分类器对象
clf1 = KNeighborsClassifier()
clf2 = DecisionTreeClassifier()
clf3 = GaussianNB()
# 使用上述三个弱分类器作为 Voting 分类器的子分类器
vcfh = VotingClassifier(estimators=[('knn',clf1),('dt',clf2),('gnb',clf3)], voting='hard')
vcfs = VotingClassifier(estimators=[('knn',clf1),('dt',clf2),('gnb',clf3)], voting='soft')

# 分类并输出结果
for clf, clf_name in zip([clf1, clf2, clf3, vcfh, vcfs], ['KNN', 'Decision Tree', 'Naive Bayes', 'Hard Voting', 'Soft Voting']):
    clf = clf.fit(x_train,y_train)
    score = clf.score(x_test,y_test)
    print('Accuracy of %s: %.2f %(clf_name,score))
```

程序运行结果如下：

```
Accuracy of KNN: 0.95
Accuracy of Decision Tree: 0.90
Accuracy of Naive Bayes: 0.92
Accuracy of Hard Voting: 0.94
Accuracy of Soft Voting: 0.95
```

12.4 提升法

Boosting 是一种可将弱学习器提升为强学习器的算法。这种算法先从初始训练集训练出一个基学习器，再根据基学习器的表现对训练样本分布进行调整，使得先前基学习器做错的训练样本在后续受到更多的关注，然后基于调整后的样本分布来训练下一个基学习器。如此重复进行，直至基学习器数目达到事先指定的值 T，最终将这 T 个基学习器进行加权结合。Boosting 拥有系列算法，如 AdaBoost、GradientBoosting 和 LogitBoost 等，其中最著名的代表是 AdaBoost 算法。Boosting 中的个体分类器可以是不同类的分类器。

Boosting 算法分为以下两个阶段。

1）训练阶段。给定一个训练集 X，随机地将其划分为 3 个子集 $X=\{X_1,X_2,X_3\}$。首先使用 X_1 训练基分类器 d_1，接着提取 X_2 并将它作为 d_1 的输入，将 d_1 错误分类的所有样本及 X_2 中被 d_1 正确分类的部分样本一起作为 d_2 的训练集。最后提取 X_3，并将它输出至 d_1 和 d_2，其中用 d_1 和 d_2 输出不一致的样本作为 d_3 的训练集。

2）检验阶段。给定一个样本，首先将其提供给 d_1 和 d_2，如果二者输出一致，这即为输出结果，否则以 d_3 的输出作为最终输出结果。

由于 Boosting 算法需要将训练集分割成多个子集，并且第二和第三个分类器只在其前面分类器犯错的实例数据子集上训练，因此要求训练集包含较多数量的样本，否则d_2和d_3将无法拥有合理大小的训练集。

下面主要介绍 AdaBoost 和 GradientBoosting 两个算法。

1. AdaBoost

AdaBoost 全称为自适应提升（Adaptive Boosting），它重复使用相同的训练集，因此放宽了对训练集中样本数量的要求。AdaBoost 算法首先从训练集中用初始权重训练出一个弱学习器d_1，根据d_1的学习误差率表现来更新训练样本的权重，使得d_1学习误差率高的训练样本的权重变高，导致这些误差率高的点在后面的弱学习器d_2中受到更多的重视。然后基于调整权重后的训练集来训练弱学习器d_2，如此重复进行，直到训练到指定的弱学习器数量。最后，将这些弱学习器通过集合策略进行整合，得到最终的强学习器。

scikit-learn 中的 AdaBoost 分类器的函数原型如下：

```
sklearn. ensemble. AdaBoostClassifier( base_estimator = None, n_estimators = 50,
  learning_rate = 1. 0, algorithm = 'SAMME. R', random_state = None)
```

其主要参数如下。

1）base_estimator：基分类器，在该分类器基础上进行 boosting。默认为决策树，理论上可以是任意一个分类器，但是如果使用其他分类器时需要指明样本权重。

2）n_estimators：基分类器提升（循环）次数。数据类型为整型，若不指定该参数值，则自动使用默认参数值 50。这个值过大，模型容易过拟合；值过小，模型容易欠拟合。

3）learning_rate：学习率，表示梯度收敛速度。数据类型为整型，若不指定该参数值，则自动使用默认参数值 1。如果过大，容易错过最优值；如果过小，则收敛速度会很慢。该值需要和 n_estimators 进行一个权衡，当分类器迭代次数较少时，学习率可以小一些；当迭代次数较多时，学习率可以适当放大。

4）algorithm：模型提升准则。数据类型为字符串型，若不指定该参数值，则自动使用默认参数值 SAMME. R。可选值如下。

● SAMME：对样本集预测错误的概率进行划分。

● SAMME. R：对样本集的预测错误的比例，即错分率进行划分。

5）random_state：设置随机种子。数据类型为整型，若不指定该参数值，则自动使用默认参数值 None。

其主要属性如下。

1）estimators_：所有训练过的基础分类器。

2）classes_：类别标签。

3）n_classes_：类别的数量。

4）estimator_weights_：每个基础分类器的权重。

5）feature_importances：每个特征的重要性。

6）estimator_errors_：每个基础分类器的分类误差。

其主要方法如下。

1）fit(X, y[, sample_weight])：训练模型。

2）predict(X)：用模型进行预测，返回预测值。

3）predict_log_proba(X)：返回一个数组，数组的元素依次是 X 预测为各个类别的概率的对数值。

4）predict_proba(X)：返回一个数组，数组的元素依次是 X 预测为各个类别的概率值。

5）score(X, y[, sample_weight])：返回在（X, y）上预测的准确率。

6）staged_predict_proba(X)：返回一个二维数组，数组的元素依次是每一轮迭代结束时尚未完成的集成分类器预测 X 为各个类别的概率值。

7）staged_predict(X)：返回一个数组，数组的元素依次是每一轮迭代结束时尚未完成的集成分类器的预测值。

8）staged_score(X, y[, sample_weight])：返回一个数组，数组的元素依次是每一轮迭代结束时尚未完成的集成分类器的预测准确率。

【例 12-3】 对 AdaBoost 分类器和决策树分类器进行比较。

参考程序如下：

```
from sklearn.datasets import load_breast_cancer
from sklearn.tree import DecisionTreeClassifier
from sklearn.ensemble import AdaBoostClassifier
from sklearn.model_selection import train_test_split,cross_val_score
import matplotlib.pyplot as plt

cancer = load_breast_cancer()
x_train,x_test, y_train, y_test = train_test_split(cancer.data,cancer.target, test_size=0.3, random_state=1)
abc = AdaBoostClassifier(DecisionTreeClassifier(), algorithm='SAMME', n_estimators=50, learning_rate=0.1)
dt = DecisionTreeClassifier()
abc.fit(x_train,y_train)
dt.fit(x_train,y_train)
score_abc = abc.score(x_test,y_test)
score_dt = dt.score(x_test,y_test)

# 输出准确率
print('Ada Boost : ', score_abc)
print('Decision Tree : ', score_dt)

# 测试 n_estimators 参数对分类效果的影响
abc_scores = []
for i in range(1,50):
    abc.estimators_ = i
    abc.fit(x_train,y_train)
    abc_score = abc.score(x_test,y_test)
    abc_scores.append(abc_score)

# 绘制结果
plt.figure()
plt.title('AdaBoost')
plt.xlabel('n_estimators')
plt.ylabel('Accuracy')
plt.plot(range(1,50),abc_scores)
plt.show()
```

程序运行结果如下，绘制的结果图如图 12-3 所示。

Ada Boost : 0. 9590643274853801
Decision Tree : 0. 9181286549707602

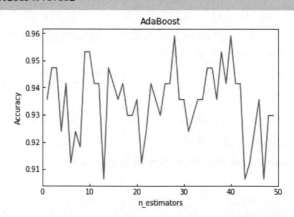

图 12-3　AdaBoost 算法准确率随 n_estimators 参数变化图

2. Gradient Boosting

梯度提升（Gradient Boosting）是一种用于回归和分类问题的集成学习方法，生成一个由弱学习器（通常是决策树）组成的强学习器。梯度提升的思想源于 Leo Breiman 的一次观察，提升可以被解释为基于一个合适的代价函数的优化算法。随后，Jerome H. Friedman 开发了一个显式回归梯度提升算法，通过迭代选择一个指向负梯度方向的函数（弱假设），优化函数空间上的成本函数，拟合一棵决策树。在回归问题中，称为梯度提升回归树（Gradient Boosting Rgression Tree，GBRT）。在分类问题中，又被称为提升决策树（Gradient Boosting Decision Tree，GBDT）。

提升决策树的弱学习器只使用 CART 回归树模型，迭代方法也与 AdaBoost 有所不同。在 GBDT 的迭代中，假设前一轮迭代得到的强学习器是 $f_{m-1}(x)$，损失函数是 $L(y, f_{m-1}(x))$，本轮迭代的目标是找到一棵 CART 回归树模型的弱学习器 $h_m(x)$，让本轮的损失 $L(y, f_m(x)) = L(y, f_{m-1}(x)) + h_m(x))$ 最小，即本轮迭代找到的决策树，要使样本的损失尽量变得更小。

scikit-learn 中的梯度提升分类器的函数原型如下：

```
sklearn. ensemble. GradientBoostingClassifier( learning_rate = 0. 1, n_estimators = 100,
    subsample = 1. 0, min_samples_split = 2, min_samples_leaf = 1, min_weight_fraction_leaf = 0. 0,
    max_depth = 3, random_state = None, max_features = None, verbose = 0,
    max_leaf_nodes = None, presort = 'auto')
```

其主要参数如下。

1）min_samples_split：子数据集再切分需要的最小样本数。数据类型为整型或浮点型，与决策树中一致。

2）min_samples_leaf：叶子结点上的最小样本数。数据类型为整型或浮点型，与决策树中一致。

3）min_weight_fraction_leaf：叶子结点最小的样本权重和。数据类型为浮点型，与决策树中一致。

4）max_depth：决策树的最大深度。数据类型为整型或 None，与决策树中一致。

5）max_leaf_nodes：最大叶子结点数。数据类型为整型或 None，与决策树中一致。

6) max_features：随机森林允许单个决策树使用特征的最大数量。数据类型为整型、浮点型、字符串型或 None，与决策树中一致。

7) learning_rate：每个弱学习器的权重缩减系数。数据类型为浮点型，若不指定该参数值，则自动使用默认参数值 1.0。

8) n_estimators：弱学习器的最大个数。数据类型为整型，若不指定该参数值，则自动使用默认参数值 100。

9) subsample：放回抽样比例。数据类型为浮点型，取值范围为［0，1］，若不指定该参数值，则自动使用默认参数值 1。

● 如果取值为 1，则全部样本都使用，等于没有使用子采样。

● 如果取值小于 1，则只有一部分样本会去做 GBDT 的决策树拟合。选择小于 1 的比例可以减小方差，即防止过拟合，但是会增加样本拟合的偏差，因此取值不能太低，推荐在［0.5，0.8］之间。

10) random_state：随机种子的设置。数据类型为整型，与决策树中一致。

11) verbose：控制决策树建立过程的冗余度。数据类型为整型，与决策树中一致。

12) persort：是否进行预排序。数据类型为布尔型，与决策树中一致。

其主要属性如下。

1) estimators_：每棵基础决策树。

2) init：初始预测使用的分类器。

3) oob_improvement_：输出一个数组，给出了每增加一棵基础决策树，在包外估计的损失函数的改善情况。

4) train_score_：输出一个数组，给出了每增加一棵基础决策树，在训练集上的损失函数 Q 的值。

5) feature_importances：每个特征的重要性。

其主要方法如下。

1) fit(X, y[，sample_weight, monitor])：训练模型。其中 monitor 是一个可调用对象，它在当前迭代过程结束时调用。如果返回 True，则训练过程提前终止。

2) predict(X)：用模型进行预测，返回预测值。

3) predict_log_proba(X)：返回一个数组，数组的元素依次是 X 预测为各个类别的概率的对数值。

4) predict_proba(X)：返回一个数组，数组的元素依次是 X 预测为各个类别的概率值。

5) score(X, y[，sample_weight])：返回在（X，y）上预测的准确率。

6) staged_predict_proba(X)：返回一个二维数组，数组的元素依次是每一轮迭代结束时集成分类器预测 X 为各个类别的概率值。

7) staged_predict(X)：返回一个数组，数组的元素依次是每一轮迭代结束时集成分类器的预测值。

【例 12-4】 对梯度提升分类器和决策树分类器进行比较。

参考程序如下：

```
from sklearn.datasets import load_breast_cancer
from sklearn.tree import DecisionTreeClassifier
```

```python
from sklearn.ensemble import GradientBoostingClassifier
from sklearn.model_selection import train_test_split,cross_val_score
import matplotlib.pyplot as plt
import numpy as np

cancer = load_breast_cancer()
x_train,x_test, y_train, y_test = train_test_split(cancer.data,cancer.target,test_size=0.3, random_state=1)
gbc = GradientBoostingClassifier(n_estimators=100, learning_rate=0.1)
dt = DecisionTreeClassifier()
gbc.fit(x_train,y_train)
dt.fit(x_train,y_train)
score_gbc = gbc.score(x_test,y_test)
score_dt = dt.score(x_test,y_test)

# 输出准确率
print('Gradient Boost : ', score_gbc)
print('Decision Tree : ', score_dt)

# 测试 learning_rate 参数对分类效果的影响
gbc_scores = []
for i in np.arange(0.1,1,0.05):
    gbc.learning_rate = i
    gbc.fit(x_train,y_train)
    gbc_score = gbc.score(x_test,y_test)
    gbc_scores.append(gbc_score)

# 绘制测试结果
plt.figure()
plt.title('Gradient Boost')
plt.xlabel('learning_rate')
plt.ylabel('Accuracy')
plt.plot(range(len(gbc_scores)),gbc_scores)
plt.show()

gbc_scores = []
dt_scores = []
# 使用 cross_val_score 进行交叉验证
for i in range(20):
    gbc_score = cross_val_score(gbc,wine.data,wine.target,cv=10).mean()
    gbc_scores.append(gbc_score)
    dt_score = cross_val_score(dt,wine.data,wine.target,cv=10).mean()
    dt_scores.append(dt_score)

# 绘制评分对比曲线
plt.figure()
plt.title('Gradient Boost VS Decision Tree')
plt.xlabel('Index')
plt.ylabel('Accuracy')
plt.plot(range(20),dt_scores,label = 'Decision Tree')
plt.plot(range(20),gbc_scores,label = 'Gradient Boost')
plt.legend()
plt.show()
plt.show()
```

程序运行结果如下，绘制的结果图如图 12-4 和图 12-5 所示。

Gradient Boost : 0. 9629629629629629
Decision Tree : 0. 8703703703703703

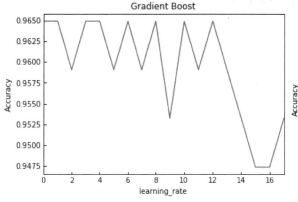

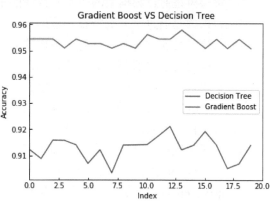

图 12-4　梯度提升法准确率随 learning_rate 参数变化图　　图 12-5　梯度提升法和决策树准确率对比图

12.5　本章小结

本章主要介绍了集成学习理论，介绍了随机森林算法、投票算法和提升算法的原理、实现及参数，并与决策树算法的分类效果进行了对比。对比 Bagging（随机森林）和 Boosting 方法可以发现：Bagging 的训练集是在原始集中有放回抽样的，从原始集中选出的各轮训练集之间是独立的，而 Boosting 每一轮的训练集不变，只是训练集中每个样例在分类器中的权重发生变化，而权值是根据上一轮的分类结果进行调整的；Bagging 均匀取样，每个样例的权重相等，而 Boosting 根据错误率不断调整样例的权值，错误率越大则权重越大；Bagging 所有预测函数的权重相等，而 Boosting 每个弱分类器都有相应的权重，对于分类误差小的分类器会有更大的权重；Bagging 各个预测函数可以并行生成，而 Boosting 各个预测函数只能顺序生成，因为后一个模型参数需要前一轮模型的结果。

12.6　习题

1. 单项选择题

1）下面关于提升树的说法哪个是正确的？＿＿＿＿＿。

a. 在提升树中，每个弱学习器是相互独立的。

b. 这是通过对弱学习器的结果进行综合来提升能力的方法。

A. a　　　　B. b　　　　C. a 和 b　　　　D. 都不对

2）下面关于随机森林和梯度提升集成方法的说法哪个是正确的是？＿＿＿＿＿。

a. 这两种方法都可以用来做分类。

b. 随机森林用来做分类，梯度提升用来做回归。

c. 随机森林用来做回归，梯度提升用来做分类。

d. 两种方法都可以用来做回归。

A. a 和 c　　B. b 和 d　　C. c 和 d　　　　D. a 和 d

3）在随机森林里生成了几百棵树，然后对这些树的结果进行综合，下面关于随机森林中每棵树的说法正确的是_____。

a. 每棵树是通过数据集的子集和特征的子集构建的。

b. 每棵树是通过所有的特征构建的。

c. 每棵树是通过所有数据的子集构建的。

d. 每棵树是通过所有的数据构建的。

A. a 和 c　　B. a 和 d　　C. b 和 c　　　　D. b 和 d

4）下面关于梯度提升中 max_depth 的超参数的说法正确的是_____。

a. 对于相同的验证准确率，越低越好。

b. 对于相同的验证准确率，越高越好。

c. max_depth 增加可能会导致过拟合。

d. max_depth 增加可能会导致欠拟合。

A. a 和 c　　B. a 和 d　　C. b 和 c　　　　D. b 和 d

5）下面_____算法不是集成学习算法的例子。

A. 随机森林　B. AdaBoost　C. 梯度提升　　D. 决策树

6）关于梯度提升树，下面说法正确的是_____。

a. 在每一个步骤，使用一个新的回归树来补偿已有模型的缺点。

b. 可以使用梯度下降法来最小化损失函数。

A. a　　　　　B. b　　　　　C. a 和 b　　　　D. 都不对

7）关于随机森林描述不正确的是_____。

A. 随机森林是一种集成学习算法。

B. 随机森林的随机性主要体现在训练单决策树时，对样本和特征同时进行采样。

C. 随机森林算法可以高度并行化。

D. 随机森林预测时，根据单决策树分类误差进行加权投票。

2. 问答题

1）随机森林算法如何实现？

2）简述决策树和随机森林的关系。

3. 编程题

1）编写程序，使用随机森林算法对手写数字数据集进行分类，并测试不同参数对算法性能的影响。

2）编写程序，使用两种 Boosting 算法对葡萄酒数据集进行分类，并测试不同参数对算法性能的影响。

第13章　算法评估与验证

本章将介绍如何对算法的性能进行评估和验证，以帮助使用者选择最适合待解决问题的机器学习算法。本章的内容主要分为3个部分，首先介绍如何对数据集进行有效、合理的划分，使训练集、测试集及验证集能够更准确地保持数据的分布。然后介绍对回归算法、分类算法和聚类算法进行评估和验证的指标。这些指标可以从不同的角度衡量算法的有效性，并为使用者选择算法提供依据。最后介绍如何对算法中的参数进行设置，使算法的性能达到最优。

13.1　数据集划分

数据集的划分要尽可能地保持数据分布的一致性，如在分类任务中要保持样本的类别比例相似。若训练集、验证集和测试集中类别比例差别很大，则可能导致测试误差偏大。分层采样方法可以较好地保留各个集合中的类别比例。常用的数据集划分方法包括留出法、留一法和k折交叉验证法等。

1. 留出法

留出法（Hold-out）直接将数据分割为3个互不相交的子集（也可分割为两个子集，此时训练集也是验证集），然后在训练集上训练模型，在验证集上选择模型，最后用测试集测试模型并计算误差。在使用留出法时，通常采用多次随机划分，并取平均值作为留出法的评估结果。

scikit-learn 提供的 train_test_split 函数能够将数据集切分成训练集和测试集两类，其函数原型如下：

```
sklearn. model_selection. train_test_split( X, y, * * options)
```

其主要参数如下。

1) X、y：数据集的特征值和标签。

2) test_size：指定测试集的大小或百分比。数据类型为浮点型、整型或 None，若不指定该参数值，则自动使用默认参数值 None，此时 test_size 设为 0.25。其可选值如下。

- 浮点数：测试集占原始数据集的比例，取值范围为 0.0~1.0。
- 整数：测试集大小，即原始数据集大小减去训练集大小。

3) train_size：指定训练集大小或百分比。数据类型为浮点型、整型或 None，若不指定该参数值，则自动使用默认参数值 None，此时 train_size 设为 0.75。其可选值如下。

- 浮点数：测试集占原始数据集的比例，取值范围为 0.0~1.0。
- 整数：测试集大小，即原始数据集大小减去训练集大小。

4) random_state：随机种子的设置。数据类型为整型，RandomState 实例和 None。

5) stratify：划分比例。数据类型为数组对象或 None。若设置为数组 y，则函数会按原数据 y 中各类比例分配训练集和测试集，使两个集合中各类数据的比例与原数据集一致。

其返回值类型为一个列表，依次给出一个或多个数据集的划分结果。每个数据集都划分为两部分，即训练集和测试集。

【例 13-1】 对数据集进行划分。

参考程序如下：

```
from sklearn.model_selection import train_test_split
import numpy as np
# 生成8行4列的随机整数二维数组,最大值为50
X = np.random.randint(50,size=(8,4))
y=[1,1,0,0,1,1,0,0]
X_train,X_test,y_train,y_test=train_test_split(X,y,test_size=0.4,random_state=0)
print('X_train:',X_train)
print('X_test:',X_test)
print('y_train:',y_train)
print('y_test:',y_test)
X_train,X_test,y_train,y_test=train_test_split(X,y,test_size=0.4,random_state=0,stratify=y)
print('Stratify_X_train:',X_train)
print('Stratify_X_test:',X_test)
print('Stratify_y_train:',y_train)
print('Stratify_y_test:',y_test)
```

程序运行结果如下：

```
X_train:[[ 0 48 27 22] [28 27 5 32] [36 33 11 31] [23 40 20 20]]
X_test:[[ 3 34 19 0] [37 15 27 15] [40 10 32 8] [44 30 43 23]]
y_train:[0, 1, 1, 1]
y_test:[0, 0, 1, 0]
Stratify_X_train:[[23 40 20 20] [ 3 34 19 0] [28 27 5 32] [44 30 43 23]]
Stratify_X_test:[[37 15 27 15] [ 0 48 27 22] [40 10 32 8] [36 33 11 31]]
Stratify_y_train:[1, 0, 1, 0]
Stratify_y_test:[0, 0, 1, 1]
```

2. k 折交叉验证法

k 折交叉验证法（k Fold Cross Validation）：数据随机划分为 k 个互不相交且大小相同的子集，每一次挑选其中 1 个子集作为测试集，剩余 $k-1$ 个子集组合为训练集（共有 k 种分割方式）。对每一种分割分别进行训练和测试，计算并保存模型的评估指标，以 k 组测试结果的平均值作为模型精度的估计，并作为当前 k 折交叉验证下模型的性能指标值。k 折交叉验证通过对 k 个不同分组训练的结果进行平均来减少方差，因此降低了模型对数据划分的敏感度。

k 值常取 10，当数据量较小时，k 值可以相对设置得较大，增加训练集占整体数据的比例，不过同时训练的模型个数也相应增多。当数据量较大时，k 值则需要设置得相对较小，以增大评估速度。

scikit-learn 提供的 KFold 类实现了数据集的 k 折交叉切分，其函数原型如下：

```
sklearn.model_selection.KFold(n_splits=3, shuffle=False, random_state=None)
```

其主要参数如下。

1）n_splits：k 的值。数据类型为整型，要求该整数值大于或等于 2。

2）shuffle：在切分数据集之前是否先打乱数据集。数据类型为布尔型，若不指定该参数值，则自动使用默认参数值 False。如果设置为 True，则在切分数据集之前先打乱数据集。

3）random_state：随机种子的设置。数据类型为整型，RandomState 实例和 None。

其主要方法如下。

split(X,y)：切分数据集为训练集和测试集。其中 X 为样本集，形状为(n_samples, n_features)。y 为标签集，为可选参数，形状为（n_samples）。输出为长度为 k 的二维列表，其中每一行为训练集（测试集）的下标。

scikit-learn 提供的 StratifiedKFold 类实现了数据集的分层采样 k 折交叉切分，它的用法类似于 KFold，但是 StratifiedKFold 执行的是分层采样，为了确保训练集和测试集中各类别样本的比例与原始数据集中相同，其函数原型如下：

```
sklearn. model_selection. StratifiedKFold( n_ splits = 3, shuffle = False, random_state = None)
```

其参数与 KFold 函数相同。

【例 13-2】 比较 KFold 和 StratifiedKFold 的区别。

参考程序如下：

```
from sklearn.model_selection import KFold, StratifiedKFold
import numpy as np
X = np.random.randint( 50, size = (8, 4) )
y = np.array( [ 1,1,0,0,1,1,0,0] )
folder = KFold( n_splits = 3, random_state = 0, shuffle = False)
for train_index, test_index in folder.split( X,y) :
    print('Train_index:', train_index)
    print('Test_index:', test_index)
    print('Y_train:', y[ train_index ] )
    print('Y_test:', y[ test_index ] )
folder = StratifiedKFold( n_splits = 3, random_state = 0, shuffle = False)
for train_index, test_index in folder.split( X,y) :
    print('Stratify_train_index:', train_index)
    print('Stratify_test_index:', test_index)
    print('Stratify_Y_train:', y[ train_index ] )
    print('Stratify_Y_test:', y[ test_index ] )
```

程序运行结果如下：

```
Train_index: [ 3 4 5 6 7 ]
Test_index: [ 0 1 2 ]
Y_train: [ 0 1 1 0 0 ]
Y_test: [ 1 1 0 ]
Train_index: [ 0 1 2 6 7 ]
Test_index: [ 3 4 5 ]
Y_train: [ 1 1 0 0 0 ]
Y_test: [ 0 1 1 ]
Train_index: [ 0 1 2 3 4 5 ]
Test_index: [ 6 7 ]
Y_train: [ 1 1 0 0 1 1 ]
Y_test: [ 0 0 ]
Stratify_train_index: [ 4 5 6 7 ]
Stratify_test_index: [ 0 1 2 3 ]
Stratify_Y_train: [ 1 1 0 0 ]
Stratify_Y_test: [ 1 1 0 0 ]
Stratify_train_index: [ 0 1 2 3 5 7 ]
Stratify_test_index: [ 4 6 ]
```

```
Stratify_Y_train：[ 1 1 0 0 1 0 ]
Stratify_Y_test：[ 1 0 ]
Stratify_train_index：[ 0 1 2 3 4 6 ]
Stratify_test_index：[ 5 7 ]
Stratify_Y_train：[ 1 1 0 0 1 0 ]
Stratify_Y_test：[ 1 0 ]
```

scikit-learn 还提供了函数 cross_val_score，它可以在分割数据集后，进行训练和测试并计算评估指标结果。其函数原型如下：

```
sklearn. model_selection. cross_val_score( estimator, X, y = None, scoring = None, cv = None,
n_jobs = 1, verbose = 0, fit_ params = None, pre_dispatch = '2 * n_jobs')
```

主要参数如下。

1）estimator：指定的学习器，该学习器必须有 fit 方法以进行训练。

2）X：数据集中的样本集。

3）y：数据集中的标签集。

4）scoring：指定评分函数，其原型是 scorer（estimator，X，y）。数据类型为字符串型、可调用对象或 None，若不指定该参数值，则自动使用默认参数值 None。此时采用 estimator 学习器的 score 方法。其可选值如下。

- accuracy：采用 metrics. accuracy_score 评分函数。
- average_precision：采用 metrics. average_precision_score 评分函数。
- f1 系列值：采用 metrics. f1_score 评分函数。其中 f1_micro 使用 micro-averaged 评分函数，f1_weighted 使用 weighted-average 评分函数，f1_ samples 使用 by-multilabel-sample 评分函数。
- log_loss：采用 metrics. accuracy_score 评分函数。
- precision：采用 metrics. precision_score 评分函数，具体形式类似 f1 系列。
- recall：采用 metrics. recall_score 评分函数，具体形式类似 f1 系列。
- roc_auc：采用 metrics. roc_auc_score 评分函数。
- adjusted_rand_score：采用 metrics. adjusted_rand_score 评分函数。
- mean_absolute_error：采用 metrics. mean_absolute_error 评分函数。
- mean_squared_error：采用 metrics. mean_absolute_error 评分函数。
- mean_squared_error：采用 metrics. mean_squared_error 评分函数。
- r2：采用 metrics. r2_score 评分函数。

5）cv：k 的值。数据类型为整型、k 折交叉生成器、迭代器或 None，若不指定该参数值，则自动使用默认参数值 None。其可选值如下。

- None：使用默认的 3 折交叉生成器。
- 整数：k 折交叉生成器的 k 值。
- k 折交叉生成器：直接指定 k 折交叉生成器。
- 迭代器：迭代器的结果即为数据集划分的结果。

6）fit_params：指定 estimator 执行 fit 方法时的关键字参数。数据类型为字典。

7）n_jobs：进行并行作业的线程数量。数据类型为整型，若不指定该参数值，则自动使用默认参数值 1。若设置为-1，则线程数量为 CPU 核心数。

8）verbose：用于控制输出日志。数据类型为整型。

9）pre_dispatch：用于控制并行执行时分发的总任务数量。数据类型为整型或字符串型。

其返回值是返回一个浮点数的数组。每个浮点数都是针对某次 k 折交叉的数据集上 estimator 预测性能的得分。

📖 如果需要输出交叉验证的预测结果，可以使用 cross_val_predict 函数。

【例 13-3】 使用 10 折交叉对支持向量机在鸢尾花数据集上的分类效果进行评估。
参考程序如下：

```
from sklearn.model_selection import cross_val_score
from sklearn.datasets import load_digits
from sklearn.svm import LinearSVC
digits = load_digits( )
X = digits.data
y = digits.target
result = cross_val_score(LinearSVC( ),X,y,cv = 10)
print('Cross Val Score is:',result)
```

程序运行结果如下：

```
Cross Val Score is: [0.8972973 0.91256831 0.87292818 0.89444444 0.93296089 0.94972067
  0.96089385 0.95505618 0.85875706 0.92045455]
```

📖 可以看到同一个线性支持向量机在 10 种不同数据集组合上的预测性能差距较大，从 0.85875706 ~ 0.96089385 不等。

---

3. 留一法和留 P 法

留一法（Leave-One-Out）是 k 折交叉验证的一个特例，当 k 等于样本总数时的 k 折交叉验证即是留一法。由于训练集与原始数据集相比只差一个样本，因此最接近原始数据集的分布，所以训练出来的模型与真实模型比较近似，故留一法评估的结果往往比较准确。但由于要进行样本总数次的训练和预测，因此训练复杂度高，一般在数据缺少时使用。

scikit-learn 提供 LeaveOneOut 实现的是留一法拆分数据集，其函数原型如下：

```
sklearn. model_selection. selection. LeaveOneOut( )
```

其主要方法为 split(X,y)：切分数据集为训练集和测试集。其中 X 为样本集，形状为(n_samples, n_features)。y 为标签集，为可选参数，形状为(n_samples)。输出为长度为 k 的二维列表，其中每一行为训练集（测试集）的下标，依次为 $0,1,\cdots,(n-1)$。

在留一法的基础上，scikit-learn 还提供了留 P 法的实现函数，留 P 法即每次选择 p 个样本作为测试集，其函数原型如下：

```
sklearn. model_selection. LeavePOut( p = 2)
```

其主要的参数为 p：留出样本的数量，数据类型为整型。

其主要方法为 split(X,y)：切分数据集为训练集和测试集。其中 X 为样本集，形状为(n_samples, n_features)。y 为标签集，为可选参数，形状为(n_samples)。输出为长度为 k 的二维列表，其中每一行为训练集（测试集）的下标。

【例 13-4】分别使用留一法和留 P 法对数据集进行划分。

参考程序如下：

```
from sklearn.model_selection import LeaveOneOut
X = np.random.randint(50, size=(5, 3))
y = [1,1,0,0,0]
loo = LeaveOneOut()
print('Leave One Out:')
for train_index, test_index in loo.split(X):
    print(train_index, test_index)
lpo = LeavePOut(p=2)
print('Leave P Out:')
for train_index, test_index in lpo.split(X):
    print(train_index, test_index)
```

程序运行结果如下：

```
Leave One Out:
[1 2 3 4] [0]
[0 2 3 4] [1]
[0 1 3 4] [2]
[0 1 2 4] [3]
[0 1 2 3] [4]
LeaveP Out:
[2 3 4] [0 1]
[1 3 4] [0 2]
[1 2 4] [0 3]
[1 2 3] [0 4]
[0 3 4] [1 2]
[0 2 4] [1 3]
[0 2 3] [1 4]
[0 1 4] [2 3]
[0 1 3] [2 4]
[0 1 2] [3 4]
```

13.2 距离度量方法

机器学习算法中经常涉及距离的计算，距离度量方式对算法的性能有很大的影响。对于给定样本向量 $\boldsymbol{x}_i = (x_i^{(1)}, x_i^{(2)}, \cdots, x_i^{(n)})^{\mathrm{T}}$ 和 $\boldsymbol{x}_j = (x_j^{(1)}, x_j^{(2)}, \cdots, x_j^{(n)})^{\mathrm{T}}$，常用的距离计算方式如下。

1. 闵可夫斯基距离（Minkowski distance）

闵可夫斯基距离又称为闵氏距离，即在闵氏空间中的距离计算方法，其计算公式见式 13-1。

$$\mathrm{distance}(\boldsymbol{x}_i, \boldsymbol{x}_j) = \left(\sum_{d=1}^{n} \mid x_i^{(d)} - x_j^{(d)} \mid^p \right)^{1/p} \tag{13-1}$$

2. 欧几里得距离（Euclidean distance）

欧几里得距离又称为欧氏距离，源自欧氏空间中两点间的距离公式。基于闵可夫斯基距离的定义，当 $p=2$ 时，闵可夫斯基距离即为欧式距离，其计算公式见式 13-2。

$$\mathrm{distance}(\boldsymbol{x}_i, \boldsymbol{x}_j) = \sqrt{\sum_{i=1}^{n} \mid x_i^{(d)} - x_j^{(d)} \mid^2} \tag{13-2}$$

3. 曼哈顿距离（Manhattan distance）

曼哈顿距离又称为绝对距离、城市街区距离。基于闵可夫斯基距离的定义，当 $p=1$ 时，闵可夫斯基距离即为曼哈顿距离，其计算公式见式 13-3。

$$\text{distance}(\boldsymbol{x}_i, \boldsymbol{x}_j) = \sum_{d=1}^{n} | x_i^{(d)} - x_j^{(d)} | \tag{13-3}$$

4. 切比雪夫距离（Chebyshev distance）

基于闵可夫斯基距离的定义，当 $p=+\infty$ 时，闵可夫斯基距离即为切比雪夫距离，其计算公式见式 13-4。

$$\text{distance}(\boldsymbol{x}_i, \boldsymbol{x}_j) = \lim_{p\to\infty} \left(\sum_{d=1}^{n} | x_i^{(d)} - x_j^{(d)} |^p \right)^{1/p} = \max_{1 \leqslant d \leqslant n} \left(| x_i^{(d)} - x_j^{(d)} | \right) \tag{13-4}$$

5. 余弦相似度（Cosine similarity）

余弦相似度用向量空间中两个向量夹角的余弦值衡量两个个体间差异的大小，其计算公式见式 13-5。

$$\cos(\theta)_{(x_i, x_j)} = \frac{\boldsymbol{x}_i \boldsymbol{x}_j}{\|\boldsymbol{x}_i\| \|\boldsymbol{x}_j\|} = \frac{\sum_{d=1}^{n} (x_i^{(d)} x_j^{(d)})}{\sqrt{\sum_{d=1}^{n} (x_i^{(d)})^2} \times \sqrt{\sum_{d=1}^{n} (x_j^{(d)})^2}} \tag{13-5}$$

与上述距离度量方式相比，余弦相似度更加注重两个向量在方向上的差异，而非距离或长度上的不同。夹角余弦取值范围为 $[-1, 1]$。夹角余弦的绝对值越大表示两个向量的夹角越小，越小表示两个向量的夹角越大。当两个向量的方向重合时夹角余弦取最大值 1，当两个向量的方向完全相反时夹角余弦取最小值 -1。

6. 皮尔逊相关系数（Pearson correlation coefficient）

皮尔逊相关系数即相关分析中的相关系数 r，一般用于计算两个定距变（向）量间联系的紧密程度，它的取值范围为 $[-1, 1]$。两个变量之间的相关系数越高，用一个变量去预测另一个变量的精确度就越高，这是因为相关系数越高，就意味着这两个变量的共变部分越多，从其中一个变量的变化就可越多地获知另一个变量的变化。如果两个变量之间的相关系数为 1 或 -1，那么完全可由变量 x 获知变量 y 的值。当相关系数为 0 时，x 和 y 两变量无关系；当 x 的值增大，y 也增大，则两变量呈正相关关系，相关系数在 0.00 与 1.00 之间；当 x 的值增大，y 减小，则两变量呈负相关关系，相关系数在 -1.00 与 0.00 之间。相关系数的绝对值越大，相关性越强；反之，相关系数越接近于 0，相关度越弱。其计算公式见式 13-6。

$$\text{distance}(\boldsymbol{x}_i, \boldsymbol{x}_j) = \frac{E(\boldsymbol{x}_i \boldsymbol{x}_j) - E(\boldsymbol{x}_i) E(\boldsymbol{x}_j)}{\sqrt{E - (\boldsymbol{x}_i^2) - (E(\boldsymbol{x}_i))^2} \sqrt{E - (\boldsymbol{x}_j^2) - (E(\boldsymbol{x}_j))^2}} = \frac{\text{cov}(\boldsymbol{x}_i, \boldsymbol{x}_j)}{\sigma_{x_i} \sigma_{x_j}} \tag{13-6}$$

其中，$E(\boldsymbol{x}_i)$ 表示向量 $\boldsymbol{x}_i$ 的数学期望值，σ_{x_i} 表示向量 $\boldsymbol{x}_i$ 的标准差，σ_{x_j} 表示变量 $\boldsymbol{x}_j$ 的标准差，$\text{cov}(\boldsymbol{x}_i, \boldsymbol{x}_j)$ 表示向量 $\boldsymbol{x}_i, \boldsymbol{x}_j$ 的协方差。

7. 杰卡德相似系数（Jaccard similarity coefficient）

杰卡德相似系数主要用于计算符号度量或布尔值度量的个体间的相似度，只关心个体间共同具有的特征是否一致的问题。假设集合 A 和 B，两个集合的杰卡德相似系数计算方式见式 13-7。

$$\text{distance}(A, B) = \frac{|A \cap B|}{|A \cup B|} \tag{13-7}$$

8. 马氏距离（Mahalanobis distance）

马氏距离表示数据的协方差距离。与欧氏距离不同的是，它考虑到各种特性之间的联系并且是尺度无关的，即独立于测量尺度。对于 $\boldsymbol{x}_i = (x_i^{(1)}, x_i^{(2)}, \cdots, x_i^{(n)})^{\mathrm{T}}$，若其均值为 $\boldsymbol{\mu}_i = (\mu_i^{(1)},$

$\mu_i^{(2)}, \cdots, \mu_i^{(n)})^{\mathrm{T}}$，协方差矩阵为 S，则马氏距离计算公式见式 13-8。

$$\text{distance}(\boldsymbol{x}_i) = \sqrt{(\boldsymbol{x}_i - \boldsymbol{\mu}_i)^{\mathrm{T}} S^{-1} (\boldsymbol{x}_i - \boldsymbol{u}_i)} \qquad (13-8)$$

13.3　分类有效性指标

对于二类分类问题，通常将关注的类分为正类，其他类分为负类。分类器在测试集上的预测正确或不正确，可以分为以下 4 种情况。

1）*TP*：分类器将正类预测为正类的数量（True Positive）。

2）*FN*：分类器将正类预测为负类的数量（False Negative）。

3）*FP*：分类器将负类预测为正类的数量（False Positive）。

4）*TN*：分类器将负类预测为负类的数量（True Negative）。

分类结果的混淆矩阵（Confusion Matrix）定义见表 7-1。

表 7-1　混淆矩阵

真实情况	预测结果	
	正类	负类
正类	TP（真正例）	FN（假负例）
负类	FP（假正例）	TN（真负例）

基于上述定义，分类问题的常用有效性指标如下。

1）准确率（Accuracy）：计算方式为 $P = \dfrac{\text{TP+TN}}{\text{TP+FN+FP+TN}}$，即所有样本中分类正确的比例。

2）查准率（Precision）：计算方式为 $P = \dfrac{\text{TP}}{\text{TP+FP}}$，即所有预测为正类的结果中，真正正类的比例。

3）查全率（Recall）：计算方式为 $R = \dfrac{\text{TP}}{\text{TP+FN}}$，即真正的正类中，被分类器正确划分的比例。

4）f_1 值：计算方式为 $f_1 = \dfrac{2PR}{P+R}$。

5）f_β 值：计算方式见式 13-9，此值需要设置 β 值。当 β 趋近于 0 时，f_β 趋近于查准率。当 β 等于 1 时，f_β 即 f_1。当 β 趋近于正无穷时，f_β 趋近于查全率。

$$f_\beta = (1+\beta^2) \frac{PR}{(\beta^2 P) + R} \qquad (13-9)$$

对于不同的应用问题，有效性的判别标准不同。对于推荐系统，更侧重于查准率（即推荐的结果中，用户真正感兴趣的比例）。对于医学诊断系统，更侧重于查全率（即疾病被发现的比例）。

scikit-learn 提供了以下几种有效性指标的计算方式。

1. accuracy_score

scikit-learn 提供的 accuracy_score 函数用于计算分类结果的准确率，即预测标签与真实标签相同的样本比例。其函数原型如下：

```
sklearn. metrics. accuracy_score( y_true, y_pred, normalize＝True, sample_weight＝None)
```

其主要参数如下。

1) y_true：样本集的真实标签集合。

2) y_pred：分类器对样本集的预测标签值。

3) normalize：选择计算分类正确的比例或数量。数据类型为布尔型，若不指定该参数值，则自动使用默认参数值 True。如果设置为 True，则返回分类正确的比例（准确率），为一个浮点数。否则返回分类正确的数量，为一个整数。

4) sample_weight：样本权重。若不指定该参数值，则自动使用默认参数值 None，此时每个样本的权重均为 1。

2. precision_score

scikit-learn 提供的 precision_score 函数用于计算分类结果的查准率，返回值即预测结果为正类的那些样本中真正正类的比例。其函数原型如下：

```
sklearn. metrics. precision_score( y_true, y_pred, labels＝None, pos_label＝1,
average＝'binary', sample_weight＝None)
```

其主要参数如下。

1) y_true：样本集的真实标签集合。

2) y_pred：分类器对样本集的预测标签值。

3) pos_label：指定属于正类的标签。数据类型为字符串型或整型。

4) sample_weight：样本权重。若不指定该参数值，则自动使用默认参数值 None，此时每个样本的权重均为 1。

5) average：多分类时评价指标平均值的计算方式。数据类型为字符串型，其可选值如下。

- micro：通过计算全部类别的总 TP、FN 和 FP 来计算查准率。
- macro：各类别的查准率求和/类别数量，即各类别查准率的均值。不考虑类别的样本数量，不适用于类别样本不均衡的数据集。
- weighted：类别的查准率×该类别的样本数量（实际值而非预测值）/样本总数量，即各类别查准率的加权平均。
- binary：只适用于二分类，用正类 $y＝1$ 时的 TP、FN 和 FP 来计算查准率。

3. recall_score

scikit-learn 提供的 recall_score 函数用于计算分类结果的查全率，即真正的正类中，被分类器正确划分的比例。其函数原型如下：

```
sklearn. metrics. recall_score( y_true, y_pred, labels＝None, pos_label＝1,
 average＝'binary', sample_weight＝None)
```

其主要参数与 precision_score 相同。

4. f1_score

scikit-learn 提供的 f1_score 函数用于计算分类结果的 f_1 值，其函数原型如下：

```
sklearn. metrics. f1_score( y_true, y_ pred, labels＝None, pos_label＝1, average＝'binary',
sample_weight＝None)
```

其主要参数与 precision_score 相同。

5. fbeta_score

scikit-learn 提供的 fbeta_score 函数用于计算分类结果的 f_β 值，其函数原型如下：

```
sklearn. metrics. fbeta_score(y_true, y_ pred, beta, labels = None, pos_label = 1,
  average = 'binary', sample_weight = None)
```

除参数 beta 为待设置的 β 值外，其他主要参数与 precision_score 相同。

【例 13-5】分别计算分类结果的准确率、查准率、查全率、f_1 和 f_β 值。

参考程序如下：

```
from sklearn.metrics import accuracy_score, precision_score, recall_score, f1_score, fbeta_score
y_true = [1,1,1,1,1,0,0,0,0,0]
y_pred = [1,1,1,0,0,0,0,0,0,0]
print('Accuracy Score(normalize = True):', accuracy_score(y_true, y_pred, normalize = True))
print('Accuracy Score(normalize = False):', accuracy_score(y_true, y_pred, normalize = False))
print('Precision Score:', precision_score(y_true, y_pred))
print('Recall Score:', recall_score (y_true, y_pred))
print('F1 Score:', f1_score (y_true, y_pred))
print('Fbeta Score(beta = 0.001):', fbeta_score (y_true, y_pred, beta = 0.001))
print('Fbeta Score(beta = 1):', fbeta_score (y_true, y_pred, beta = 1))
print('Fbeta Score(beta = 100):', fbeta_score (y_true, y_pred, beta = 100))
```

程序运行结果如下：

```
Accuracy Score(normalize = True): 0.8
Accuracy Score(normalize = False): 8
Precision Score: 1.0
Recall Score: 0.6
F1 Score: 0.7499999999999999
Fbeta Score(beta = 0.001): 0.9999993333344442
Fbeta Score(beta = 1): 0.7499999999999999
Fbeta Score(beta = 100): 0.6000239985600864
```

6. classification_report

scikit-learn 提供的 classification_report 函数以文本方式给出了分类结果的主要预测性能指标，其函数原型如下：

```
sklearn. metrics. classification_report (y_true, y_ pred, labels = None, target_names = None,
  sample_weight = None, digits = 2)
```

除与 precision_score 相同的参数外，其他主要参数如下。

1) target_names：指定报告中类别对应显示的名称。数据类型为序列。

2) digits：用于格式化报告中的浮点数，即保留几位小数。

【例 13-6】查看分类结果的分类报告。

参考程序如下：

```
from sklearn.metrics import classification_report
y_true = [1,1,1,1,1,0,0,0,0,0]
y_pred = [1,1,1,0,0,0,0,0,0,0]
print('Classification Report:\n', classification_report (y_true, y_pred,
```

```
target_names = ['class_0', 'class_1']))
```

程序运行结果如下：

```
Classification Report：
              precision    recall   f1-score   support
   class_0      0.71       1.00      0.83        5
   class_1      1.00       0.60      0.75        5
avg / total     0.86       0.80      0.79       10
```

其中分别将类别 0 和类别 1 作为正类，precision 列给出了查准率，recall 列给出了查全率，f1-score 列给出了 f_1 值，support 列给出了该类有多少个样本。avg/total 给出了 precision、recall、f1-score 列的算术平均和 support 列的算术和，即样本集总样本数量。

7. confusion_ matrix

scikit-learn 提供的 confusion_matrix 函数给出了分类结果的混淆矩阵，其函数原型如下：

```
sklearn. metrics. confusion_matrix (y_true, y_pred, labels = None)
```

其主要参数与 precision_score 相同。

【例 13-7】 查看分类结果的混淆矩阵。

参考程序如下：

```
from sklearn. metrics import confusion_matrix
y_true = [1,1,1,1,1,0,0,0,0,0]
y_pred = [1,1,1,0,0,0,0,0,0,0]
print('Confusion Matrix：\\n', confusion_matrix (y_true, y_pred, labels = [0, 1]))
```

程序运行结果如下：

```
Confusion Matrix：
[[5 0]
 [2 3]]
```

其中，第一行为 TP 和 FN 值，第二行为 FP 和 TN 值。

13.4 回归有效性指标

常用的回归有效性指标为均方误差（Mean Square Error，MSE）和平均绝对误差（Mean Absolute Error，MAE）。MSE 为真实值与预测值的差值的平方和再求平均，其计算公式见式 13-10。平方的形式便于求导，所以常被用作线性回归的损失函数。MAE 为绝对误差的平均值，可以更好地反映预测值误差的实际情况，其计算公式见式 13-11，其中 y_i 为真实标签值，$\hat{y_i}$ 为预测标签值，m 为样本个数。

$$MSE = \frac{1}{m} \sum_{i=1}^{m} (y_i - \hat{y_i})^2 \qquad (13-10)$$

$$MAE = \frac{1}{m} \sum_{i=1}^{m} |\hat{y_i} - y_i| \qquad (13-11)$$

1. mean_squarred_error

scikit-learn 提供的 mean_squared_error 函数用于计算 MSE，其函数原型如下：

```
sklearn. metrics. mean_squared_error（y_true，y_pred，sample_weight＝None，
multioutput＝'uniform_average'）
```

其主要参数如下。

1）y_true：样本集的真实标签值。

2）y_pred：算法对样本集的预测标签值。

3）sample_weight：样本权重。数值类型为浮点型数组，若不指定该参数值，则自动使用默认参数值 None，此时每个样本的权重均为 1。

4）multioutput：多输出变量回归问题的误差类型。数据类型为字符串型，其可选值如下。

- raw values：对每个输出变量，分别计算其误差。
- uniform_average：计算其所有输出变量的误差的平均值。

2. mean_absolute_error

scikit-learn 提供的 mean_absolute_error 函数用于计算 MAE，其函数原型如下：

```
sklearn. metrics. mean_absolute_error(y_true，y_pred，sample_weight＝None，
 multioutput＝'uniform_average'）
```

其主要参数与计算 MSE 相同。

【例 13-8】 分别计算回归结果的 **MAE** 和 **MSE** 值。

参考程序如下：

```
from sklearn. metrics import mean_absolute_error,mean_squared_error
y_true＝［1,1,1,1,1,2,2,2,3,3］
y_pred＝［0,0,1,1,1,1,1,0,3,3］
print('Mean Absolute Error:', mean_absolute_error(y_true，y_pred)）
print('Mean Squared Error:', mean_squared_error（y_true，y_pred)）
```

程序运行结果如下：

```
Mean Absolute Error：0. 6
Mean Squared Error：0. 8
```

13. 5　聚类有效性指标

由于聚类问题是无监督学习，其数据集常常是无标签的，因此无法直接使用分类问题的准确率等评价指标。聚类的有效性指标主要分为以下两类。

1. 外部指标

外部指标是由聚类结果与某个参照模型（Reference Model）的结果进行比较而获得的，即先使用某个参照模型进行聚类划分（或数据集有标签），再将结果与待评价算法给出的结果进行比较（因此也可用于分类问题的评估）。对于给定数据集 D，假定某个参照模型给出的类别划分为 C^*，类算法给出的类别划分为 C，则可以分别统计以下 4 种样本对的数量。

- n_{TP}：在 C 和 C^* 中均被分为同一类别的样本对数量。
- n_{FP}：在 C 中被分为同一类别划分，但在 C^* 中被分为不同类别的样本对数量。
- n_{FN}：在 C 中被分为不同类别划分，但在 C^* 中被分为同一类别的样本对数量。
- n_{TN}：在 C 和 C^* 中均被分为不同类别的样本对数量。

由于每个样本对仅能出现在一个集合中，因此有 $n_{TP}+n_{FP}+n_{FN}+n_{TN}=N(N-1)/2$，其中 N 为样本数量。那么可定义以下 4 种外部指标。这些值越大，说明聚类的性能越好。

1）Jaccard 系数（Jaccard Coefficient，JC）。此系数衡量了同时在 C 和 C^* 中属于同类的样本对数量占所有属于同类的样本对（或者在 C 中属于同类，或者在和 C^* 中属于同类）数量的比例，其计算公式如式 13-12 所示。

其在 scikit-learn 中的实现函数为：

sklearn. metrics. jaccard_similarity_score(y_true, y_pred)

$$JC = \frac{n_{TP}}{n_{TP}+n_{FP}+n_{FN}} \tag{13-12}$$

2）FM 指数（Fowlkes and Mallows Index，FMI）。设在 C 中属于同类的样本对中，也符合 C^* 划分的样本对比例为 p_c；同样的，设在 C^* 中属于同类的样本对中，也同时符合 C 划分的样本对比例为 p_{C*}。那么此指数计算了 p_c 和 p_{C*} 的几何平均，其计算公式见式 13-13。

其在 scikit-learn 中的实现函数为：

sklearn. metrics. fowlkes_mallows_score(y_true, y_pred)

$$FMI = \sqrt{\frac{n_{TP}}{n_{TP}+n_{FP}} \frac{n_{TP}}{n_{TP}+n_{FN}}} \tag{13-13}$$

3）ARI 指数（Adjusted Rand Index，ARI）。ARI 指数基于 Rand 指数（Rand Index，RI），此指数描述了 C 和 C^* 划分结果相同的样本对（C 和 C^* 划分都将其归为一类的样本对与 C 和 C^* 划分都未将其归为一类的样本对之和）占所有样本对的比例，其计算公式见式 13-14。

$$RI = \frac{2(n_{TP}+n_{TN})}{N(N-1)} \tag{13-14}$$

但由于 RI 指数的惩罚度不够，可能会导致不同聚类方法的得分缺乏区分度。即使随机聚类，RI 指数也不接近于 0。于是提出了 ARI 指数，ARI 指数具有更高的区分度，其计算公式见式 13-15。

$$ARI = \frac{RI-E(RI)}{\max(RI)-E(RI)} \tag{13-15}$$

其在 scikit-learn 中的实现函数原型如下：

sklearn. metrics. adjusted_rand_score(y_true, y_pred)

4）调整互信息指数（Adjusted Mutual Information，AMI）。此指数用来衡量两个数据分布的吻合程度，与 ARI 指数类似，AMI 指数基于互信息指数（Mutual Information，MI）。假设 U 与 V 是对 N 个样本标签的分配情况，则两种分布的熵分别见式 13-16 和式 13-17。

$$H(U) = \sum_{i=1}^{|U|} P(i) \log(P(i)) \tag{13-16}$$

$$H(V) = \sum_{j=1}^{|V|} P'(j) \log(P'(j)) \tag{13-17}$$

其中 $P(i) = |U_i|/N$，$P'(j) = |V_j|/N$。U 与 V 之间的互信息（MI）计算公式见式 13-18。

$$MI(U,V) = \sum_{i=1}^{|U|} \sum_{j=1}^{|V|} P(i,j) \log\left(\frac{P(i,j)}{P(i)P'(j)}\right) \tag{13-18}$$

其中 $P(i,j) = |U_i \cap V_j|/N$。标准化后的互信息（Normalized Mutual Information，NMI）计算公式见式 13-19。

$$\text{NMI}(U,V) = \frac{\text{MI}(U,V)}{\sqrt{H(U)H(V)}} \tag{13-19}$$

与 ARI 类似，调整互信息（adjusted mutual information）计算公式见式 13-20。

$$\text{AMI}(U,V) = \frac{\text{MI}-E(\text{MI})}{\max[H(U),H(V)]-E(\text{MI})} \tag{13-20}$$

MI 指数和 AMI 指数在 scikit-learn 中的实现函数原型如下：

```
sklearn. metrics. mutual_info_score( y_true, y_pred)
sklearn. metrics. adjusted_mutual_info_score( y_true, y_pred)
```

【例 13-9】 分别使用不同的聚类有效性指标验证聚类效果。

参考程序如下：

```
from sklearn.metrics import fowlkes_mallows_score, adjusted_rand_score,
mutual_info_score, adjusted_mutual_info_score
y_true = [1,1,1,1,1,0,0,0,0,0]
y_pred = [1,1,1,0,0,0,0,0,0,0]
print('Fowlkes Mallows Score:', fowlkes_mallows_score (y_true, y_pred))
print('Adjusted Rand Score:', adjusted_rand_score (y_true, y_pred))
print('Mutual Info Score:', mutual_info_score (y_true, y_pred))
print('Adjusted Mutual Info Score:', adjusted_mutual_info_score (y_true, y_pred))
```

程序运行结果如下：

```
Fowlkes Mallows Score: 0. 6390096504226938
Adjusted Rand Score: 0. 29411764705882354
Mutual Info Score: 0. 2743584685502656
Adjusted Mutual Info Score: 0. 3323839089911294
```

2. 内部指标

内部指标由直接考察待评价算法的聚类结果得到，并不利用任何参照模型。

（1）轮廓系数（Silhouette Coefficient）

轮廓系数结合内聚度和分离度两种因素。可以用来在相同原始数据的基础上评价不同算法、或算法的不同运行方式对聚类结果所产生的影响。具体计算方法如下。

1）计算样本 x 到同类别其他样本的平均距离 a_i。a_i 越小，说明样本 x 越应该被聚类到该类别。将 a_i 称为样本 x 的类别内不相似度，类别 C 中所有样本的 a_i 均值称为类别 C 的类别不相似度。

2）计算样本 x 到其他某类别 C_j 的所有样本的平均距离 b_{ij}，称为样本 x 与类别 C_j 的不相似度。定义 $b_i = \min\{b_{i1}, b_{i2}, \cdots, b_{ik}\}$ 为样本 x 的类别间不相似度，即样本的类别间不相似度为该样本到所有其他类别的所有样本的平均距离中的最小值。b_i 越大，说明样本 x 越不属于其他类别。

3）根据样本 x 的类别内不相似度 a_i 和类别间不相似度 b_i，可以计算样本 x 的轮廓系数见式 13-21。

$$S(i) = \frac{b(i)-a(i)}{\max\{a(i),b(i)\}} \tag{13-21}$$

对于一个样本集合，它的轮廓系数是所有样本轮廓系数的平均值。同类别样本距离越近，不同类别样本距离越远，分数越高。

其在 scikit-learn 中的实现函数原型如下，其中 metric 属性指定距离的计算方式，默认为欧式距离。

```
sklearn. metrics. silhouette_score( X, labels_pred, metric='euclidean')
```

（2）Calinski-Harabaz 指数

Calinski-Harabaz 指数值越大则聚类效果越好，其计算公式见式 13-22。

$$S(k) = \frac{\mathrm{tr}(B_k)}{\mathrm{tr}(W_k)} \frac{m-k}{k-1} \tag{13-22}$$

其中，m 为训练集样本数，k 为类别数，B_k 为类别之间的协方差矩阵，W_k 为类别内部数据的协方差矩阵，tr 为矩阵的迹。如果类别内部数据的协方差越小、类别之间的协方差越大，Calinski-Harabaz 指数越高。

其在 scikit-learn 中实现的函数原型如下：

```
sklearn. metrics. calinski_harabaz_score ( X, labels_pred)
```

【例 13-10】 计算聚类结果的轮廓系数和 Calinski-Harabaz 指数。

参考程序如下：

```
import numpy as np
import matplotlib.pyplot as plt
from sklearn.cluster import KMeans, DBSCAN
from sklearn.datasets import samples_generator
from sklearn.metrics import silhouette_score, calinski_harabaz_score
X, labels = samples_generator.make_blobs( n_samples=1000, centers=
[[3,1],[-1,4],[0,-3],[-4,3]], n_features=2, cluster_std=1, random_state=0)
# 分别使用 k 均值算法和 DBSCAN 算法进行聚类
km = KMeans( n_clusters=4)
db = DBSCAN( eps=1, min_samples=10)
km.fit( X)
db.fit( X)
print('Silhouette Score(KMeans):', silhouette_score( X, km.labels_, metric='euclidean'))
print('Silhouette Score(DBSCAN):', silhouette_score( X, db.labels_, metric='euclidean'))
print('Calinski Harabaz Score(KMeans):', calinski_harabaz_score( X, km.labels_))
print('Calinski Harabaz Score(DBSCAN):', calinski_harabaz_score( X, db.labels_))
# 准备绘图
plt.figure( figsize=(15,5))
colors=['m','y','b','c']
markers=['o','s','D','+']
plt.subplot( 121)
plt.title('KMeans')
plt.xlabel('Feature 1')
plt.ylabel('Feature 2')
# 为聚类结果中的每个类别使用一种颜色和形状绘制散点图
for i, j in enumerate( km.labels_):
    plt.scatter( X[i][0], X[i][1], color=colors[j], marker=markers[j], s=5)
plt.subplot( 122)
plt.title('DBSCAN')
plt.xlabel('Feature 1')
```

```
plt.ylabel('Feature 2')
# 为聚类结果中的每个类别使用一种颜色和形状绘制散点图
for i, j in enumerate(db.labels_):
    plt.scatter(X[i][0], X[i][1], color=colors[j], marker=markers[j],s=5)
plt.show()
```

程序运行结果如下，绘制的结果图如图 13-1 所示。

```
Silhouette Score(KMeans): 0.5614498811442524
Silhouette Score(DBSCAN): 0.3707108625234343
Calinski Harabaz Score(KMeans): 2470.347988172918
Calinski Harabaz Score(DBSCAN): 341.5037322395341
```

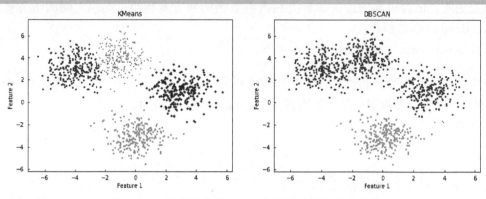

图 13-1 k 均值算法和 DBSCAN 算法聚类效果对比图

13.6 参数调优

大多数机器学习算法都包含大量的参数，使用最适合数据集的参数才能让机器学习算法发挥最大的效果。但各种参数的排列组合数量巨大，这时使用自动化参数调优就可以在很大程度上减少工作量并提升工作效率。本节介绍两种常用的参数调优方法，分别为暴力搜索和随机搜索。

1. 暴力搜索寻优

网格搜索为自动化调参的常见技术之一，scikit-learn 提供的 GridSearchCV 函数可以根据给定的模型自动进行交叉验证，通过调节每一个参数来跟踪评分结果。从本质上说，该过程代替了进行参数搜索时使用的 for 循环过程。

GridSearchCV 的函数原型如下：

```
sklearn.model_selection.GridSearchCV(estimator, param_grid, scoring=None,
fit_params=None, n_jobs=1, iid=True, refit=True, cv=None,
verbose=0, pre_dispatch='2*n_jobs', error_score='raise')
```

其主要参数如下。
1) estimator：指定的学习器，该学习器必须有 fit 方法以进行训练。
2) scoring：指定了评分函数。与 cross_val_score 函数相同。
3) cv：k 的值。与 cross_val_score 函数相同。
4) fit_params：指定 estimator 执行 fit 方法时的关键字参数。与 cross_val_score 函数相同。

5）n_jobs：并行性。与 cross_val_score 函数相同。

6）verbose：用于控制输出日志。与 cross_val_score 函数相同。

7）iid：数据是否独立同分布。数据类型为布尔型，若设置为 True，则表示数据是独立同分布的。

8）refit：是否使用整个数据集重新训练。数据类型为布尔型，若设置为 True，则在参数优化之后使用整个数据集来重新训练该最优的 estimator。

9）param_grid：指定了参数对应的候选值序列。数据类型为字典或字典的列表，每个字典给出学习器的一组参数。字典的键为参数名，字典的值为参数候选值。

10）pre_dispatch：用于控制并行执行时分发的总任务数量。数据类型为整型或字符串型。

11）error_score：指定当 estimator 训练发生异常时如何处理。数据类型为整型或字符串型，其可选值如下。

- raise：抛出异常。
- 数值：输出本轮 estimator 的预测得分。

其主要属性如下。

1）grid_scores_：命名元组组成的列表，列表中每个元素都对应了一个参数组合的测试得分。

2）best_estimator_：学习器对象，代表根据候选参数组合筛选出来的最优学习器。

3）best_score_：最优学习器的性能评分。

4）best_params_：最优参数组合。

其主要方法如下。

1）fit(X[,y])：执行参数优化。

2）predict(X)：使用最优学习器来预测数据。

3）predict_log_proba(X)：输出最优学习器将数据预测为不同类别的概率的对数值。

4）predict_proba(X)：输出最优学习器将数据预测为不同类别的概率。

5）score(X[,y])：最优学习器的预测性能指标值。

【例 13-11】 使用暴力搜索对决策树分类器进行参数调优。

参考程序如下：

```
from sklearn.datasets import load_digits
from sklearn.tree import DecisionTreeClassifier
from sklearn.model_selection import GridSearchCV
from sklearn.metrics import classification_report
from sklearn.model_selection import train_test_split
# 加载数据
digits = load_digits()
X_train, X_test, y_train, y_test = train_test_split(digits. data, digits. target, test_size = 0.3,
    random_state = 0, stratify = digits.target)
# 参数调优
tuned_parameters = {'criterion':['gini','entropy'],
                    'max_features':[0.1,0.2,0.5,0.8,1],
                'splitter':['best','random'],
                'min_samples_split':[2,4,6,8]}
clf = GridSearchCV(DecisionTreeClassifier(), tuned_parameters, cv = 10)
```

```
clf.fit( X_train , y_train )
print('Best parameters set found:', clf.best_params_)
print('Optimized Score:', clf.score( X_test , y_test ) )
print('Detailed classification report:')
y_true , y_pred = y_test , clf.predict( X_test )
print( classification_report( y_true , y_pred ) )
```

程序运行结果如下：

```
Best parameters set found: {'criterion': 'entropy', 'max_features': 0.8, 'min_samples_split': 2,
'splitter': 'best'}
Optimized Score: 0.8518518518518519
Detailed classification report:
               precision    recall    f1-score    support
           0      0.94       0.94       0.94         54
           1      0.82       0.73       0.77         55
           2      0.88       0.83       0.85         53
           3      0.77       0.87       0.82         55
           4      0.91       0.91       0.91         54
           5      0.80       0.78       0.79         55
           6      0.84       0.94       0.89         54
           7      0.92       0.85       0.88         54
           8      0.77       0.83       0.80         52
           9      0.90       0.83       0.87         54
avg / total       0.85       0.85       0.85        540
```

2. 随机搜索寻优

GridSearchCV 采用暴力搜索的方法来寻找最优参数，当待优化参数的取值为离散值时，GridSearchCV 能够顺利地找出最优的参数。但是当待优化参数的取值为连续值时，则无法使用暴力搜索。在这种情况下，可以使用随机搜索的方式。

scikit-learn 提供的 RandomizedSearchCV 采用随机搜索所有的候选参数对的方法来寻找最优的参数组合。其函数原型如下：

```
sklearn.model_selection.RandomizedSearchCV( estimator, param_distributions,
  n_iter = 10, scoring = None, fit_params = None, n_jobs = 1, iid = True, refit = True,
  cv = None, verbise = 0, pre_dispatch = '2 * n_jobs', random_state = None, error_scorce = 'raise' )
```

除与 GridSearchCV 相同的参数外，其他主要参数为 param_distributions：指定了参数对应的候选值分布，数据类型为字典或字典的列表。每个字典给出学习器的一组参数。字典的键为参数名，字典的值是一个分布类，分布类必须提供 .rvs 方法。通常可以使用 scipy.Stats 模块中提供的分布类，如 scipy.expon（指数分布）、scipy.gamma（gamma 分布）、scipy.uniform（均匀分布）和 randint 等。

其主要属性和方法与 GridSearchCV 相同。

13.7 本章小结

本章主要介绍了数据集的划分方法和距离的度量方法，重点介绍了分类问题、回归问题和聚类问题的有效性指标和自动参数调优的方法，以及上述方法在 scikit-learn 中的实现函数和案例代码。

13.8 习题

1. 单项选择题

1) 常用的数据集划分包括_____。

A. 留出法   B. 留一法   C. k 折交叉验证法   D. 以上都是

2) fit(X[,y])方法的作用是_____。

A. 执行参数优化

B. 使用学到的最佳学习器来预测数据

C. 使用学到的最佳学习器来预测数据为各类别的概率

D. 通过给定的数据集来判断学到的最佳学习器的预测性能

3) $distance(\pmb{x}_i, \vec{x_j}) = ||\vec{x_i} - \vec{x_j}||_2 = \sqrt{\sum_{d=1}^{n} |x_i^{(d)} - x_j^{(d)}|^2}$ 是_____距离。

A. 曼哈顿距离   B. 切比雪夫距离

C. 欧几里得距离   D. 余弦相似度

4) TP 是分类器将_____预测为_____的数量（True Positive）。

A. 正类、正类   B. 正类、负类

C. 负类、正类   D. 负类、负类

5) 聚类的外部有效性指标有_____种系数。

A. 1   B. 2   C. 3   D. 4

6) 参数 scoring 指定了评分函数，其原型是 scorer(estimator, X, y)。该参数的数据类型为_____。

A. 字符串   B. 可调用对象   C. None   D. 以上所有

7) 查准率和查全率是一对_____关系的度量。

A. 矛盾   B. 包含   C. 等价   D. 无

8) MSE 是_____与_____的差值的平方然后求和平均。

A. 真实值、预测值   B. 预测值、预测值

C. 真实值、真实值   D. 预测值、真实值

2. 编程题

1) 编写程序，使用支持向量机算法对手写数字数据集进行分类，并找到最优参数配置。

2) 编写程序，使用分类与回归树算法对糖尿病数据集进行回归分析，并找到最优参数配置。

参 考 文 献

［1］李克清，等．机器学习及应用［M］．北京：人民邮电出版社，2019.

［2］华校专，王正林．Python 大战机器学习：数据科学家的第一个小目标［M］．北京：电子工业出版社，2017.

［3］黄永昌．scikit-learn 机器学习常用算法原理及编程实战［M］．北京：机械工业出版社，2018.

［4］赵卫东，董亮．机器学习［M］．北京：人民邮电出版社，2018.

［5］江红，余青松．Python 程序设计与算法基础教程［M］．2 版．北京：清华大学出版社，2019.

［6］夏敏捷．Python 程序设计——从基础开发到数据分析［M］．北京：清华大学出版社，2019.

［7］董付国．Python 程序设计基础与应用［M］．北京：机械工业出版社，2019.

［8］张健，等．Python 编程基础［M］．北京：人民邮电出版社，2018.

［9］HETLAND M L. Python 基础教程［M］．3 版．袁国忠，译．北京：人民邮电出版社，2018.

［10］MATTHES E. Python 编程从入门到实践［M］．袁国忠，译．北京：人民邮电出版社，2016.

［11］MCKINNEY W. 利用 Python 进行数据分析［M］．唐学韬，译．北京：机械工业出版社，2013.

［12］KAZIL J，JARMUL K. Python 数据处理［M］．张亮，吕家明，译．北京：人民邮电出版社，2017.

［13］IDRIS I. Python 数据分析基础教程：NumPy 学习指南［M］．2 版．张驭宇，译．北京：人民邮电出版社，2014.